U0178834

区块链社会

区块链助力国家治理能力现代化

王焕然　常晓磊　魏凯◎著

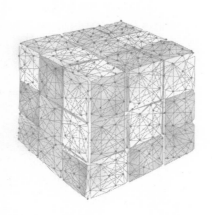

机械工业出版社
CHINA MACHINE PRESS

本书从比特币谈起，详细分析区块链技术的潜在经济意义，然后对区块链的每一个发展阶段进行详尽的技术与经济、法律分析。在第四次产业革命和中国经济服务化转型的大背景下，详尽分析了区块链在各个领域的场景需求并给出了相关的应用案例。首次提出了数据要素化时代的自主权数据管理模型，及其在政务数据中心和医疗健康场景的应用；首次详细论述了基于区块链的供应链金融在建设产业命运共同体及区块链商品溯源在重塑商业信用形成机制中的作用；首次搭建了基于社会信用治理的数字政务框架模型；首次提出了基于通证化的方法实现社区治理、"1099经济"及5G网络等分布式基础设施建设；对新金融时代的区块链应用创新进行了系统化梳理，指出新金融的主要生产方式将是建设基于区块链技术之上的平台生态；首次提出了完整的金融科技沙箱模型；首次提出了在具体判断某个场景是否适合区块链应用时使用的"强、弱、伪、非"四个标准。本书是区块链技术学习者、从业者、研究者和政策制定者的必选读物。

图书在版编目（CIP）数据

区块链社会：区块链助力国家治理能力现代化 / 王焕然等著.
— 北京：机械工业出版社，2020.9
ISBN 978-7-111-66406-2

Ⅰ.①区… Ⅱ.①王… Ⅲ.①区块链技术—应用—国家—行政管理
—现代化管理—研究—中国 Ⅳ.①TP311.135.9 ②D630.1

中国版本图书馆CIP数据核字（2020）第160864号

机械工业出版社（北京市百万庄大街22号 邮政编码100037）
策划编辑：李新妞 责任编辑：李新妞 廖 岩
责任校对：郭明磊 责任印制：张 博
北京铭成印刷有限公司印刷

2020年10月第1版第1次印刷
170mm×242mm·25.25印张·1插页·378千字
标准书号：ISBN 978-7-111-66406-2
定价：99.00元

电话服务 网络服务
客服电话：010-88361066 机 工 官 网：www.cmpbook.com
010-88379833 机 工 官 博：weibo.com/cmp1952
010-68326294 金 书 网：www.golden-book.com
封底无防伪标均为盗版 机工教育服务网：www.cmpedu.com

推荐语

源自比特币的区块链技术，自诞生以来就充满争议。一方面，无数科技、金融行业人士趋之若鹜，认为这是下一代的颠覆式技术创新；另一方面，我们也看到，比特币被广泛应用于黑市交易和洗钱，ICO（首次公开募币）事实上成为诈骗和非法集资的温床。焕然的这本《区块链社会：区域链助力国家治理能力现代化》，从技术、经济、法律层面对区块链进行层层分解剖析，并结合现实世界的制度和法律对区块链及其应用进行重新诠释，案例丰富生动，可以说是重新定义了区块链及其应用行业。对数字政府建设、产业数字化转型以及正在进行的金融供给侧改革都有参考和借鉴，是区块链政策制定者、使用者和从业人员的必读书籍。

——蒋小明博士　联合国投资委员会委员

本书从技术经济学的角度出发，完整呈现了区块链的发展历程及其影响领域，兼具技术深度、应用广度、政策高度，体现了作者顺应科技创新与产业变革潮流、用新技术服务国家社会经济发展的情怀，也展示了作者懂技术、懂产业、懂监管的多重积累，确是区块链技术学习者、从业者、研究者、监管者的必选读物。

——贺臻　深圳清华大学研究院科技产业咨询委员会主任、深圳市通产
丽星股份有限公司党委书记兼总经理、力合科创集团董事长

八年前，比特币开始登上中国舞台，随着它的大红大紫，区块链、分布式记账、共识机制等一个个传奇又陌生的概念开始映入我们眼帘……如今比特币已经趋于平淡，但前沿学者对区块链的反思和研究从未停歇。本书深入浅出地为我们解读了区块链的技术原理和前世今生，分析了它的变革方向和政策趋势，是我们全面了解这项未来科技的敲门砖。

——李蔚　青岛澳柯玛集团董事长

区块链是下一个互联网，为我们"打开了未来数字社会和数字世界的大门"，抑或是过往云烟。仁者见仁，智者见智。但我想每个人在对区块链下结论之前，潜心研究一下究竟什么是区块链，是有很大意义的。我们欣喜地看到，焕然的这本《区块链社会：区块链助力国家治理能力现代化》从技术、经济、法律、金融等多个维度对区块链进行了研究，是诠释区块链技术为数不多的非常有价值的著作。

——丁宝玉 同创伟业基金合伙人

王焕然先生的新著《区块链社会：区块链助力国家治理能力现代化》从区块链技术的起源与定义出发，系统介绍了区块链从 1.0 到 2.0 再到 3.0 的不同发展层级的技术架构、应用场景、挑战与困境，不仅帮助读者理清了这一最新技术的历史沿革、发展脉络，还首次提出了区块链应用场景判断"强、弱、伪、非"的四个标准。作者更深刻地洞察到了如何将其与当前国家持续推进的重大战略任务——国家治理体系和治理能力现代化进行有机紧密结合，以便能够在第四次产业革命中确立全球竞争优势，在"数字孪生，镜像世界"的数字社会建设过程中，建设以自主知识产权的主权区块链为基础的信任互联、多方协同、共治共享的新时代社会命运共同体。

——王戈 中科院国科嘉和（北京）投资合伙人、中科院东方科仪
集团董事长、东方中科董事长

区块链技术以及与之相关的比特币、ICO、虚拟货币等所谓的"分布式金融"成为近年来最热门的概念和现象，然而从金融专业与金融监管的角度看，这些"区块链金融创新"违背了基本的现代金融常识，并具有明确的违法违规性质。焕然的这本书深入浅出地对区块链领域的技术与应用进行解构与分析，并从产业、政务、社会治理、金融等领域全新阐述了区块链在国家治理现代化领域的功能与价值。书中对于数字社会未来的描述以及数字货币战争的警示，也为我们思考未来的社会发展与投资提供了深刻的洞见。

——王啸 高瓴资本合伙人、中央财经大学教授、财新网专栏作家

　　近年来，区块链技术和应用引起了全世界范围的广泛关注，甚至被称为第四次产业革命的动力之源。《区块链社会：区块链助力国家治理能力现代化》以通俗而又专业的语言，为我们系统梳理了区块链技术的发展历程以及面临的机遇和挑战；并在国家治理能力现代化和数字社会的未来发展方面，提出了独到的见解，令人读后受益匪浅。

——刘志翔　国家特聘专家、中国侨联新侨创新创业联盟副理事长、

清湾科技董事长

　　党的十九届四中全会将"数据"列为生产要素，这意味着大数据分析已经成为数字时代的生产方式，而数据的收集、使用、流动、管理则形成了数字时代的生产关系。为此，国家出台了《数据安全管理办法》《信息安全技术 健康医疗信息安全指南》等一系列管理办法和国家标准，用以保障数据依法有序流动、保护数据安全、规范数据共享开放。实践中，商业与政务领域的大数据应用都面临如何保障数据安全与确定权属等一系列问题。焕然在本书中首次提出了基于区块链的自主权数据管理解决方案，并详细描述了个人健康数据领域和政务大数据领域的应用，为在新时代如何实现数据安全与产业发展并重指明了方向。未来，区块链与大数据技术相互融合、相互促进，将共同成为国家治理能力现代化的重要基础。

——王霞　清华大数据产业联合会秘书长、清华校友总会 AI 大数据

专业委员会秘书长、清华数据创新基地（清数 D-Lab）董事长

　　商业信用机制是市场经济运行的前提与基础，传统的商业信用机制建立是在产业链上每个一对一的、人与人的商业互信基础上完成的，信息不对称的存在导致"假、冒、伪、劣"时有发生。区块链基础上的商品溯源，结合物联网技术，将重塑社会的商业信用形成机制，颠覆现有商业生态。焕然的这本《区块链社会：区块链助力国家治理能力现代化》打开了企业数字化转型的大门，为思考新冠肺炎疫情后的商业生态建设提供了重要的指导与借鉴。

——王磊　赫美集团董事长

《区块链社会：区块链助力国家治理能力现代化》展望了区块链的未来，帮助我们高效地了解区块链的核心原理、应用场景及其对现有经济体系的颠覆性升级改造。在如何借助区块链赋能的问题上，通过不同行业案例为各行业人士指点迷津。

——陈文娟　维示泰克科技创始人

党的十九届四中全会聚焦坚持和完善中国特色社会主义制度、推进国家治理体系和治理能力现代化。在区块链技术的帮助下，国家治理能力现代化的基础功能和应用将得到颠覆，从而对经济社会产生更强的推动力。《区块链社会：区块链助力国家治理能力现代化》一书详细介绍了区块链技术的起源及应用，区块链作为"信任机器"具有信息存证和溯源的功能，打开了未来数字社会和数字世界的大门，为赋能社会治理的全场景应用提供了数字化平台。焕然的学习和从业经历锻造了他颠覆式的互联网思维和技术素养，希望本书的出版能为区块链技术应用至社会治理各个行业提供理论指导、技术支持，并为人类社会命运共同体的发展提供借鉴。

—— 贾征 清华大学社会治理与发展研究院副秘书长

基于区块链的数字资产交易是大势所趋，其使用场景正在不断地丰富。区块链技术在降低交易成本、提高交易效率、扩大交易规模等方面具有明显的优势，具备非常好的应用前景。《区块链社会：区块链助力国家治理能力现代化》这本书对区块链技术的发展和特征进行了系统的总结，特别是对通证经济进行了深入的研究与追溯，为通证经济构建了理论基础，并将通证经济理论与区块链技术相结合应用在社会治理、组织方式变革以及资产数字化等领域，矫正了在区块链从业者中广泛存在的对通证经济的一些误解，令人耳目一新。

——袁昱博士 中国通信学会区块链委员会副主任委员、IEEE 区块链
资产交易委员会主席

作者简介

王焕然

毕业于清华大学计算机系，特许金融分析师（CFA），金融风险管理师（FRM），深圳市地方级领军人才。

深圳众联数字科技公司创始人，北京国仟共赢基金董事长。

中国通信学会区块链专业委员会委员，投资促进工作组召集人，国家下一代互联网技术创新战略联盟副秘书长、"区块链委员会"筹备负责人，清华大学经管学院金融科技行业导师，科技部重大核心项目评审专家。

2013~2015 年，在深圳证券交易所（简称"深交所"）上市部负责创新推广渠道及战略新兴行业研究。

2013~2015 年，挂职中关村科技园区管理委员会，负责科技金融工作。

2010~2012 年，在中国证券监督管理委员会创业板发行部从事企业发行上市（IPO）审核工作。

2008 年，率先对国内数量化交易进行系统化研究。2009 年开辟了国内文本挖掘在证券市场应用领域的研究，填补了国内相关领域研究的空白。

2004 年进入深交所，并先后从事 ERP 系统实施、证券交易系统研发、衍生品（期货、期权）产品设计、数量化交易研究、资产证券化（ABS）产品创新等工作。

曾在清华大学计算机系互联网实验室参与了国内首台 IPv6 路由器的研发工作。

常晓磊

毕业于清华大学计算机科学与技术系和经济管理学院，在职攻读清华大学工程博士。

历任深圳清华大学研究院创新总监、力合科创集团总裁助理、深圳力合星空投资孵化有限公司董事 & 总经理、力合科技服务常务副总经理、清华信息港常务副总经理等职务。

兼任深圳市清华大学校友会副会长、深圳清华互联网协会副会长、中国通信学会区块链专家委员会委员、中国教育技术协会技术标准专家委员会委员、深圳市政府采购评审专家、深圳南山区科技项目评审专家等社会职务。

魏　凯

资深 IT 行业人士，供应链专家，连续成功创业者。

序一　区块链助力国家治理能力现代化

郑纬民

中国工程院院士，中国计算机学会前理事长

区块链是人类历史上首次构建的可信互联系统，其核心功能将是提升国家在各个维度的治理能力。这是需要我们深刻理解和准确把握的，也是习近平总书记在十九届四中全会之前组织中共中央政治局集体学习区块链的重大意义。

从 2008 年比特币问世至今，区块链的发展大体可以分为三个时期，其应用范畴已经从最初的虚拟货币扩展至现今社会经济生活的方方面面。其中区块链 1.0 阶段以比特币等虚拟资产为典型代表，2.0 阶段以智能合约的应用为典型特征，而 3.0 阶段以现实世界资产数字化为核心特征。然而，以比特币为代表的技术至上信仰具有典型的无政府主义色彩，无法与现实世界的法律与制度完美相融。从根本上还原区块链的技术、经济特征，重新诠释区块链的哲学、社会意义，我们发现，区块链将成为社会治理的基础性工具。基于规则的智慧社会治理体系将实现国家治理模式从基于传统信息化技术辅助的阶段进入基于区块链的法治与协同阶段。

习近平总书记强调"要推动区块链和实体经济深度融合"等七个"要"，为我国如何发展和应用区块链技术指明了方向，对区块链与各种实际应用场景深度融合做出了部署。区块链解决了分布式场景下的信任互联与数据协同问题，因此理论上任何一个多方参与过程，并需要共享信息、数据与价值交换以及智能合约降本增效的场景，都是区块链可以发挥作用的地方。

党的十九届四中全会首次把数据列为生产要素。数据作为时代与科技发展带来的最新的生产要素，在市场化配置方面具有先天的优势。但是，在数据进入市场之前，需要形成清晰界定所有、占有、支配、使用、收益、处置等产权权能的完整的技术和制度安排。区块链技术在建立政务数据与个人数据的确权、分享、授权机制上将发挥基础性作用。

在社会治理的现实应用方面：第一，区块链将打破全球化产业分工形成的产业链信息孤岛，围绕产业链核心企业形成产业命运共同体，重塑传统的商业信用形成机制；第二，区块链将打破不同政府部门之间的数据信息孤岛，将政务大数据应用切实落到实处，围绕社会信用体系建设打造数字政府，推进政务服务从行政管理向社会诚信治理演进；第三，区块链将通过通证化制度设计将个人利益与集体利益一致化，降低社会信任成本，提高社会运作效率，建设社会治理共同体；第四，区块链构建信任机制、实现多方协同，天生可以解决金融行业面临的信息不对称问题，建设基于区块链技术的平台生态，将会成为未来新金融的主要生产方式。

要加快推动区块链技术和产业创新发展，积极推进区块链和经济社会融合发展，我们要加强人才队伍建设，建立完善人才培养体系，打造多种形式的高层次人才培养平台，培育一批领军人物和高水平创新团队。区块链作为集成性创新技术，对复合型人才需求巨大，要求从事者掌握密码学、网络学等多种专业知识。发展区块链，必须加强学科深度交叉融合的人才队伍建设，从基础研究、应用研发、产业融合等方面前瞻和系统性地建立人才培育体系。

这本《区块链社会：区块链助力国家治理能力现代化》对区块链技术的发展与应用进行了系统分析，详细阐述了区块链技术在国家治理能力现代化各个领域的应用，对于各级部门、机构、企业深刻理解习近平总书记关于区块链技术的高度战略定位，对于广泛培养各类区块链技术及应用人才都将发挥重要作用。

互联网经历了信息互联、人人互联和万物互联几个阶段，现阶段正向价值互联发展。区块链构建的是服务于实体经济和数字孪生的价值互联网。区块链将使我们国家真正迈进信息国家新阶段，走进基于区块链的，共建、共治、共享的数字社会，基于数字科技建设全社会命运共同体。区块链社会即将到来！

序二 数字新基建：科技之道，同沾雨泽

美国国家工程院院士，美国艺术与科学院院士，

美国第三脑研究院院长

2020 年，新冠肺炎疫情席卷全球，客观上将推进数字化技术在全社会的深度应用进程。中国政府大力提倡并推进的"新基建"，将是中国经济社会治理能力提升的历史性机遇。

对于"新基建"的定义仍然不统一。总体而言，"新基建"是指发力于科技端的基础设施建设。从信息技术的维度来看，"数字新基建"则主要是指综合"区块链 +5G+ 人工智能 + 边缘超算"的未来智慧社会的软硬件基础设施建设，并基于上述软硬件基础设施而进行的前沿数字化场景应用和人才培养。

在上述"数字新基建"定义中，5G 解决了信息高速接入与传输问题，为更加丰富场景的信息互联提供基础；边缘超算将计算服务送到社区，高品质地满足每个人的计算需求；人工智能将深入社会的每一个应用场景，与人类互补共生；区块链则解决从信息互联到信用互联，以及多方数据协同的社会性问题，打造共建、共治、共享的社会命运共同体。

"数字新基建"的深入发展将改变社会运行的方方面面，为人类社会带来更加智慧的医疗、教育、农业、交通、安防、能源、环境、制造、金融以及文创等。"数字新基建"将帮助人类延伸脑的功能，除了大脑、小脑之外的第三脑，也就是个人的人工智能，脑机融合，终身相伴，让每个人的大脑充分发挥创新的能力。

"第三脑"综合 10 个科学领域：脑神经科学、生物信息科学、生物系统科学、生物工程科学、生物医学、临床医学、生物科学、信息工程科学、人工智能、超级计算科学，引领前沿的脑科学研究。基于此，我的研发团队已

经开发出一款"中文学英文"的实验软件，以第三脑引擎带动学习，通过算法高效地加深长期记忆，实现知识的快速获得，也促成了中国的两家智能教育公司上市。在现在的教育系统之下，28岁才能念完博士，但一系列的试验让我们得出结论：人工智能将大大提升个人的学习效率。将来运用第三脑理论、人工智能、脑机融合技术，17岁就可以读完博士，用3年时间积累经验，20岁就可以创新创业、创造价值。未来中国通过脑科学、人工智能、脑机融合的科技方法，可以促进第二次人口红利的充分释放。

第三脑技术的应用在美国硅谷弗利蒙高中和中国贫困农村进行了许多试点，证明可以显著提高学习的速度和效率。同时，该技术还可以应用于常规体检的指标、特殊行业的选拔、驾照考试的指标、老年痴呆的检测、脑老化损伤检测、脑功能康复监控、快速药效的检测、亚健康疲劳预警、健脑器材和游戏等。通过早期非介入式的预防检测与治疗，能够更好地避免老年痴呆症、帕金森、自闭症、抑郁症等严重的脑疾病。基于数字新基建的第三脑研究与技术应用将改善人类的精神健康服务，从而提升人类的身心健康和智慧品质。

未来，随着认知科学与信息科技、尤其是人工智能的深度融合，互联网会逐渐演化成一个类脑结构，对人类记忆等数据进行储存和处理，使人类记忆更加高效，使人脑更加智慧。

从第三脑的层面来重新认知数据、信息和互联网，区块链对于数字新基建的意义格外重要。区块链的四大技术特征：不可篡改、不可伪造不可抵赖、分布式共享账本和智能合约，将为第三脑提供基础的数据安全保证以及数据的确权分享机制。基于区块链技术的第三脑（人工智能）才是安全的第三脑，是保障个人基本权利的第三脑。

如前所述，数字新基建除了基础设施建设外，更重要的是前沿数字技术的场景应用和人才培养。《区块链社会：区块链助力国家治理能力现代化》这本书对区块链技术在产业互联网领域、数字政府领域、社会治理领域以及数字新金融领域的应用场景进行了深入剖析，为加速研发新技术的场景化应用提供了指导；本书对区块链技术的起源、发展也做了精心的梳理和解读，对未来培养更多的区块链技术人才具有重要作用。

科技之道，同沾雨泽。数字科技驱动的未来，将不仅仅是凯文·凯利先生所描述的"数字孪生，镜像世界"，而是在"区块链 +5G+ 人工智能 + 边缘超算"基础上、在第三脑研究指导下的更美好的世界。

让我们共同为此努力！

序三 区块链应用拉动下一代互联网产业快速发展

傅承鹏

国家特聘专家，国家下一代互联网产业技术创新战略联盟

常务副理事长、首席科学家

第四次产业革命正在进行！

区块链作为第四次产业革命的核心技术，基于哈希算法、非对称加密、分布式网络和智能合约，将信息互联网提升到价值（信用）互联网，被广泛称为"下一代互联网"。然而，从网络技术体系结构的角度讲，区块链技术是下一代互联网体系结构的应用层。区块链技术在国家治理能力现代化领域的广泛应用，将拉动下一代互联网技术与产业的快速发展，而下一代互联网技术将为区块链技术提供更坚实、更安全的底层网络技术设施。

2017 年 11 月 26 日，中共中央办公厅、国务院办公厅联合印发《推进互联网协议第六版（IPv6）规模部署行动计划》文件指出：

1）IPv6 能够提供充足的网络地址和广阔的创新空间，是全球公认的下一代互联网商业应用解决方案。

2）推进 IPv6 规模部署是互联网技术产业生态的一次全面升级，深刻影响着移动互联网、物联网、工业互联网、云计算、大数据、人工智能等新兴领域的创新和变革。

3）IPv6 可以显著增强网络安全态势感知和快速处置能力，大幅提升重要数据资源和个人信息安全保护水平，进一步增强互联网的安全可信和综合治理能力。

为了落实国家"创新驱动""网络强国"战略，我国在底层技术层面要建设以 IPv6 为代表的下一代互联网基础设施，在区块链应用层面需要研究基于我国法律与制度的、自主可控的主权区块链技术。将下一代互联网建设与

主权区块链研究结合起来，将 IPv6 的互联互通云中心与主权区块链基础设施结合起来，以及下一代互联网产业试点基地与区块链在国家治理领域应用结合起来，是下一代互联网与主权区块链协同发展的未来之路。

标准化是推进下一代互联网和主权区块链协同发展的关键。国家下一代互联网产业技术创新战略联盟作为下一代互联网产业的推动者、组织者、实践者，将组建区块链专业委员会，围绕下一代互联网和区块链应用的融合进行技术创新，开展技术合作，突破产业发展的核心技术，形成重要的产业技术标准。通过下一代互联网产业链的构建实施技术转移，加速科技成果商业化运用，与智慧城市、数字政府、产业数字化转型等紧密融合，提升产业整体竞争力。

焕然是国家下一代互联网产业技术创新战略联盟创始成员，一直关心下一代互联网产业的发展。他具有多年政府、金融与产业投资的经验，这本《区块链社会：区块链助力国家治理能力现代化》汇聚贯穿了技术、经济、金融、法律领域的专业知识，将区块链技术的本质、特征及应用进行精准诠释，为区块链监管及应用都提供了不可多得的洞见。

未来，希望焕然能够在下一代互联网产业的发展以及与区块链应用的融合落地上做出更大的贡献。

前　言
Preface

第四次产业革命正在进行！

自互联网技术诞生以来，没有任何一项技术能像区块链一样引起如此多的争议，并触发如此深刻的社会、经济甚至生产关系的讨论。

区块链本身不是一项全新的技术，区块链的诞生是密码学、分布式技术、互联网治理与数字经济发展融合的必然结果，是从信息互联网到信任互联网再进展到价值互联网的必然进程。

想看懂区块链，清晰区块链未来的发展方向和路径，需要深入研究和理解区块链技术、技术之下的哲学和理念基础、技术之上的经济和金融表现，以及作为区块链发展约束的国家法律与金融监管。

比特币是基于自由主义哲学的已有 IT 技术集成，并创新性地应用到社会经济和金融领域，其初衷和本质是利用技术构建无政府主义乌托邦。

十九届四中全会之前，中央政治局集体学习区块链，其用意亦不言自明，即充分利用区块链技术不可篡改、不可伪造不可抵赖、分布式共享账本和智能合约四大技术特征，打通政务和商业体系内存在的数据孤岛，建设社会信用互联体系，助力国家治理能力现代化，共建、共治、共享产业发展与社会治理的命运共同体。

为了让更多的人正确认识区块链、深刻理解区块链带来的变革，我们编写了这本区块链技术经济学教程，对区块链相关的技术、经济、法律以及金融知识进行系统的梳理。区块链之前的发展是一匹脱缰的野马，我们期望通过这个教程，帮助监管者和从业者熟悉区块链的秉性，进而引导区块链更多地服务人类社会和经济，而不是扰乱金融秩序和社会稳定。

　　区块链打开了未来数字社会和数字世界的大门，其意义不亚于哥伦布发现新大陆，人类世界将迎来一波声势浩大的建设数字新世界以及从旧世界到新世界的移民潮。

　　让我们拭目以待！

2020 年 1 月

目　录
Contents

区块链与第四次产业革命

　　人类社会的发展进程，与新技术的发明和应用有着密切关系。近代史上已经发生过三次产业革命，现在正迎来第四次产业革命。第一次产业革命跨越 19 世纪末期到 20 世纪初期，蒸汽机的发明带来了机械化，开启了工业生产时代。第二次产业革命从 20 世纪初期到 20 世纪 60 年代，电力应用催生了大规模生产方式，推动了钢铁、机械等工业的崛起。第三次产业革命始于 20 世纪 70 年代，计算机技术促进生产自动化，使生产力得到了进一步提高。而第四次产业革命，则是在 21 世纪以后发展起来的，以区块链、云计算、物联网、大数据、机器人及人工智能为代表的数字技术所驱动的社会生产方式变革[一]。

　　第四次产业革命的核心是网络化、信息化与智能化的深度融合。在第四次产业革命中，社会生产方式将发生深刻变化。一是产品生产方式从大规模制造向大规模定制转变。以人工智能为基础的自动化设备、连接企业内外自动化设备和管理系统的物联网，能够使研发、生产及销售过程更加迅捷、灵活和高效。简单地说，消费者的需求会更及时地传递到工厂，而工厂也会更灵活地切换生产线以满足不同需求。原来的单一产品大规模制造方式将逐渐被大规模定制方式所取代。二是推动增值领域从制造环节向服务环节拓展。在大数据、云计算等技术的推动下，数据解析、软件、系统整合能力将成为

　　㊀ Klaus Schwab. *The Fourth Industrial Revolution*. World Economic Forum, 2016。

企业竞争力的关键与利润的主要来源。利用大数据研究客户或用户信息，能够为企业开拓新市场，创造更多价值。如通用电气公司原来是以制造为主的企业，但现在将业务领域拓展到技术、管理、维护等服务领域，这部分服务创造的产值已经超过公司总产值的2/3。

总体来看，第四次产业革命将极大地提高生产力，推动产业结构与劳动力结构的转变，进而改写人类发展进程。每一次产业革命的发生，世界各国的竞争地位就会发生变化，一些国家崛起并成为某些领域甚至世界经济的主导者。这次的产业革命也和以往一样，必将引起经济格局的变化。谁抓住了机遇，以最快的速度实现超越行业、企业边界的"智能连接"，谁就能率先进入大规模定制生产时代；谁有效地应用了大数据和智能设备，谁就能在价值链中占据优势；谁顺利地完成了劳动力转型，谁就能使国民收入快速增长。从这个意义上说，第四次产业革命不仅会重塑未来经济格局，还会改变国家竞争格局。

达沃斯世界经济论坛自2016年开始，每年都会有第四次产业革命的主题论坛。2018年11月30日，习近平主席在二十国集团领导人第十三次峰会上发表题为"登高望远，牢牢把握世界经济正确方向"的主题演讲。演讲中呼吁："世界经济数字化转型是大势所趋，新的工业革命将深刻重塑人类社会。我们既要鼓励创新，促进数字经济和实体经济深度融合，也要关注新技术应用带来的风险挑战，加强制度和法律体系建设，重视教育和就业培训……为更好引领和适应技术创新，建议二十国集团将'新技术应用及其影响'作为一项重点工作深入研究，认真探索合作思路和举措。"

第四次产业革命是区块链、物联网、云计算和大数据、人工智能的革命，第四次产业革命带来的自动化和数字化几乎将改变每一个行业。区块链实现可信任的数据协同，是第四次产业革命的技术核心（见图0-1）。

区块链 + 物联网：物联网有助于解决区块链信息上链的真实性问题，尽量免除数据的人为干扰；基于区块链的分布式物联网结构可以实现大量设备联网的自我治理，可避免中心化管理模式下因不断增长的联网设备数量带来的基础设施建设和维护的巨额投入，释放物联网组织结构的更多可能。

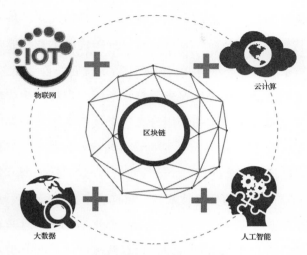

图 0-1 区块链技术是第四次产业革命的核心

区块链＋云计算：将区块链场景应用嵌入云计算的生态环境中，为企业应用区块链提供基础条件，降低企业应用本地化部署的成本，实现区块链技术输出落地；区块链有助于解决云计算架构中的数据主权化管理问题。

区块链＋大数据：区块链融入大数据的采集和确权、分享中，作为数据源接入大数据分析平台，提高数据整合效率，降低数据维护成本，保障数据私密性，优化数据的分析挖掘能力；大数据及其分析结果天然可以作为区块链上的数字资产。

区块链＋人工智能：人工智能的生物识别功能可以帮助区块链建立更真实的数字身份认证，机器人等人工智能产品也将成为区块链上的账户主体和数据来源；区块链通过授权机制，可以实现个性化的人工智能产品服务于不同人群。

2019 年 10 月 24 日，在中央政治局集体学习中，习近平主席强调：区块链技术的集成应用在新的技术革新和产业变革中起着重要作用。发挥区块链促进数据共享、优化业务流程、提升协同效率、建设可信体系等方面的作用，推进区块链和实体经济深度融合，解决中小企业贷款难、银行风控难、部门监管难等问题。

本书从区块链的第一个应用——比特币——开始谈起，基于比特币解释区块链的技术特性：不可抵赖、不可篡改、分布式账本和智能合约，然后详细分析区块链技术的潜在经济意义，以及比特币背后的哲学理念。

区块链技术的与众不同之处在于：每一个技术参数的改变都会引发经济甚至哲学上的变革与争论。本书借用分叉这个技术术语，来讲述区块链技术发展过程中的各种理念延伸与冲突，帮助读者将区块链技术进行拆解与重构。

随后本书对区块链发展的每一个阶段进行详尽的技术与经济、法律分析。

在区块链 1.0 阶段，可信公链技术的发展推进了数字货币领域的各种探索。

在区块链 2.0 阶段，以太坊和智能合约推进了 ICO 和通证经济的兴起。本书对 ICO 和通证经济中的各种现象进行经济和法律上的分析，指出 ICO 与通证经济中的违法违规现象和未来的发展方向。

在区块链 3.0 阶段，区块链技术开始走向多链融合，区块链应用也开始与现实社会融合。本书分析稳定币、STO 以及资产上链的经济与法律本质，以及市场上存在的各种典型项目。但受比特币哲学的影响，区块链行业的原生发展都具有无政府主义的特征，与现行的社会运行机制难以有效融合。

将区块链技术剥去比特币的哲学外衣后，本书结合中国社会现实的法律与制度，重新诠释区块链技术的经济哲学特征：即构建信任互联和实现多方协同，助力国家治理能力现代化，迈向共建、共治、共享的社会命运共同体。

在第四次产业革命和中国经济服务化转型的大背景下，区块链将实现数据生产要素的确权和分享机制，并在供应链创新、数字政务、社会治理以及数字金融领域具有广泛的应用。本书详尽地分析了各个领域的场景需求，并给出了相关的应用案例。本书首次提出了数据要素化时代的自主权数据管理模型，及其在政务数据中心和医疗健康场景的应用；首次详细论述了基于区块链的供应链金融在建设产业命运共同体以及区块链商品溯源在重塑商业信用形成机制中的作用；首次搭建了基于社会信用治理的数字政务框架模型；首次提出了基于通证化的方法实现社区治理、"1099 经济"以及 5G 网络等分布式基础设施建设；对新金融时代的区块链应用创新进行了系统化梳理，指出新金融的主要生产方式将是建设基于区块链技术之上的平台生态；首次提出了完整的金融科技沙箱模型。

公链技术架构于比特币的无政府主义哲学之上，将信任完全建立在算法与算力的基础上，不仅造成能源的巨大浪费，也产生了事实上的霸权与不平等。现实中，真实社会的运行是构建在法律和制度基础上的。公众化联盟链将区块链技术与现实社会的法律与制度相结合，因此公众化联盟链才是区块链技术发展的未来。

区块链将应用在数字社会建设的各个领域。但是，作为一种分布式技术，区块链有其天生的优点和劣势，不是所有场景都适合区块链。本书首次提出了在具体判断某个场景是否适合区块链应用时使用的"强、弱、伪、非"四个标准。

"数字孪生，镜像世界"为数字社会的建设定义了方向和目标，数字社会的建设将是第四次产业革命的长期主旋律。新社会的建设必将面对传统势力的冲击与反弹。因此，建设我国自有知识产权的主权区块链和积极应对必将出现的数字货币战争，是区块链领域每一个政策制定者与从业者必须思考与面对的课题。

第 1 篇

PART ONE

区块链的定义与特征

Chapter One

第1章

比特币技术、经济与哲学

1.1 区块链的起源与定义

区块链（Blockchain）的正式诞生源于两个标志性事件：

1）2008 年 11 月中本聪（Satoshi Nakamoto）在密码学邮件组发布的一篇论文 "Bitcoin: A Peer-to-Peer Electronic Cash System"，翻译名为 "比特币：一种点对点的电子现金系统" [⊖]；

2）2009 年 1 月 3 日，中本聪公布比特币系统的第一个区块——创世区块，世界上第一个区块链数据诞生。

实质上，区块链的诞生是密码学、分布式技术、互联网治理与数字经济发展融合的必然结果，是从信息互联网到信任互联网再进展到价值互联网的必然进程。区块链技术目前并没有相关的规范和标准，参考《中国区块链技术和应用发展白皮书（2016）》给出的定义：

狭义的区块链：一种按照时间序列将数据区块以线性链表方式组合而成的特定数据结构,并借助密码技术确保交易信息数据的不可篡改和不可伪造。作为一种典型的分布式账本技术（Distributed Ledger Technology），区块链技术能够安全存储简单的、有先后关系的、在系统内可验证的数据。

广义的区块链：是利用加密链式区块结构来存储与验证数据、利用分布式共识算法来新增和更新数据、利用运行在区块链上的代码（即智能合约）

⊖ Satoshi Nakamoto. Bitcoin: A Peer-to-Peer Electronic Cash System. http://bitcoin.org/en/bitcoin-paper, 2008。

来保证业务逻辑自动强制执行的一种全新的多中心化基础架构与分布式计算范式。

2013 年，程序员 Vitalik Buterin 受比特币启发后提出以太坊的架构设计，并在 2014 年成立基金会开始研发及运营。发展至今，比特币和以太坊已成为互联网上规模最大的区块链项目。区块链技术也被逐渐被社会接受，并尝试应用于各个领域中。

1.2　比特币技术原理

区块链是密码学、分布式网络和数据存储、共识算法等技术的集合创新，下面从八个方面详细介绍比特币的技术原理，以比特币为案例深入解析区块链技术。

1.2.1　非对称加密算法

非对称加密算法是一种密钥的保密方法。非对称加密算法需要两个密钥：公开密钥（Public Key，简称公钥）和私有密钥（Private Key，简称私钥）。公钥与私钥是一对，如果用公钥对数据进行加密，只有用对应的私钥才能解密。因为加密和解密使用的是两个不同的密钥，所以这种算法叫作非对称加密算法。

非对称加密算法实现机密信息交换的基本过程是：甲方生成一对密钥并将公钥公开，需要向甲方发送信息的其他角色（乙方）使用该密钥（甲方的公钥）对机密信息进行加密后再发送给甲方；甲方再用自己的私钥对加密后的信息进行解密。甲方想要回复乙方时正好相反，使用乙方的公钥对数据进行加密，同理，乙方使用自己的私钥来进行解密。另一方面，甲方可以使用自己的私钥对机密信息进行签名后再发送给乙方；乙方再用甲方的公钥对甲方发送回来的数据进行验签。甲方只能用其私钥解密由其公钥加密后的任何信息。非对称加密算法的保密性比较好，它消除了最终用户交换密钥的需要（见图 1-1）。

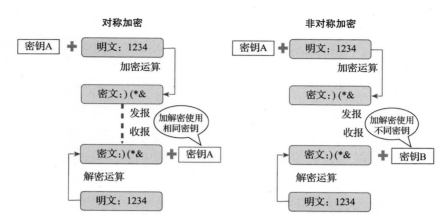

图1-1 对称与非对称加密算法原理

公钥和私钥符合严格数学关系的一对一对应，一个公钥有且只有一个对应的私钥。公钥加密的信息只有相应的私钥才能解密，私钥签名的内容只有相应的公钥才能解密。私钥签名—公钥解密通常用在数字签名中（证明文件是由私钥拥有者认证的）。

常见的非对称加密算法有：RSA、ECC（移动设备用）、Diffie-Hellman、El Gamal、DSA（数字签名用）。

非对称加密在区块链中的使用方式如下（见图1-2）：

公钥用于生产比特币钱包地址；

私钥用于对交易数据签名，确认交易不可伪造、不可抵赖；

公钥验证某交易的签名，确认交易发起方的真实性。

图1-2 非对称加密算法在比特币中的应用

1.2.2　哈希与默克尔树

哈希（Hash）是信息的提炼函数，通常其运算结果长度要比信息小得多，且为一个固定长度。加密性强的哈希一定是"不可逆的"，这就意味着通过哈希运算结果无法推出任何部分的原始信息。任何输入信息的变化，哪怕仅一位，都将导致哈希运算结果的明显变化，这被称为"雪崩效应"。哈希还应该是"防冲突的"，即找不出具有相同哈希运算结果的两条不同信息。具有这些特性的哈希运算结果就可以用于验证信息是否被修改。

默克尔（Merkle）树是一种哈希二叉树，用于快速校验大规模数据的完整性。其叶子节点上的值通常为数据块的哈希值，而非叶子节点上的值是该节点的所有子节点的组合结果的哈希值（见图1-3）。

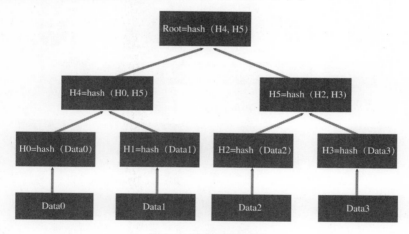

图1-3　默克尔树示例图

默克尔树大多用来进行完整性验证处理。在处理完整性验证的应用场景中，特别是在分布式环境下进行这样的验证时，默克尔树会大大减少数据的传输量及计算的复杂度。

哈希和默克尔树的应用可以快速定位数据错误（数据篡改）以及快速校验部分数据是否在原始数据中，从而在算法上保证区块内部数据的不可篡改。

1.2.3　UTXO记账方式

UTXO是英文"Unspent Transaction Output"的缩写，意为"未花费的交

易输出"，它是比特币交易生成及验证的主要方式。

与"比特币"这个名称的直观概念不同，比特币并没有一个真实的数字货币形式或者载体，也不像传统的银行账户一样保存账户余额。比特币仅仅通过分布式共享账本记录了每一笔交易，类似财务记账的会计分录。因此，实质上没有"比特币"，只有 UTXO 共享账本（见图 1-4）。

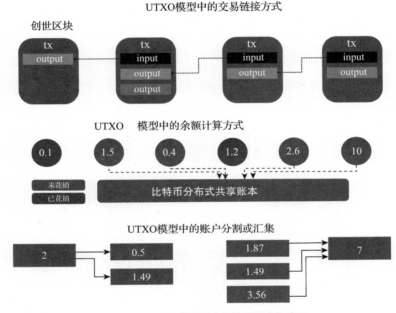

图 1-4　UTXO 共享账本在比特币中的应用

比特币的设计中采用 UTXO 的记账方式，基于如下几点考虑：

1）UTXO 确保了比特币的匿名性和隐私性，一个用户的比特币余额是钱包软件聚合用户的 UTXO 计算出来的，如果用户启用了新的地址用于转账和交易，新地址与原地址之间的关系很难被追踪，更好地保证用户的隐私，而传统的账户余额模型无法做到。

2）UTXO 模型通过链式的方式组织所有交易的输入和输出，每一笔交易的输出最终都能追寻到比特币被挖出时的区块的第一笔交易，使得"每一个币"（最小单位是聪，即亿分之一）的来源都可以追溯，确保比特币的信用基础。

3）UTXO 由于只记录有用的交易信息，大大简化数据的存储。比特币运行近 10 年，其账本数据规模才 200GB 左右。

4）UTXO 结构有利于并行处理交易，提升了系统的交易验证速度。

1.2.4　区块与链

区块链是一个链式存储结构，区块就是链式存储结构中的数据元素，区块记录交易信息，所有区块按照时间顺序连接形成单向链式结构，其中第一个区块被称为创世区块（见图 1-5）。

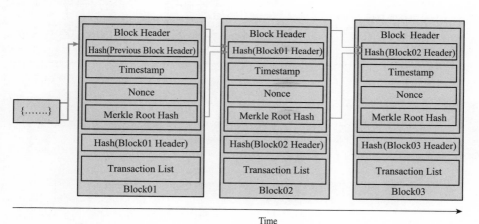

图 1-5　区块链的链式数据结构

区块是储存数据的单位，可分为主体和头。主体包括记录的数据或者交易的具体内容。区块链的功能主要由区块头实现。区块头数据结构说明如图 1-6 所示。

哈希算法的特性和区块链接机制保证所有上链数据不可篡改。其中本区块默克尔根节点哈希值（Hash Merkle Root）用于验证本区块记录的交易的完整性，如有任何数据篡改则无法通过哈希验证。前一区块哈希值（Hash Prevrious Block）用于保证时序链结构的完整性，任何时序链结构的替换或者篡改都无法通过哈希验证。

数据项	目的	更新时间
Version（版本）	区块版本号	更新软件后，它指定了一个新的版本号
Hash Prevrious Block（前一区块的 Hash）	前一区块的 256 位 Hash 值	新的区块进来时
Bash Merkle Root（Merkle 根节点 Hash 值）	基于一个区块中所有交易的 256 位 Hash 值	接受一个交易时
Time（时间戳）	从 1970-01-01 00∶00 UTO 开始到现在，以秒为单位的当前时间戳	每几秒就更新
Bits（当前目标的 Hash 值）	压缩格式的当前目标 Hash 值	当挖矿难度调整时
Nonce（随机数）	从 0 开始的 32 位随机数	产生 Hash 时（每次产生 Hash 随机数时都要增长）

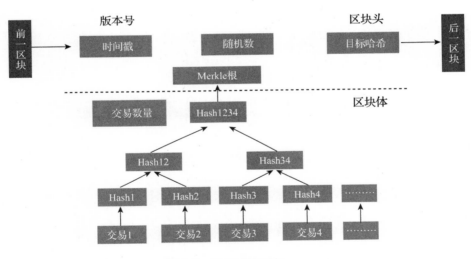

图 1-6　区块头数据结构

1.2.5　P2P 分布式网络

区块与链的结构仅保证了单个节点数据存储的完整性与数据可验证性。要实现数据不可篡改的目标，需要基于 P2P 分布式网络实现数据的分布式共享存储，在 P2P 网络的每一个节点都保存数据的备份，只要存在经验证没有被篡改的数据，就可以对真实数据进行全网恢复。

P2P 分布式网络又称对等互联网络技术，依赖网络中所有参与者的计算能力和带宽，而不是依赖较少的几台中心化服务器。在 P2P 的网络中，所有网络节点都是同等地位，没有服务端和客户端之分，每一个节点既是服务端也是客户端（见图 1-7）。

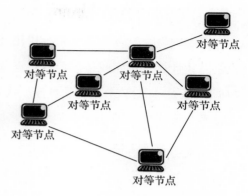

图 1-7　P2P 网络结构示意图

P2P 网络的特点：

去中心化：网络中的资源和服务分散在所有节点上，信息的传输和服务直接在节点之间进行，无须中间环节和中心化服务器的介入与存在。

健壮性：耐攻击，高容错，服务和信息分散在各个节点之间进行，部分节点和网络遭到破坏对网络整体影响很小。

1.2.6　共识机制

由于 P2P 网络下存在较高的网络延迟，各个节点收到数据的先后顺序不可能完全一致。因此，区块链系统需要设计一种机制，对在差不多时间内发生的事务的先后顺序达成共识。这种对一个时间窗口内的事务的先后顺序达成共识的算法被称为"共识机制"。"共识机制"既是认定一个区块产生的一致性和有效性的手段，也是防止对全网数据进行篡改的手段。

目前主要的共识机制包括概率性共识机制及确定性共识机制。所谓概率性共识机制，是指在区块链形成过程中，可能存在多个节点同时记账的情况，在一段时间后通过比较机制来确定记账的有效性。因此，节点记账是否有效存在不确定性。确定性共识机制是指在开始记账之前先确定当次负责记账的节点，然后再开始记账过程，记账节点的记账行为确定是有效的。

常见的基本共识机制包括：POW（Proof of Work，工作量证明机制）、POS（Proof of Stake，权益证明机制）、DPOS（Delegated Proof of Stake，委托权益证明机制）、PBFT（Practical Byzantine Fault Tolerance，实用拜占庭容错算法）等。其中 POW 属于概率性共识机制，其他属于确定性共识机制。

1. POW 工作量证明机制

系统中每个节点为整个系统提供计算能力（简称算力）。通过一个竞争机制，让计算工作完成最出色的节点获得系统的奖励，即完成区块的生成和数据的记录，同时该节点将得到新生成货币的分配，简单理解就是多劳多得。比特币、莱特币等货币型区块链就是应用 POW 机制的。

优点：完全去中心化，节点自由进出，算法简单容易实现，破坏系统花费的成本巨大，只要网络破坏者的算力不超过网络总算力的 50%，网络的交易状态就能达成一致。

缺点：最大的缺点是浪费能源；区块的确认时间难以缩短，如比特币每秒只能做七笔交易，不适合商业应用；对节点的性能与网络环境要求较高；容易产生分叉。另外，POW 作为一种概率性共识机制，在确定最长链之前，记账工作不能确定，确定最长链之后，非最长链的工作将被废弃，造成工作浪费。

2. POS 权益证明机制

与要求每个节点执行一定量的计算工作不同，权益证明要求节点提供一定数量虚拟货币的所有权证明。权益证明机制的运作方式是：当创造一个新区块时，节点需要创建一个"币权"交易，交易会按照预先设定的比例把一些虚拟货币发送给节点本身。

优点：相对于 POW 更加节能，不需要耗费大量能源去计算。POS 根据每个节点拥有虚拟货币的比例和时间，依据算法等比例地降低节点的计算难度，从而加快了寻找随机数的速度，能在一定程度上缩减达成共识的时间；同时和 POW 一样，破坏系统的成本较高。

缺点：POS 模式下，虚拟货币只能通过融资方式发行，无法保障持有者不因受利益诱惑而抛售，同时这种模式的信用基础不够牢固，也并没有从根本上解决难以应用于商业领域的问题。

3. DPOS 委托权益证明机制

DPOS 是 POS 的进化方案，DPOS 类似于现代董事会的投票机制，通过选举代表来进行投票和决策。被选举出的 N 个记账节点来做新区块的创建、验证、签名和相互监督，这样就极大地减少了区块创建和确认所需要消耗的时间和算力成本。

优点：大幅缩小参与验证和记账节点的数量，能耗更低，同时极大地缩短了共识验证需要的时间，可以达到秒级的共识验证；由全体节点投票选择节点代表的机制理论上比 POW/POS 更加不容易被操纵。

缺点：DPOS 理论上更加去中心化，但由于大部分节点因为种种原因投票积极性不高或不便投票，共识掌握在少数节点代表手中，对于一些节点代表作恶的行为也不能够及时响应，有较大的安全隐患。

4. PBFT 实用拜占庭容错算法

实用拜占庭容错算法是一种采用"许可投票、少数服从多数"来选举领导者并进行记账的共识机制，该共识机制允许拜占庭容错，允许强监督节点参与，具备权限分级能力，性能更高，耗能更低，而且每轮记账都会由全网节点共同选举领导者，容错率为 33%。实用拜占庭容错机制特别适合联盟链的应用场景。

优点：效率高；容错性高；节能环保。

缺点：当网络不稳定或参与者数量增多时，系统的稳定性和效率会显著下降。

共识机制的设计隐含了分布式网络去中心化的程度，根据去中心化程度不同，区块链技术分为公链、联盟链和私链。

1.2.7　挖矿发行与激励机制

比特币挖矿是将一段时间内比特币系统中发生的交易进行确认，并且形成新区块记录在区块链上的过程。挖矿的人（机器设备）叫作矿工。简单说，挖矿就是比特币记账的过程。

矿工是记账员，区块链就是账本，成功抢到记账权的矿工会获得系统新生的比特币奖励。因此，挖矿也就是生产比特币的过程，中本聪最初设计比特币时规定每产生 21 万个区块比特币奖励减半一次，直至比特币不能再被细分。因为比特币和黄金一样总量有限，所以比特币被称为数字黄金。

实质上，挖矿是用计算机解决一项复杂的数学问题，来保证数字货币网络分布式记账系统的一致性。数字货币网络会自动调整数学问题的难度，系统自动生成新的数字货币作为奖励，激励矿工参与记账，每十分钟全体矿工一起计算一道问题，形象地说，这个过程就像做抢答题——在很多人同时使用这个程序的过程中，最先算出答案的矿工就获得记一页账的权利。记账完成后，该名矿工将自动获得一定量的数字货币。这就是新增币的发行过程。不过，参与"挖矿"的人数越来越多，解开"密码箱"的难度也越来越大。

矿工挖矿过程中可以获得挖矿奖励。在项目初期，没有人愿意支付矿工服务费的时候，挖矿激励机制确保了矿工对比特币网络的自主投入和长期维护。挖矿发行和激励机制奠定了区块链通证经济（参见第 10 章"通证经济"相关内容）的最初雏形。比特币通过减少发行量的通缩机制来刺激比特币价格上涨的办法，也在后续的虚拟货币发行中被广泛抄袭沿用。

1.2.8　智能合约

比特币提出并实现了智能合约的初步想法。

所谓智能合约，简单意义上，是一段计算机程序，满足可准确自动执行即可。因此自动售卖机也是智能合约的一种实现。从系统角度，智能合约不只是一个可以自动执行的计算机程序，它本身就是一个系统参与者，对接收到的信息进行回应，可以接收和储存价值，也可以向外发送信息和价值。智能合约就像一个可以被信任的人，可以临时保管资产，总是按照事先的规则执行操作。区块链各个节点实时监控智能合约的状态、核查外部数据源、确认满足特定条件时激活并执行合约。

智能合约与传统合约相比具有许多优势：

不依赖第三方执行合约，消除中间人，大大减少了花费在合约上的成本。

消除第三方意味着合约验证和执行的整个过程随着用户间的直接交易而变得快速。

合约条款不能更改，不受各种人为干预，用户受骗的风险较小。

合约会永远保存在网络上，不存在放错或丢失的风险。

比特币的智能合约仅提供了部分函数调用功能，功能有限，因此不是图灵完备的。以太坊首次实现了图灵完备的智能合约。

1.3　比特币隐含的经济意义

比特币以及比特币之后发展起来的区块链技术，因其具有的数据不可篡改、签名不可伪造不可抵赖、分布式共享记账、智能合约等技术，拓展了互联网技术的深入应用空间，在构建价值（信用）网络、分布式商业结构、通证经济组织模式等方面具有极大的经济价值，推进数字经济进一步向数字社会发展。

1.3.1　信息互联网到价值（信用）互联网

传统互联网技术的发展解决了信息互联互通的问题，但是并没有解决信息的真实性问题以及信息背后的信任问题。正如互联网上广泛流传的幽默图片所示，每个人并不能确切知道另一端的信息提供者究竟是一个真实的人还是一条狗（见图 1-8 ）。

图 1-8　传统互联网未能解决信息的真实性问题

由淘宝首创，以支付宝、微信支付为代表的第三方支付作为信用背书的中介支付模式解决了传统互联网上交易的信任问题。但是，信用中介和支付中介的业务覆盖能力限制了网络交易的发展，而且第三方中介成为一个中心化的信任风险点，第三方中介的任何道德和技术风险都将导致灾难性的后果。

区块链技术使用不依赖中心节点的方式创新性地解决了数字身份（信用传递）与网络支付（价值传递）问题。通过共享账本实现交易信息的公开透明可追溯，通过数字签名防抵赖实现数字身份信用信息的传递，通过"哈希+时间戳"实现数据的不可篡改，通过共识算法实现数据记账的去中心化和集体维护制度（见图 1-9 ）。

总之，在区块链技术的赋能下，一切交易皆可上链，互联网由信息互联网向更广阔的信用互联网和价值互联网发展。

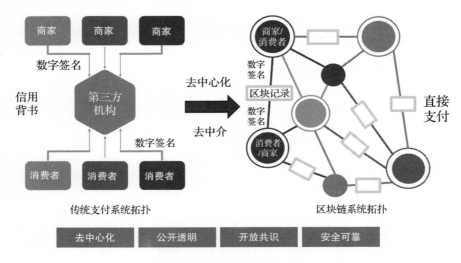

图 1-9　区块链技术实现了互联网的价值与信用传递

1.3.2　中心记账到分布式共享记账

记账是所有经济业务事项得以顺利进行的基础。随着技术的进步，记账手段也逐步发展（见图 1-10）。从某种程度上说，记账能力的复杂度制约着经济活动的复杂度。

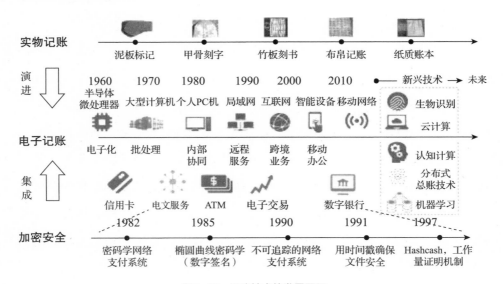

图 1-10　记账技术的发展历程

在业务属性上，区块链技术也被称为"分布式账本技术（Distributed Ledge Technology，DLT）"。2015 年《华尔街日报》曾刊登文章称赞分布式账本技术是"500 年来最大的创新"。

在经济全球化以及比较优势理论的指导下，全球经济活动已经按照产业链进行了分化。ERP 技术的发展让企业内部生产和财务记账完成了信息化，但是商业实体之间形成了割裂的数据孤岛，以银行为代表的金融机构承担了不同商业实体经济活动交互的记账以及金融服务。数据孤岛以及信息隔离客观上促进形成了商业周期和社会浪费（见图 1-11）。

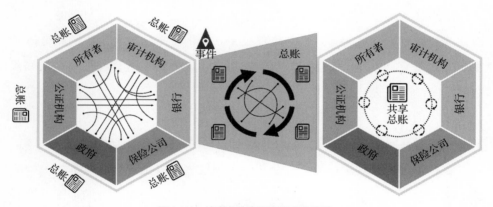

图 1-11 从商业信息孤岛到共享记账

分布式账本技术的发展为打破商业信息孤岛带来了曙光，让全球化分工下割裂的商业链条在区块链技术的赋能下重新紧密结合在一起。这必将带来商业生态的再一次升级和巨大改变。

1.3.3 公司组织到社群组织（通证经济）

公司治理理论是随着西方企业的发展而发展的。近年来，围绕着公司治理目标、公司治理结构安排以及公司治理机制改革等一系列课题，公司法学家和经济学家提出了单边和多边治理理论，而多边治理理论已经逐步占据了学术主流地位。

1. 以股东所有权理论为基础的单边治理理论

公司作为一个法人团体，必须具备人和物两个基本要素。单边治理理论定义公司时，将公司理解为一个由物质资本所有者组成的联合体，公司的权力只能在所有者之间分配。因此，公司法人治理结构所要解决的问题是股东通过何种制度设计使经营者在自己的利益范围内从事经营活动，其实质是所有权对经营权的约束与监督问题。

2. 以利益相关者理论为基础的多边治理理论

利益相关者理论的提出最早可以追溯到美国学者杜德，他认为股东利益最大化不应当是公司唯一的追求，公司还应当代表其他相关利益主体如员工、债权人、消费者和社区的整体利益。

组织是各种生产要素的所有者为了各自的目的联合起来而组成的一种具有法人资格的契约联合体。公司不仅仅是一个由资本所有者组成的联合体，更重要的是它在本质上是为物质资本所有者、人力资本所有者等利益相关者之间的契约关系充当连接点。在这一理论背景下，公司法人治理结构被定义为股东、债权人、职工等利益相关者之间有关公司经营与权利的配置机制。利益相关者共同治理公司成为这种理论对公司法人治理结构改革的核心思想。

在利益相关者理论指导下，公司治理问题将可以更广泛地理解为一种法律、文化和制度性安排的有机整合。这一整合决定了公司行为的范围、控制权的归属、控制权行使的方式和程序、风险承担与收益分配的机制等。

"利益相关者"共同治理理论在实践上存在着较大的难题：

利益相关者很难界定。

利益相关者之间的利益冲突可能会增加交易成本。

区块链技术的共识机制设计和智能合约为多边治理理论的实施提供借鉴和实施的技术基础。区块链通证经济（Token Economy）的核心是共识产生机制和激励协调机制，其背后的经济学理论基础是博弈论和合约理论。通证经济理论和实践的深入发展将加速公司理论的演进以及组织机构和管理模式的变革（见图 1-12）。

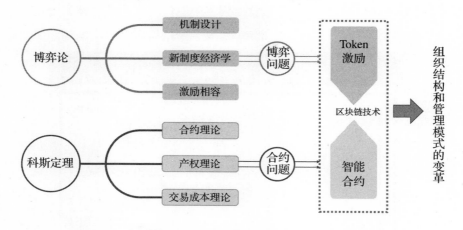

图 1-12 区块链技术加速公司治理理论演进与组织机构变革

1.3.4 数字经济到数字社会

数字经济的本质在于信息化。信息化是由计算机与互联网等生产工具的革命所引起的工业经济转向信息经济的一种社会经济过程。具体说来，信息化包括信息技术的产业化、传统产业的信息化、基础设施的信息化、生活方式的信息化等内容。信息产业化与产业信息化即信息的生产和应用两大方面是其中的关键。信息生产要求发展一系列高新信息技术及产业，既涉及微电子产品、通信器材和设施、计算机软硬件、网络设备的制造等领域，又涉及信息和数据的采集、处理、存储等领域；信息技术在经济领域的应用主要表现在用信息技术改造和提升农业、工业、服务业等传统产业上（见图 1-13）。

数字社会是信息化的进一步深化发展，不仅实体的事物可以"数字化"，人们的思想观点和行为活动以及它们的动态变化等，也都可以经过"数字化转换"，畅行于虚拟的数字网络空间。数字化的发展趋势以及与之相伴的网络化和智能化的发展趋势一道，共同构成人类社会当代及未来发展的根本驱动力量。其全面而深刻的影响，无论在公司企业和行政机关，还是在学校、家庭、社会组织以及社会生活的各个领域，都已经显现出来，并且还会深化和拓展。

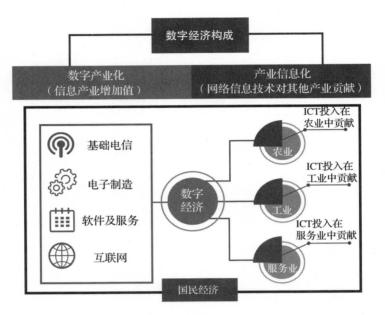

图 1-13　数字经济的构成

　　进入数字社会，数字化进程的普遍展开会形成海量的基础信息数据，而这些基础信息数据又将成为人们工作和生活领域所不可或缺的重要资源要素。这就意味着，在传统意义上的土地、原材料、劳动、资本和管理才能等资源要素之外，数字化的数据信息已经成为又一类新的资源要素。基础信息数据的生成、获取以及分析、运用，将带来巨大的经济价值和社会价值。信息数据资源的开发和利用所能创造的价值，将具有无可限量的伸展空间。

　　在数字社会和网络生活的条件下，不仅人们彼此之间相互联通的方式变了，整个社会生活当中的经济运行、生产管理、价值创造、贸易往来、服务提供、教育培训、文化创新、政治参与、社会交往、休闲娱乐、医疗健康等方方面面的生活内容及呈现方式和运作机制，也都发生了或正在发生着深刻的变化。数字技术社会化带来的直接社会效应，即运作方式的根本变化与效率的极大提高，将进一步推动生产力发展与社会进步。

1.4　比特币背后的哲学理念

2008年9月，以美国四大投行中的雷曼兄弟的倒闭为开端，金融危机在美国爆发并向全世界蔓延。这次金融危机是美国自大萧条以来最严重的一次金融危机，被称为金融市场的"9·11"。为了应对危机，美国政府采取量化宽松等政策，不断增发美元刺激经济。这些政策引起了民众对美国经济政策是否合理的广泛质疑。

在这样的时代背景下，中本聪在2008年10月31日发布了比特币白皮书。仔细探究比特币网络社区以及之后的区块链虚拟货币项目，它们基本上都基于这样一些基本的哲学理念（见图1-14）：

技术至上，代码即法律。

去中心化，政府不可信。

社群自治，绝对民主化。

私人财产，隐私要保障。

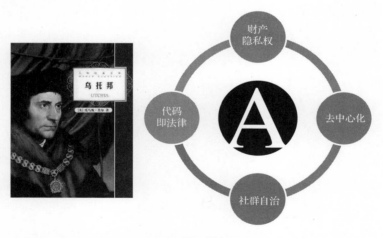

图1-14　比特币背后的无政府主义哲学

总结而言，比特币技术在哲学本质上是利用技术构建无政府主义乌托邦！比特币秉持的哲学理念在很长一段时间内都主导了区块链行业的发展。无政府、反监管、自金融成为过去一段时间内区块链项目的主导思想和重要特征。因此，在法律制度不完善的地区，非法集资和诈骗成为区块链项目的主要表现形式，而比特币也主要用于洗钱和地下非法交易。

但是，比特币的技术哲学及其导致的社会、法律问题，并不能否定区块链技术本身的价值。在正确价值观的引导下，区块链技术将成为构建未来数字社会的基石。

Chapter Two

第 2 章

区块链的技术延伸与理念冲突

2.1 软分叉与硬分叉

分叉，是一个技术术语，用于描述区块链技术在软件更新过程中的版本不兼容问题。本书借用分叉这个概念来描述区块链技术演进过程中的技术延伸与理念冲突。不同分叉代表了不同的技术路线选择，每一个技术细节的路线选择都将影响区块链的技术特征，以及基于技术之上的业务特征。

1. 软分叉

技术上是指软件升级向后兼容，即老节点不升级软件也可以运作，但无新功能；理念上是指在比特币技术哲学的基础上根据业务场景进行技术补充完善，是比特币技术的进一步应用延伸。

软分叉（技术延伸）主要体现在共识机制、记账方式、智能合约、加密算法以及区块与链的具体技术实现上面。

2. 硬分叉

技术上是指软件升级不向后兼容，老节点不升级将不能正常运作，新老节点将运行维护两条不同的区块链；理念上是指针对比特币技术哲学的认同发生严重冲突，进而导致两个完全不同的技术方向和使用场景。

硬分叉（理念冲突）主要体现在节点许可、去中心化、共识机制、激励机制、身份 & 隐私权、控制 & 主权等方面。

区块链的技术仍在不断发展中，因此区块链技术的分叉仍不断进行中……

2.2 软分叉——技术的延伸

2.2.1 共识机制（公链）

公链，也称非许可链，是指在无须许可或者第三方信任的分布式开放系统环境下运作的区块链技术系统。共识机制是区块链技术的核心，不同的共识机制会生成不同的区块链系统，具有不同的技术特征。下面是几种常见公链共识机制的简单总结与对比。

1）工作量证明（POW）：基于哈希函数计算的竞争机制，优胜者获得记账权和挖矿奖励。

优点：机制简单；挖矿即共识；作恶成本高（51%攻击）。

缺点：耗费能源；效率低；矿场&专用芯片（ASIC）[⊖]会导致算力寡头化。

2）权益证明（POS）：在POW基础上加入节点权重，引入代币作为权重依据，根据每个节点所占权重的比例和时间，等比例地降低权益证明（POS）难度，从而加快找随机数的速度。

优点：减少参与验证和记账节点的数量，可缩短共识周期。

缺点：依赖代币，仍然会浪费计算资源，且使得"富者更富"。

3）委托权益证明（DPOS）：在POS的基础上，每个节点根据权重投票选出一定数量的"超级节点"，由这些节点轮流产生区块，代理它们进行验证和记账。

优点：不再需要通过"挖矿"来产生区块，可以大幅缩短交易确认的时间，能够达到秒级的共识验证。

缺点：还是依赖代币，不适用于一般的商业应用。

4）其他混合机制（DPOW）：在上述机制的基础上混合。

⊖ ASIC的全称是Application-Specific Integrated Circut，即专门设计用来完成特定计算任务的集成电路。在区块链领域用ASIC挖矿极为常见。

2.2.2 记账方式

区块链技术也被称为分布式账本技术，账本的设计即每一个区块内的交易记录内容。目前区块链应用中，交易记录内容主要为区块链系统上的交易及账户信息。实际上任何事物都可抽象成交易，区块链技术在更广泛行业应用设计的主要工作是定义行业交易行为及账本记录内容。

1）仅记录交易，以比特币 UTXO 模式为样板。

优点：存储数据简单，量小，交易上链的先后次序不敏感。

缺点：每次计算账户余额需要遍历所有交易汇总计算。

2）同时记录交易和账户余额，以以太坊的模式为样板。

优点：可以快速读取账户当前状态；账户状态与交易记录可以交叉验证。

缺点：同时处理交易与账户，效率较低；交易上链与账户更新需要同步操作，确保一致性。

在数据隐私性方面，目前所有区块链技术系统的记录内容都是完全公开的，任何节点都可以查询所有交易记录。但是对于隐私敏感型数据和行业应用，需要设计账本的加密方式，信息公开的级别和访问权限要求。关于数据隐私管理，本书第 16 章"数据资产化时代的生产关系确权"中"自主权数据管理"相关部分将会予以详细论述。

2.2.3 智能合约

1995 年，计算机科学家尼克·萨博（Nick Szabo）给出了智能合约的定义："一个智能合约是一套以数字形式定义的承诺（promises），合约参与方可以在上面执行这些承诺。"

智能合约在区块链技术的逐步发展中变得越来越强大和完善。

智能合约 1.0：比特币在系统设计中引入了智能合约的理念，但是在系统实现过程中仅提供了基于函数调用方式的 API 接口，功能有限。这其实也是以中本聪为代表的比特币开发者的初衷，过分强大的智能合约将给系统带来不可预知的安全隐患。

智能合约 2.0：以太坊把智能合约发扬光大，首次实现了图灵完备的智能合约设计脚本语言，智能合约可以计算、存储以及自动执行交易并修改账户约，智能合约一旦上链不可更改（Code is Law）。基于以太坊的智能合约应用，区块链进入了疯狂生长的 ICO 和通证经济时代。

智能合约 3.0：智能合约不仅限于交易及账户操作，Elastor、Qtum、Neo 等新兴的区块链项目实现了更为复杂的智能合约功能，几乎任何应用都可以使用智能合约实现。但是，上述区块链项目市场影响有限，并未给区块链行业带来大的改变，其智能合约的安全性也没有得到大规模的验证。

2.2.4　加密及哈希算法

技术上，区块链系统加密与哈希算法的升级主要源于已有算法的安全性受到威胁，如算法被破解等。

机制上，加密与哈希算法的选择直接影响了挖矿的实现方式和效率，进而影响了矿工的收益，从而决定了以矿工为代表的区块链社群生态的变化。

对于工作量证明机制 POW 而言，采用 ASIC 可以提高挖矿效率，造成矿工发展的不均衡，会导致事实上的中心生成。例如比特币的挖矿已经出现了几个事实上的寡头，从而引发了 2018 年"澳本聪大战吴忌寒"等寡头竞争的行业热门事件，导致比特币社群出现了一次大分裂。以太坊和莱特币则分别选择了难以通过 ASIC 实现的哈希算法，以保证挖矿收益的公平性和矿工社群发展的均衡性。

2.2.5　区块与链

比特币在社会上日渐流行，比特币网络处理和检验交易的压力加大，确认交易时间从 10 分钟到最长超过 40 小时。因此，提高比特币系统的处理能力成为区块链技术领域的核心议题之一。

1. 区块扩容

比特币现金（一种比特币衍生出的虚拟货币，参见本书第 3 章"基于比特币的衍生产品"）2017 年 8 月成立，将比特币的区块容量由 1M 升级为

8M，并计划进一步升级为 32M，升级后，比特币现金的交易确认速度稳定为 10 分钟左右。但是，区块链扩容将增加矿工不均衡发展的机会，进一步导致矿工寡头崛起。因此在比特币社群中一直存在是否进行区块扩容的争议。

2. 链与 DAG

区块链名字中的"链"意味着所有区块通过链式结构连接在一起。链式结构可以确保区块上链的准确唯一性，但链式结构的缺点是数据不能并行处理，导致系统效率较低。

有向无环图（Directed Acyclic Graph，DAG）原本是计算机领域的一种数据结构，因为独特的拓扑结构所带来的优异特性，被用来尝试优化区块链系统的效率。DAG 协议使用 DAG 数据结构维护区块和系统状态，DAG 不要求节点从线性方式处理交易，可以并行挖 DAG 区块，以实现更高的吞吐量和更短的交易处理时间。DAG 仍处于初级阶段，安全性和一致性尚待验证，还不能成为可行的扩展方案。

2.3　硬分叉——理念的冲突

2.3.1　节点许可

区块链系统是基于 P2P 分布式网络基础的，基于 P2P 网络的节点加入网络是否需要许可机制，区块链系统分为许可链和非许可链。

1）非许可链：去中心化的分布式网络平台，任何节点可随时加入或者退出，节点可以通过挖矿获得奖励。

非许可链的应用场景要求如下：

公开数据：链上任何节点都可以读写账本和交易信息，链上所有数据都为公开数据。

数据溯源：链上保留所有数据历史，因此可追溯数据从产生至今的所有历史过程。

恶意节点：链上任何节点都可能故意提交错误数据，需要多节点交叉验证。

数据不可篡改：链上任何数据只能"读写"，不能"改删"，即使错误也不能补救。

交易延迟：交易信息需要所有节点同步，节点越多，延迟越大。

非许可链典型应用场景：

可信时间戳：任何节点可以将"时间＋数据"哈希后发布上链，用以证明自己拥有某项数据。

能源互联网：上链记录任何节点的能源产出和消费，用于分布式智能电网的记账。

2）许可链：只有特定的节点才能加入并读写链上数据。

许可链与比特币理念的根本冲突点：

只有特定节点可以加入链 vs. 任何节点可以随时加入和退出。

账本和交易数据读写权限 vs. 账本和交易数据公开透明。

许可链与比特币理念的共同点：

基于分布式网络。

账户和交易数据可溯源。

许可链根据节点的可信程度可选择：

共识机制是否兼容恶意节点（或者只考虑故障节点）。

节点读写权限（读写、只读、只写）。

交易是否可回滚（修改、删除）。

许可链典型应用场景：

银行

多家银行构建联盟链，共享分布账本。

节点身份公开可信，无须挖矿。

经协商一致，交易可回滚。

供应链

生产商、中间商（物流）、销售商、客户。

产品流程可追溯，增加消费信任。

产品库存公开，增强库存管理。

医疗＆保险

个人、医院、药房、药厂、保险。

分散数据上链，构建全面个人健康数据。

为个人提供更好的医养、保险服务。

医药研发、保险产品设计提供更具针对性的数据支持。

2.3.2　去中心化

"去中心化"已经成为区块链技术被谈及最多的特性之一。实际上，去中心化包含两个层面：网络层面和信任层面。

从网络拓扑学的角度而言，网络拓扑结构包括三种（见图2-1）。

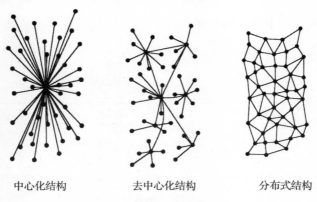

中心化结构　　　　　去中心化结构　　　　　分布式结构

图2-1　不同类型的网络拓扑结构

中心化结构：所有信息的获取依赖于中心节点。这种结构的优点是效率很高，缺点是过于依赖中心节点，中心节点故障将导致系统崩溃。

分布式结构：每一个节点都独立自主，互不依赖。这种结构的优点是系统健壮性很好，任何一个节点故障都不会影响网络运行，缺点是每个节点都是全功能节点，网络效率很低。

去中心化结构：介于中心化结构和分布式结构之间的一种结构。从拓扑结构上来说，又可称为多中心化结构。去中心化结构试图在系统健壮性和效率之间获得平衡。

比特币和以太坊等公链项目属于完全的分布式结构。对于比特币原教旨主义者或者比特币的狂热信徒而言，完全分布式结构（他们口中的"去中心化"所指代的含义）是一种信仰，任何变化都是对比特币精神的离经叛道。

在区块链技术的现实应用中，更需要根据应用的特性设计一种介于中心化和分布式的网络和信任结构，安全且高效地把区块链技术应用到现实场景中。

2.3.3 共识机制

如前所述，共识机制是区块链技术的核心，不同的共识机制会生成不同的区块链系统，具有不同的技术特征。

针对在区块链系统中应用场景是否考虑恶意节点（即主动数据造假节点）的存在，区块链分化为公链、联盟链和私链，共识机制和算法也随之不同，系统的效率也不同（见表 2-1 ）。

表 2-1　公链、联盟链、私链的对比

	公链	联盟链	私链
参与者	任何人自由进出	联盟成员	个体或公司内部
共识机制	POW/POS/DPOS	分布式一致性算法	分布式一致性算法
记账人	所有参与者	联盟成员协商确定	自定义
激励机制	需要	可选	不需要
中心化程度	去中心化	多中心化	（多）中心化
突出特点	信用的自建立	效率和成本优化	透明和可追溯
承载能力	3~20 万笔/秒	1000~1 万笔/秒	1000~10 万笔/秒
典型场景	虚拟货币	支付、结算	审计、发行

公链，即非许可链，任何节点可以自由加入网络，这其中就包括恶意节点，公链的共识机制算法的容错率为 50%，只要恶意节点的算力不超过 50%，整个区块链网络都可以正常运转。

联盟链，许可链中的一种形式，节点要经过联盟许可才可以加入网络，但并不保证节点中不存在恶意节点，因此联盟链共识算法具有容错机制。目前常采用的拜占庭将军容错算法（BFT）及其相应的变种容错率在33%，只要恶意节点不超过33%，整个区块链网络就可以正常运转。

私链，许可链中的一种形式。私链场景中完全不考虑恶意节点的存在，仅仅考虑节点故障容错的情形。因此私链仅适用于高可信任环境。

2.3.4 激励机制

激励机制是指关于通证（Token）发行和分配的制度设计，用于打造区块链系统的共建、共治、共享生态。基于对通证的认知和理解，区块链发展分化为"链圈"和"币圈"。传统传销诈骗手段和通证化混杂加剧了冲突的复杂性。

1）无币区块链：是指专注于分布式网络、共享账本、加密算法、智能合约等区块链技术在行业中的应用，视区块链为新一代IT基础设施，不在意基于通证的激励机制。

2）通证经济：针对区块链项目的社群自治模式，基于博弈论和产权理论设计社群经济模型、治理机制和自金融生态。其中通证是项目和社群价值的载体，其发行和分配制度设计是通证经济的核心关注问题。

ICO（虚拟代币发行融资，参见本书第9章"ICO：总结与反思"）的出现把通证经济推向社会前沿，但通证经济理论和商业模式设计还未成熟，ICO中"空气币""传销币"等非法集资行为对通证经济的发展带来严重负面影响。

3）通证与区块链分离：试图把通证经济概念引入传统（非区块链）领域，利用通证设计激活经济活力，其典型为"行为挖矿"机制。从目前已有的证链分离实践来看，大多项目走入了非法集资的邪路。

2.3.5 身份与隐私

比特币具有伪匿名特征。比特币的匿名性是指用户能持有一个钱包地址而不公开任何身份信息。但是，在比特币世界里的所有交易都是可追踪的，所有交易都保存在区块链里，基于社交大数据可以提炼追踪到真实用户身份。

2015 年，国际刑警根据比特币交易流水追踪到暗网交易的非法人员，直接把全球最大的暗网丝绸之路相关人员抓获。这加剧了人们对比特币匿名性的怀疑。

基于对匿名理念的认知和理解冲突，区块链发展分化为数字身份和完全匿名两条发展路径。

1）数字身份：完全实名制，在实名的基础上保护隐私数据的主权管理。

基于法律背书的实名认证，按照不同的授权等级采取人体生物识别特征（人脸、指纹、瞳孔、DNA 等），并通过哈希生成数字身份。

区块链数字身份的实施让用户成为自己信息的主人，任何对用户信息的访问和使用都需要用户的数字授权。

2）完全匿名：另有一部分区块链项目走向更深入的匿名机制，完全匿名的代价是交易信息完全不可追溯。

达世币（DASH）：利用混币技术增加追踪难度。

门罗币（MXMR）：环签名技术隐藏交易者身份。

大零币（ZEC）：使用零知识证明技术隐藏交易双方以及金额。

2.3.6 控制与主权

比特币的支持者宣称比特币网络无控制权和主权干预，即没有任何一个用户、国家、政府可以控制比特币系统。无政府主义是比特币诞生的重要哲学理念。但实际上，比特币社区的核心开发者发布并上线的软件会影响系统的大部分节点和用户。因此，比特币社区的核心开发者实质上在控制着比特币系统，核心开发者的冲突和分裂会导致比特币网络的分叉，这在比特币的短暂历史上已经发生过很多次了。

因此，比特币系统无控制和主权的准确表述应该是：在现有比特币网络运行规则下，没人可以控制用户交易的时间和对手方。但是，无控制也意味着用户需要自负其责，即用户自己全权承担维护自己密钥的责任，一旦丢失无法找回。用户丢失密码导致其拥有的比特币永远无法找回的案例也数不胜数。

基于区块链本身的技术特性及其在社会治理中的应用潜力，中国贵阳市政府 2016 年发布的《贵阳区块链发展和应用》白皮书中提出了主权区块链的概念。

所谓主权区块链，是指将区块链技术发展纳入国家主权范畴下，在法律与监管下，从改进与完善自身架构入手，以分布式账本为基础，以规则与共识为核心，实现不同参与者的相互认同，进而形成公有价值的交付、流通、分享及增值，建立主权区块链。在主权区块链发展的基础上，不同经济体和各节点之间可以实现跨主权、跨中心、跨领域的共识价值的流通、分享和增值，进而形成在互联网社会的共同行为准则和价值规范（见图 2-2 ）。

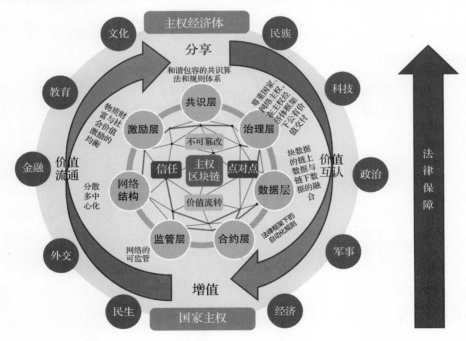

图 2-2　主权区块链示意图

第 2 篇

PART TWO

区块链 1.0：
可信公链与数字货币

Chapter Three

第3章

———

基于比特币的衍生产品

3.1 比特币与它的子孙们

比特币用可信公链和数字货币开创了区块链时代。比特币对于其所诞生的时代和目标应用场景而言是技术完备的，目前区块链领域的所有发展都可以在比特币的设计中找到影子。比特币的机制简述如下：

POW 机制，使用 SHA256 哈希算法。

每 10 分钟产生一个新的区块，每个区块大小 1M。

挖矿发行机制，总数 2 100 万，初始每次挖矿 50 枚，每四年减半。

每一个交易都附带脚本代码，可触发执行交易，构成智能合约的雏形。

比特币作为一个开源代码项目，其社区生态包括如下三个部分：

社区核心开发团队：核心开发团队来自世界各地，主要通过网络进行交流，主要任务是维护和更新比特币源代码，修复软件漏洞，保证网络的正常运行并不断提高网络的性能。

矿场：初期挖矿是基于个人电脑，随着挖矿设施逐渐升级（显卡、专用芯片 ASIC、数据中心、矿池），逐渐形成一批矿场寡头。矿场对比特币网络流畅运行有一定的影响，任何代码更新都需要矿场配合，因此矿场对比特币的开发具有一定程度上的发言权。

明星个人：比特币的早期拥护者，本身也持有大量的比特币，具有很强的个人号召力。

随着比特币用户的增加和应用场景的多元化，比特币在性能和功能上都需要进一步扩展，比特币的子孙们基本复制了比特币的开源代码，并做了不同的扩展和分叉。

3.1.1　莱特币（Litecoin，LTC）

莱特币是比特币比较早期产生的一个分支，目标是提供更快的交易确认时间。为此，莱特币在如下机制上做了升级与改进：

POW 机制，使用 Scrypt 哈希算法，该算法使用更多内存，不易 ASIC 实现，避免了矿场算力的过度集中，同时也汇集了比特币生态中被 ASIC 算力挤出的显卡类矿工。

币总量升级为 8 400 万枚。

实现了隔离见证（SegWit）功能，一方面从区块数据容量上实现了扩容，另一方面解决了交易延展性攻击问题，可以更好地支持闪电网络等链下交易技术。（隔离见证和交易延展性攻击参见 3.2 节相关内容。）

3.1.2　比特币现金（Bitcoin Cash，BCH&BCC）

比特币现金（国内简称 BCH，国外简称 BCC）的前世就是比特币，在 2017 年 8 月与比特币分叉之前，它存储的区块链中的数据以及运行的软件是和所有比特币节点兼容的，而到了分叉那一刻以后，它开始执行新的代码，形成新的公链。

比特币现金坚持链上扩容，解决了比特币手续费高、确认慢、实用性差等问题，目前比特币现金由八个不同的开发团队维护；比特币现金在比特币扩容方面直接支持大区块（将区块大小从 1M 提升至 8M），不包含隔离见证功能。

比特币现金的诞生是比特币社区矛盾和冲突的一次爆发，以矿场为主的利益方支持了比特币现金的诞生和发展。

3.1.3　其他衍生产品及机制对比

除上述影响力较大的比特币衍生产品外，还存在诸如比特币黄金（Bitcoin Gold）等虚拟货币。各种不同货币的机制对比如表 3-1 所示。

表 3-1　比特币衍生虚拟货币的对比

	Bitcoin 比特币	Bitcoin Gold 比特币黄金	Bitcoin Cash 比特币现金
货币发行上限	2 100 万	2 100 万	2 100 万
POW 算法硬件支持	ASIC	GPU	ASIC
区块链生成时间间隔	10 分钟	10 分钟	10 分钟
难度调整时间间隔	两周	每个区块	两周 +EDA
隔离见证支持	是	是	否
中继保护	不适用	是	是
唯一地址格式	不适用	未来将支持	否

3.2　比特币的扩展方案

针对比特币的设计机制，比特币性能的扩展方案可以从几个方面入手，比如增加区块大小或者修改共识和记账机制。但是，这些直观的扩展方案会导致老系统无法兼容，因而将会硬分叉产生新的比特币网络，这对于比特币的信仰者是不可接受的。因此下面所讨论的扩展方案都是不改变比特币基本机制的扩展方案。

3.2.1　隔离见证（Segregated Witness）

比特币的每一个交易记录的数据内容分成两个部分：交易数据和签名数据。其中签名数据占了交易记录的 65%。隔离见证机制约定链上区块只存储交易记录中的交易数据，而签名数据将存储在附加的见证区块上。隔离见证机制实质上扩展了比特币区块的大小，并保持了与传统比特币网络的兼容性。

隔离见证机制同时也解决了比特币的交易延展性问题（Transaction Malleability）。

交易延展性，是指当交易被签名时，签名并没有覆盖交易中所有的数据

（即发送者的公钥和签名数据），而交易中所有的数据又会被用来生成交易的哈希值作为该交易的唯一标识（Transaction ID）。如此，比特币网络中的节点能够改变发送的交易内容（通过改变发送者中的签名，因为在椭圆曲线算法中可能存在两个有效的签名，攻击者可以将一个有效的签名改成另一个，但仍然是有效的签名），导致该交易的哈希值也即交易的唯一标识发生变化[⊖]。

注意，攻击者仅仅能够改变该哈希值，但不能改变交易中的其他数据。然而，这确实意味着，在任何情况下，接收一系列未确认交易的链是不安全的。因为未确认交易的唯一标识可能会发生变化，而随后交易中的发送者会依赖于先前交易的唯一标识来确认结算。即使交易得到了一个确认，也是不安全的，因为区块链可能会被重新调整。

简单地说，交易延展性，或者叫作"交易可锻性"，指的是比特币支付交易发出后、确认前可被修改（准确说是被伪造复制）。2014 年，黑客利用了交易延展性，对当时最大的比特币交易所 MT.GOX 交易所（俗称"门头沟交易所"）发动攻击，导致交易所倒闭。本次攻击交易所丢失了 85 万个比特币，按当时的币价计算，这些损失的比特币价值近 4.54 亿美元。

黑客的攻击过程如下：

Step1：黑客自己有一个账号，在交易所开了一个账号，把自己的比特币转进去。

Step2：申请提现，交易所发起一笔转账交易。

Step3：这笔交易被广播到网络上，还未打包进区块链之前。黑客收到这笔交易，稍微更改了签名的格式，生成一笔新的交易广播出去，此时交易标识已经变了。

Step4：黑客的这笔新交易被区块链接收了。然后向交易所投诉，说他没收到钱。交易所根据自己生成的交易标识查询该笔交易，发现在网络上查询不到，会再次转账给黑客，导致同一笔钱被黑客提现了两次甚至多次。最终

⊖ 参考资料来源：https://blog. csdn. net/jason_cuijiahui/article/category/6926621。

使交易所蒙受巨大损失。

隔离见证将签名数据与交易数据分离，使得交易标识具有唯一性和稳定性，解决了交易延展性问题。

3.2.2　侧链技术（Side Chain）

侧链技术让用户可以在比特币和其他功能不同的区块链之间相互转移货币。在这个场景下，比特币被称为主链，其他的区块链则被称为侧链。侧链上可以使用价值来自主链的货币，与主链的功能和特性都可以不同，在一定程度上提高了主链的处理能力，扩展了主链的应用。围绕主链可以搭建起一个业务形态丰富的侧链生态。

主链向侧链转移货币时，将这些货币在主链上锁定的方式包括：

1）多方联合保管：在主链上创建一个多方共管地址，转移到侧链的虚拟货币用这个地址锁定，被锁定的虚拟货币需要多数同意才能使用。

2）"矿工"保管：更容易围绕一个主链打造多个侧链应用，但是需要比特币的协议升级支持。

3）混合保管：主链使用多方共管，侧链使用矿工保管。

侧链技术的案例主要有三种：

1）RootStock（RSK）：是一个建立在比特币区块链上的图灵完备的智能合约平台。

2）Liquid：为用户提供一种从交易所安全、即时转移资金的方式。Liquid将资金转移到一个共享的多重签名钱包地址，并通过一种拜占庭循环共识协议的区块链来处理交易。

3）扩展区块：是指在主链的区块之外并行地运行另一个侧链，但所有的矿工都要去验证这个侧链上的区块。因此可以将这些侧链区块看成主链的扩展区块。扩展区块可以提高交易处理能力或实现不容易在主链上推行的特性。

3.2.3　闪电网络（Lighting Networks）

闪电网络的设计思想则是将大量交易放到比特币区块链之外进行，只把关键环节放到链上进行确认。

闪电网络本质上是使用了哈希时间锁定智能合约来安全地进行零确认交易的一种机制。闪电网络是由微支付通道演进而来，有两种类型的交易合约：序列到期可撤销合约（Revocable Sequence Maturity Contract，RSMC），哈希时间锁定合约（Hashed Time Lock Contract，HTLC）。

RSMC 的设计思路是交易双方共同出资创建一个双向微支付通道。交易双方先预存一部分资金到微支付通道里，初始情况下双方的分配方案等于预存的金额。每次发生交易，需要对交易后产生资金分配结果共同进行确认，同时签名把旧版本的分配方案作废。任何一方需要提现时，可以将他手里双方签署过的交易结果写到区块链网络中，从而被确认。

任何一方在任何时候都可以提现，提现时需要提供一个双方都签过名的资金分配方案。在一定时间内，如果另外一方拿出证明表明这个方案已经被作废了（非最新的交易结果），则资金罚没给质疑方；否则按照提出方的结果进行分配。罚没机制可以确保没人会故意拿一个旧的交易结果来提现。

另外，即使双方都确认了某次提现，首先提出提现一方的资金到账时间要晚于对方，这就鼓励大家尽量都在链外完成交易。通过 RSMC，可以实现大量中间交易发生在链外。

HTLC 可以保障任何两个人之间的转账都可以通过一条支付通道来完成。HTLC 简单理解就是限时转账，通过智能合约，双方约定转账方先冻结一笔钱，并提供一个哈希值，如果在一定时间内有人能提出一个字符串，使得它哈希后的值跟已知值匹配（实际上意味着转账方授权了接收方来提现），则这笔钱转给接收方。通过 HTLC 可以在闪电网络任意节点之间安全转移价值而无须信任中介节点。

闪电网络整合 RSMC 和 HTLC 两种机制，可以让任意两个节点之间的交易都在链下完成。在整个交易中，智能合约起到了中介的重要角色，而区块链网络则确保最终的交易结果被确认。闪电网络通过将大量的交易放在链下完成，大大降低了主链负荷，从而让主链快如闪电。然而，从其工作原理分析，闪电网络也会带来一些问题：

如果通道中任一节点反应迟钝，用户可能要等上几个小时才能关闭支付通道，并通过另一种途径重新发送资金。

没有离线支付：用户无法支付不在线的人。

不适合大额支付：即使一条经由各种支付通道的路线可能存在，但通道中其他节点多重签名钱包中的资金可能不足以转移大笔资金。

集中化：闪电网络可能会鼓励支付枢纽的集中化（类似于矿工集中化）。闪电网络包含百万级别的支付通道，通道内锁定了大量的资金，特别是大的中介人通道容易成为系统性攻击的目标。

没有一种技术可以解决所有问题，虽然闪电网络仍然存在一些问题，但不可否认闪电网络是一个创新性的设计。对于闪电网络的研究仍在继续，相信未来闪电网络的应用会更加完善。

Chapter Four

第 4 章

非比特币体系技术与产品

4.1 增强匿名的数字货币

4.1.1 达世币 (DASH)

达世币（DASH）原名叫暗黑币，是在比特币的基础上做了技术上的改良，具有良好的匿名性和去中心化特性，是第一个以保护隐私为要旨的数字货币。听它的名字也能感觉出来 DASH 被黑市交易所喜欢。DASH 在 2014 年发布白皮书，发行总量为 1890 万个。DASH 问世之后，就被网友们奉为最能实现中本聪梦想的币种。

DASH 是在比特币代码的基础上创建的，但在代币总量、开采机制、出块速度、奖励分配等方面略有不同（见图 4-1）。

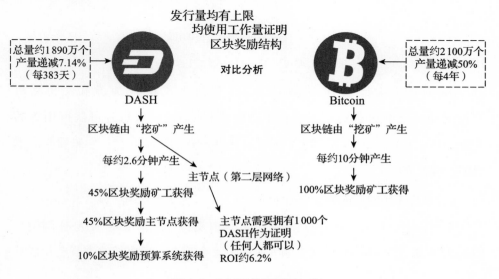

图 4-1 DASH 的机制设计对比

与比特币相比，DASH 主要有两点不同。

其一是 POW 矿工网络之上的主节点网络。主节点有四大职能，提供混币服务、即时支付、抵御 51% 攻击的链锁和社区投票治理。该网络使用 POS 机制达成共识。

其二是独特的经济模型 / 治理机制。45% 区块奖励给矿工，45% 给主节点，另外 10% 给了"预算系统 DASH DAO"。

DASH 的去中心化自治组织 DASH DAO，它最重要的功能正如其名"预算系统"一样，能从区块奖励中抽取 10% 的费用，为网络发展提供激励和预算。DASH DAO 的预算资金任何人都可以申请，只不过提交议案有一定成本。此后主节点对提案投票，赞成票减去反对票的结果大于主节点总量的 10% 即可通过（见图 4-2）。

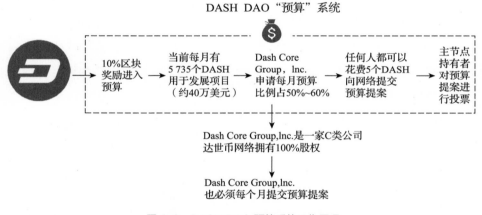

图 4-2　DASH DAO 预算系统工作原理

DASH 的开发团队 Dash Core Group（目前正式职员 20 余位）也需每月提交预算提案申请资金，可看作受雇于 DASH，一般每月可获得预算的 50%~60%。DASH DAO 最早主要为了解决开发者的激励问题，后来演变成重要的治理模式。

1. DASH 的双层网络实现即时支付

举例说明，Alice 向网络请求向 Bob 即时支付一枚 DASH。DASH 网络会随机选择 30 个（具体数量视金额大小而定）主节点，形成长效主节点仲裁链认证交易合法性，多数节点认证后该笔交易就被锁定，可视为到账了。此时，Bob 已经可以使用这枚 DASH 了。

而后，主节点将该交易向全网广播，就像比特币记账那样，矿工验证交易后写入最新的区块中。

通过随机选出的主节点"先斩后奏"的机制，实现即时交易。DASH 的主节点目前有 5 000 余个，加上每个主节点均在网络中质押了 1 000 DASH 作为保证金，也即一笔即时支付有百万美元资金作为担保。因此，DASH 的共识机制是"POW+POS"，DASH 称之为 Proof of Service，因为主节点和矿工都在为网络提供服务。

2. 依靠"链锁"机制抵抗 51% 攻击

在矿工产生区块后，主节点网络还将随机选择 400 个主节点（时常在线的节点）生成长效仲裁链（Long-Living Masternode Quorums，LLMQs），对区块按照时间戳进行锁定。即便后来某位持有网络超过 51% 算力的大矿工释放出新区块，新链虽然是最长链，但其却无 LLMQs 的确认，由此将被网络拒绝，从而抛弃。

主节点的产生需要使用 1 000 DASH 币做抵押，这提高了作恶成本和 51% 攻击成本；DASH 的 POW 挖矿机制中使用 X11 哈希算法，即 11 种 SHA-3 算法的组合，因此采用 ASIC 挖矿基本不可行。

3. 使用混币技术实现匿名

DASH 在默认情况下是即时支付，匿名支付作为一个可选项。DASH 采取名为"Coinjoin（混币）"的技术来实现匿名交易。该技术把属于不同人的 DASH 币（最低三笔一组）混在一起，拆分后再发送，从而割裂了交易双方的联系。多次混币、每次少量币，效果更好。混币服务将不同用户手中的币混合在一起，减少单笔份额，并分配给特定的接收者。这一过程会导致交易历史的随机化。成功的混币服务会聚合大量的随机交易进行再分配，这是一个需要协调并且相当耗时的方法（见图 4-3）。

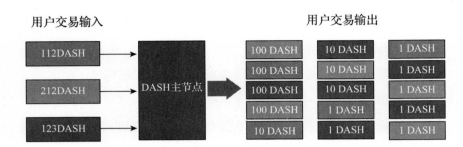

图 4-3　DASH 的混币技术示例

4.1.2　门罗币（Monero，XMR）

门罗币（Monero，XMR）于 2014 年 4 月 18 日推出。XMR 将自己定义为一种"不可跟踪的数字货币（Untraceable Digital Money）"，采取的匿名方式也十分激进——交易地址、金额等交易信息都被隐藏起来。XMR 主要发行曲线为在约八年内发行约 1 840 万枚币，其工作验证算法 CryptoNight 是技术密集型和很耗内存的操作。

1. XMR 是如何成功地实现隐私加强的

环签名（Ring Signatures）和隐秘地址（Stealthy Addresses）是 XMR 实现隐私加强的关键技术。

环签名是一种简化的类群签名，它因为签名由一定的规则组成一个环而得名。在环签名方案中，环中一个成员利用他的私钥和其他成员的公钥进行签名，但却不需要征得其他成员的允许，而验证者只知道签名来自这个环，但不知谁是真正的签名者。环签名是 CryptoNote 协议的一部分，环签名策略就是"在人群中隐藏"，其成功与否取决于"人群"的规模以及成员的随机性。

隐秘地址有助于提供更高的隐私性。每一笔带有接收者姓名的交易都会随机生成隐秘地址，以隐藏其真实地址，从而隐藏收件人的身份。

2. XMR 面临的主要挑战

高隐私性和无法进行搜索回溯导致 XMR 可被用于毒品交易和赌博等非法活动中。事实上，在 Oasis 和 AlphaBay 等暗网市场中，XMR 的使用越来越多。虽然 XMR 的高隐私性和逃避法律制裁带来了有益的结果，但同时也带来了极高的风险。

3. XMR 的优势

XMR 拥有更好的挖矿算法：比特币算法在定制的挖矿芯片（ASIC）上的运行速度比在标准家庭电脑或者笔记本电脑上快得多，这会导致矿工相对集中在电力成本低的那些国家。相比之下，XMR 的挖矿算法是专门设计的，因此 ASIC 与普通公众的电脑设备相比不会拥有太大优势。

XMR 的"自适应区块大小限制"：当交易广播到 XMR 或者比特币的网络时，它们将被打包到"区块"中。XMR 每两分钟出一个块，而比特币平均每十分钟出一个块。因为区块大小拥有上限，因此如果空间不足，交易会被延迟。XMR 从一开始就设置了自适应的区块大小。这意味着，它可以自动地根据交易量的多少来计算需要多大的区块。因此 XMR 在设计上不存在需要通过硬分叉和共识来提高区块大小的问题。

4.1.3 大零币（Zcash，ZEC）

大零币（Zcash，ZEC）是首个使用零知识证明机制的区块链系统，它可提供完全的支付保密性。与比特币相同的是，ZEC 的总量也是 2 100 万，ZEC 的出块和奖励机制类似比特币，不同之处在于，最初的 20 000 个块的奖励很少。这样做的目的是为防止早期的快速挖矿对 ZEC 系统造成伤害。

ZEC 交易自动隐藏区块链上所有交易的发送者、接受者及数额。只有那些能够查看秘钥的人才能看到交易的内容。用户拥有完全的控制权，他们可自行选择向其他人提供查看秘钥。

零知识证明（Zero-Knowledge Proof，ZKP）：ZKP 是一种密码学技术，是一种在无须泄露数据本身情况下证明某些数据运算的一种零知识证明，允许两方（证明者和验证者）来证明某个提议是真实的，而且无须泄露除了它是真实的之外的任何其他信息（见图 4-4）。

> **零知识证明:**
>
> A 要向 B 证明自己拥有某个房间的钥匙，假设该房间只能用钥匙打开锁，而其他任何方法都打不开。这时有两种方法：
>
> 一是，A 把钥匙出示给 B，B 用这把钥匙打开该房间的锁，从而证明 A 拥有该房间的正确的钥匙。
>
> 二是，B 确定该房间内有某一物体，A 用自己拥有的钥匙打开该房间的门，然后把物体拿出来出示给 B，从而证明自己确实拥有该房间的钥匙。
>
> 后面这个方法属于零知识证明。好处在于在整个证明的过程中，B 始终不能看到钥匙的样子，从而避免了钥匙的泄露。

图 4-4　零知识证明示例

使用 ZEC 零知识证明的用户能够在不泄露数据内容的情况下证明数据状态。这种方式用于加密数据的密码学验证，可以不公开发送方以及交易金额，但同时又能做到证明这笔交易的合理性。零知识证明的速度很慢。整个计算过程需要花费约 48 秒的时间。因此，这种方法不适合用在大流量交易中。

ZEC 的加密功能是可选项。大多数 ZEC 交易是没有保密功能的。这对那些担心隐私问题的 ZEC 用户是不利的，因为他们的活动只在一小部分启用了保密功能的用户群中处于隐藏状态。如果只能在一个非常小的群体中保持匿名性，而且这一小群人只有在需要隐藏某些东西的时候才会暂时出现，那么匿名也没有什么意义。

另外，ZEC 所涉及的加密概念对数学界来说也是全新的，可能要花上 20 年的时间，产业界才能真正有信心使用零知识证明解决安全问题。

4.2　瑞波币 (Ripple，XRP)

瑞波币（Ripple，XRP）是一个开源、分布式的支付协议。它允许人们用任意一种货币进行支付，包括美元、日元、欧元，甚至是比特币。XRP 的目标是基于区块链技术构建一个快速、低价的全球支付体系。

同比特币一样，XRP 也是一种可共享的公共数据库，同时它也是全球性的收支总账。共识机制允许 XRP 网络中的所有计算机在几秒钟内自动接受对总账信息的更新，而无须经由中央数据交换中心。

XRP 有三种提供跨境交易的模式，分别为 xCurrent、xRapid、xVia。

xCurrent，主要为银行与银行之间提供跨境交易。瑞波网络在银行间设立了分布式的账本，优点是速度较快、费用低；

xRapid，支付方先将支付金额换成 XRP（XRP 是瑞波网络的基础货币，它可以在整个瑞波网络中流通，总数量为 1 000 亿），发送给收款方的银行，银行将收到的 XRP 转换成对应的货币，再支付给对应的收款方；

xVia，引入了网关（Gateway）的概念。网关就是瑞波系统的一个中介机构，支付方可以先将任意货币转给网关，再由网关将货币转换成其他货币，支付给收款人即可。这种模式最为灵活，支付方和收款方都不需要加入瑞波网络，只需要信任网关即可。

XRP 的共识算法 RPCA（The Ripple Consensus Algorithm）：

每一个节点都维护这一个信任节点列表 UNL（Unique Node List），并且在共识过程中，节点只会接受来自 UNL 的节点的投票。

所有投票超过 80% 的交易会被放到共识过的交易集中，得到超过 80% 共识的区块才是合法区块。

XRP 项目的初衷就是要建立一个分布式的 P2P 清算网络：每个人都是自己的银行，可以签发、接受借贷，同时又作为借贷通道。对比比特币我们可以发现，瑞波网络的功能远远超出了比特币，包括：

1）现实与虚拟货币的双向流通。

2）多币种的 P2P 兑换与支付。

3）P2P 网络信贷。

4）个人网络清算。

这四个功能结合起来，已经构成了一个基本完整的、去中心化的、全货币的金融体系。

XRP 可以打破传统支付系统的架构，避免传统跨境支付的昂贵费用。比如，一家企业要建立自己的全球支付系统，首先要和数百家银行建立合作伙伴关系，其次要应付外汇风险，还要在各地成立代理机构，其代价是极其高昂的。相比而言，XRP 建立了一个共享的、免费的、在全球任何地方任何时候都可使用的支付网络。由于 XRP 的存在，人们在进行全球交易时便没有必要去涉足外汇市场了，因为 XRP 的内在机制已经支持外汇兑换了。XRP 网络通过在大量争相赚取差价的做市商之间传递兑换单的方法来进行货币"兑换"。XRP 的分布式外汇交易可以让用户无须中间人，也无须其他兑换所就完成交易。任何人都可以在全球的订单池中输入买单或卖单，而 XRP 网络会找到最有效的途径来撮合交易。同样，人们也不需要一个跨国的金融机构来完成金融支付，只需要一个简单的支付入口就能完成一切。

4.3 超级账本（Hyperledger）

Hyperledger 是一个由 Linux 基金会管理的开源区块链联盟链项目，由 IBM、英特尔、埃森哲、摩根大通等公司领衔参与，负责协调多个客户端的服务数据和低层次的"沟通和共识层"，致力于提高全球金融基础设施水平。

Hyperledger 利用了 UTXO ／ script 交易决策，并根据金融服务所需要的功能进行了扩展，是一个带有可插拔各种功能模块架构的区块链实施方案，它的目标是打造一个由全社会共同维护的超级账本。

为了解决不同的业务问题，区块链技术方案的侧重点也不尽相同，包括去中心化程度、交易确认时间、是否有"挖矿"费、是否支持编程、是否全节点记账、私钥丢失是否造成用户财产损失、开源程度等。Hyperledger 对传统区块链公链模型进行了革新，引入管理参与者的访问许可权。换句话说，Hyperledger 是有权限的共享账本。Hyperledger 为身份识别、审核及隐私提供了一个安全、健康的模型，从而缩短运算周期，实现有效扩展，应对业内各种运用要求。

虽然 Linux 基金会统一主持，Hyperledger 下分支了很多子项目，每个项目解决不同的问题；Hyperledger Fabric 是比较常用的方案，由 IBM 和 DA 提供。Fabric 基于联盟链的基础上，支持智能合约。

Hyperledger 的关键价值在于它的保密性，换句话讲，就是只与参与网络者共享交易信息。Hyperledger 项目已经被金融、医疗保健、零售、教育领域和物流行业的专业人士付诸实践。

Chapter Five
第 5 章

公链面临的技术挑战

5.1 区块链技术的不可能三角

5.1.1 CAP 定理

计算机科学家埃里克·布鲁尔提出了关于分布式计算系统的一致性（Consistency）、可用性（Availability）、分区容错性（Partition-tolerant）的 CAP 定理。CAP 定理证明，当网络存在分区时，一致性、可用性和分区容错性之间只能三取二。

先来解释三个名词：

1）一致性：统一的记录。

2）可用性：正常节点响应。

3）分区容错性：指的是网络中允许丢失从一个节点发送到另一个节点的任意数量的消息。

在网络分区发生时，两个分布式节点之间无法进行通信，那么我们对一个节点进行的修改操作将无法同步到另外一个节点，所以数据的"一致性"将无法满足，因为两个分布式节点的数据不再保持一致。除非我们牺牲"可用性"，也就是暂停分布式节点服务，在网络分区发生时，不再提供修改数据的功能，直到网络状况完全恢复正常再继续对外提供服务。或者为了保证可用性而牺牲数据一致性。

所谓区块链技术的不可能三角，是指在区块链公链中，很难同时做到既有很好的"去中心化"，又有良好的系统"安全性"，同时还能有很高的"交易处理性能"。其中"交易处理性能"也就是经常说的 TPS（Transactions Per Second）——每秒处理交易的笔数（见图 5-1）。

接下来用 CAP 定理，来解释区块链不可能三角为什么不可突破。

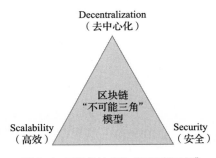

图 5-1　区块链技术的"不可能三角"

1. 一致性是安全性的必要条件

当系统中出现不一致时（两个节点记录的数据不一致），我们认定这样的区块链系统是不安全的。在这样的定义下，一致性是区块链系统安全的基本前提，区块链的安全性是比分布式系统的一致性更加严格的需求。

2. 可用性是可扩展性的必要条件

可扩展性指的是每秒可以处理的交易量，高可扩展性即是实现每秒高频次的可读可写操作。在逻辑上，可用性是比可扩展性更基础的网络要求，不能实现可用性的区块链系统，是不能实现可扩展性的，即可用性是可扩展性的前提。

3. 分区容错性是去中心化的必要条件

在真实分布式环境中，分布式系统必然存在分区，不可能保证系统中的每个节点都不会出现任何故障。也就是说，去中心化必定导致发生分区的可能，也就意味着分区容错性是实现去中心化的前提。

5.1.2　公链技术现状

目前最著名的三大公链是比特币、以太坊和 EOS[⊖]（详见本书第 8 章"热门公链对比解析"）。其他公链要么是模仿三大公链，要么是从三大公链分

⊖ Enterprise Operation System，即为商用分布式应用设计的一款区块链操作系统，旨在实现分布式应用的性能扩展。

又出来，在各方面都和三大公链很类似。因此我们主要观察三大公链就可以看到公链技术的现状。

1. 比特币

比特币采用的是基于工作量证明的共识机制。在比特币发展初期，一台普通电脑就可以参与挖矿。但后来，随着币价的猛涨，挖矿变得有利可图，于是显卡挖矿出现，再后来，算力更强的 ASIC 矿机出现，并最终成为主要挖矿手段。普通电脑和显卡挖矿彻底成为历史。现在 ASIC 矿机的制造和生产几乎被比特大陆所垄断，而比特币全网的算力也几乎被几大矿池所垄断。因此比特币的"去中心化"在很多人看来已经名不符实。

在"交易处理性能"方面，比特币的 TPS 大概只有每秒七笔，已经完全不适合作为日常高频小额转账使用。正是如此低下的交易性能，导致比特币社区对比特币未来的发展产生了分歧。而这个分歧并没有得到妥善的解决，最终导致 2017 年比特币硬分叉出了比特币现金。

在安全性方面，比特币目前来说无疑是最好的。其全网算力一方面随着 ASIC 矿机自身的更新换代在不断提高，另一方面新矿机源源不断地加入也在持续增强全网算力。据测算，目前攻击比特币所需的代价是所有 POW 公链中最高的。

2. 以太坊

以太坊也是基于工作量证明的共识机制。但它仍然可以采用显卡挖矿，因此算力垄断的情况没有比特币那么严重，所以在"去中心化"方面比比特币要好一些。以太坊未来将彻底转向 POS 共识，以解决算力垄断的问题。

以太坊的 TPS 比比特币稍微高一点，每秒大概 7~15 笔。但由于以太坊是智能合约平台，它的应用场景更复杂，相对比特币更容易发生拥堵。因此以太坊爆出的性能问题所受的关注度更高。也正因为如此，才有了后来备受期望和关注的 EOS 诞生。

以太坊在安全性方面仅次于比特币。据测算，目前攻击以太坊所需的代价仅次于比特币。

3. EOS

EOS 一出现时，最大的卖点就是 TPS 高、交易性能强。现在 EOS 的真实性能虽然没有达到官方曾经宣扬的百万级，但在三大公链中是最高的，达到了 3 000~4 000TPS。这个性能远远抛开了比特币和以太坊。

但 EOS 为了达到这样的 TPS，在"去中心化"方面做出了巨大的牺牲。相对于比特币和以太坊全网上万个节点，它全网只有 21 个节点。因此在"去中心化"方面是三大公链中最受质疑的。

在安全性方面，由于 EOS 全网只有 21 个节点，因此比起攻击比特币或以太坊的几千个节点，攻击 21 个节点对黑客来说相对容易很多。所以在安全性方面 EOS 也是三者中最差的。

表 5-1 对三大公链的"不可能三角"进行了总结对比。

表 5-1　三大公链技术的对比总结

		安全性	扩展性	去中心化
比特币	POW	√	×	√
以太坊	POS	√	√	×
EOS	DPOS	×	√	×

5.2　可扩展性及探索方向

公链在保证去中心化机制和安全的前提下，隐藏了两个结果：

低吞吐量：单位时间只能处理有限的交易数量。

缓慢的交易处理速度：全链形成共识导致区块生成时间长。

随着公链规模的增大，对存储、带宽、节点算力的要求提高，导致系统效率更低。目前解决可扩展性的探索方向包括：

链下交易通道：例如闪电网络，使用链下微支付通道快速处理交易，链上结算阶段性交易总和。

分片：类似传统数据库的分区，将区块链分成不同的片，片间可以并行处理。

链下计算扩展：例如侧链技术，因为主链升级代价非常高，将特殊的计算和验证过程转移到链下，并将结果上链。

DAG（Directed Acyclic Graph）技术：基于有向无环图组织区块，提高出块和成链的并行处理能力。

5.3　隐私保护及探索方向

对于交易的匿名和隐私保护方面，达世币（DASH）、门罗币（XMR）、大零币（ZEC）分别在混币技术、环签名和零知识证明技术上进行了尝试和探索。

隐私保护的另外一个领域是智能合约的隐私保护，以防止针对智能合约的攻击。目前有几个方向的探索：

代码混淆（Code Obfuscation）：隐藏程序中的私有数据，降低攻击风险。不可分辨性混淆（Indistinguishability Obfuscation）是正在努力的方向。

预言机（Oracle）：智能合约与链外数据源之间的信息载体，有助于隐私信息的保护。

可信执行环境（Trusted Execution Environment, TEE）：保证内部加载的代码和数据在保密性和完整性上得到保护。

代码混淆亦称花指令，是将计算机程序的代码转换成一种功能上等价、但是难以阅读和理解的形式的行为。代码混淆可以用于程序源代码，也可以用于程序编译而成的中间代码。执行代码混淆的程序被称作代码混淆器。目前已经存在许多种功能各异的代码混淆器。

黑箱混淆器（Black Box Obfuscator）是理论上非常理想的混淆器，但早在十多年前就被证明是不可能的。2013 年，美国加州大学洛杉矶分校的 A. Sahai 教授及其合作者们提出了一种不可分辨性混淆技术，其基本思想是把一个程序转换为一种被称为多线性拼图（Multilinear Jigsaw Puzzle）的游戏，从而将混淆技术的安全性转化为一类与格（Lattice）有关的数学难题。与理想的黑箱混淆器相比，这种混淆技术具备了黑箱混淆器的大多数特性。不仅如此，这一技术自提出以来，已经经受住了领域内一大批专家（包括提出者）的第一轮攻击。

代码混淆器也会带来一些问题。主要的问题包括：

被混淆的代码难以理解，因此调试及除错也变得困难起来。开发人员通常需要保留原始的未混淆的代码用于调试。

代码混淆并不能真正阻止反向工程，只能增大其难度。因此，对于对安全性要求很高的场合，仅仅使用代码混淆并不能保证源代码的安全。

5.4　智能合约形式化验证

软件的形式化验证用于确定程序是否按照规范行事。一般使用某种具体的规范语言来描述函数的输入输出应该如何相关，并基于此证明程序的输入输出的相关性。

智能合约需要形式化验证。第一，智能合约一旦上链不可改变，因此编程漏洞变得不可接受；第二，智能合约是完全公开访问的，这提供了开放性和透明度，也使其成为黑客攻击目标。形式化验证是减少软件漏洞和攻击风险的强有效的方法，与传统方法（测试、同行评审等）相比提供了更高的正确性保证。

目前以太坊智能合约的形式化验证较难实现，因为以太坊虚拟机 EVM 不针对第三方提供测试，目前以太坊基金会仅使用机器辅助逻辑推理验证合约所需的工作量。如果要实现以太坊智能合约的形式化验证，需要彻底改革以太坊虚拟机 EVM 使其更容易进行形式化验证，或者建立全新的语言和虚拟机系统来支持形式化验证。但无论哪种选择，都需要制定形式化验证库和标准。

5.5　数据存储的探索方向

数据信息上链意味着：第一，数据在区块链上的每个节点都要进行存储；第二，数据仅可读写，不可改删，因此数据被永久存储。因此，区块链数据存储的成本巨大，任何构建在链上的现实应用都需要优化存储解决方案。"分

第2篇　区块链1.0：可信公链与数字货币　061

片"是目前区块链数据存储的主要探索方向。

1. 分片的种类

分片是一种水平分区，是一种广泛使用的数据库设计原则，将大型数据库中的数据划分成很多数据分片（Shard），再将这些数据分片分别存放在不同的服务器中，以减小每个服务器的数据访问压力，从而提高整个数据库系统的性能。区块链引入分片技术，是为了解决可扩展性和交易确认延迟问题。

区块链分片按技术划分为网络分片（Network Sharding）、交易分片（Transaction Sharding）、状态分片（State Sharding）三种。

网络分片：将整个区块链网络划分成多个子网络，也就是多个分片。网络中的所有分片并行处理网络中不同的交易。在区块链中实现分片，网络被分成不同的团队（分片）。分片可以并行处理事务。每个节点只拥有区块链上的部分数据，而不是全部信息。因此，可以同时处理更多的事务。例如，想象一个有1 000个节点的网络，可以将网络分成10个分片，每个分片由100个节点组成，速度可以提升10倍。

交易分片：由于网络分片是其他所有分片的基础，因此交易分片的前提是先进行网络分片。交易分片主要涉及的问题是哪些交易应该按照特定的属性被分配到哪些分片当中。

状态分片：状态分片的关键是将整个存储区分开，让不同的分片存储不同的部分，每个节点只负责托管自己的分片数据，而不是存储完整的区块链状态。状态分片可以减少状态的冗余存储，使得整个区块链网络具有存储的可扩展性。

2. 分片面临的挑战

在私有区块链部署中，分片可能是有效策略，但在公共区块链网络使用区块链分片并不容易。最大的挑战之一是分片间的通信。当节点分配给分片时，与该节点相关的用户和应用程序会将分片视为独立的区块链系统，而不是大型系统的一部分。分片之间的通信可能难以建立，并且需要特定的开发工作来部署通信机制。即使有这种机制，分片间通信也会导致更大的开销，这会让分片的优势大打折扣。

分片也可能破坏更传统的区块链接带来的制衡。通过分片，用户不再下载和验证整个交易历史记录，因此他们无法确定数据的可靠性和不变性，这通常是根据交易块的链式序列来确定。如果没有这些安全机制，黑客就可以更容易地操纵或控制分片，这种情况被称为单一分片攻击，可能导致数据丢失或受损。

区块链分片的另一个挑战是共识和验证。不同的区块链方法依赖于不同的算法来跨节点达成共识。两种常见的算法是 POW 和 POS。这两者都可确定如何在分布式网络中验证交易，但它们是以不同方式完成验证。一般来说，POS 被认为比 POW 更适合分片。

对于如何部署分片，尚未标准化。可以通过不同的方法来进行分片，并且很多方法仍然在研究、开发或测试中。每种分片方法都有其优点和缺点，这使得难以确定行业标准。

3. 分片的未来

对于公共区块链部署，可扩展性仍然是重大挑战，而分片正在成为解决此问题的主要方法之一。必须谨慎应用分片技术，以确保它不会对区块链过程产生负面影响或使数据置于风险之中。事实证明，区块链分片必须与其他技术结合使用，以提供必要的可扩展性，例如支持分片通信的新协议。在此之前，公共区块链存储可能仍然保持目前的整体性，直到随着它变得越来越大，性能逐渐下降。

4. 现有数据存储与分片的案例

Swarm[⊖]是以太坊采用的点对点文件共享协议，允许用户将数据存在链下的 Swarm 节点，并在主链上交换数据。Storj 是一种数据分片解决方案，将数据分片、加密、分散到多个节点，使用 SCJX 币支付激励节点的存储操作。IPFS[⊖]是一种 P2P 超媒体协议，是以内容寻址超链接为基础的、提供高吞吐量和内容寻址的块存储模型。

⊖ 参见第 14 章 14.4.1 小节相关内容。

⊖ 参见第 12 章 12.1 小节相关内容。

5.6　共识机制的困境和创新

共识是一切交易的基础，是区块链技术的核心。达成共识越分散（参与度越高），其效率就越低，但安全性越高，因此也越稳定；达成共识越集中（参与度越低），效率越高，也越容易出现独裁和腐败现象，安全性越低。

目前为止，工作量证明 POW 仍是最安全的共识机制，但是存在如下缺陷：

ASIC 矿机和矿池的形成促使挖矿算力集中化，前五大矿池占据挖矿算力的 70%，已经形成了算力寡头格局。

能源浪费：2017 年比特币"挖矿"电量超过 29.05 太瓦时，超过了全球 159 个国家的年均用电量，2018 年则超过 59 太瓦时。

权益证明 POS 完全不需要进行计算，但在提升性能的同时，很难保证其安全性，目前存在的 POS 攻击方式如下：

权益无关问题（Nothing at Stake）：如果攻击者分叉了当前的链，挖矿节点的保证金已经押在了两条链上，它不需要去判断哪条是正确的链，而是都支持，从而导致攻击者得逞。

长链攻击风险（Long Range Attack）：攻击者不分叉现有的链，而是回到初始阶段的链，造一条更长的新的链，让网络误以为是主链。目前长链攻击还没有很好的解决方案。

5.7　去中心化的治理难题

公链的理想是不需要任何中心机构或组织进行决策，但这面临一个两难境地：

构建一个完全不需任何信任和许可的开源系统。

实现安全一致的协议升级方式，并有专人负责制定并维护标准。

目前各家公链都采用了开放社区或基金会的方式来运作公链系统，比如比特币社区和以太坊基金会。但是，比特币的数次分叉已经证明，完全开放的社区治理模式是失效的；以太坊基金会的运作也证明，在没有明确领导力的情况下，制定标准会造成一片混乱，也不能在紧要问题上迅速达成共识。

总之，区块链公链治理是一个棘手难题，探索合理的区块链治理机制和标准，在中心化和分布式管控之间寻找平衡，是公链治理步入正轨的关键。

第 3 篇

PART THREE

区块链 2.0：
智能合约与通证经济

Chapter Six

第6章

以太坊技术原理

以太坊（Ethereum，ETH）致力于提供一个可编程的智能合约平台，相较于比特币脚本刻意追求简单的特点，以太坊的目标是提供一个带有内置的、成熟的、图灵完备语言的基础设施[○]。以太坊开创区块链2.0时代，不仅仅因为智能合约，在公链技术上也做了很多突破性创新。表6-1对比特币与以太坊的公链技术进行了简单对比。

表6-1 比特币与以太坊公链技术对比

比特币公链技术	以太坊公链技术
哈希与 Merkle 树	使用 Ethash 反制 ASIC；Merkle Patricia Tree 数据结构，兼顾安全和效率
UTXO 记账方式	使用基于账户的记账方式，包括用户账户和合约账户
区块与链	创新叔区块机制，提高效率；使用简化的 DAG 组织成链
P2P 分布式网络	有自己的分布式系统，包括文件服务（Swarm）、信息传输（Whisper）和信用担保
共识机制	当前使用 POW，提出并准备启用 POS
挖矿发行与激励机制	ICO 发行 7200 万；每年挖矿发行 1800 万，目前不设上限；挖矿难度系统调整机制；创新合约执行的 GAS 消耗机制
智能合约	图灵完备，虚拟机 EVM 及 Solidity 语言
治理机制	以太坊基金会制订了明确的发展路径和硬分叉升级计划

○ Buterin Vitalik. A Next-Generation Smart Contract and Decentralized Application Platform . Ethereum White Paper. https://ethereum.org/, 2013。

6.1　账户机制

比特币使用 UTXO 记账，因此没有账户的概念。以太坊有两种类型的账户：用户账户和合约账户。

用户账户由私钥控制，每个账户都有自己的余额。拥有者可以创建和签名一笔交易，如果账户余额足够支付交易费用，则交易有效，发起方账户会扣除相应金额，而接受方账户则计入该金额。

合约账户由代码控制。在某些情况下，当合约账户收到一条消息，合约内部的代码就会被激活，允许它对内部存储进行读取和写入、发送其他消息或者创建合约。

UTXO 与以太坊账户机制的对比见表 6-2 。

表 6-2　UTXO 与账户机制的对比

	UTXO	账户机制
优点	每个货币均可溯源；防止重放攻击；防止账户跟踪；保护隐私	更高的货币通用性；账户操作简单；轻客户端
缺点	每次计算地址余额需遍历 UTXO	账户不可删除；账户可跟踪，隐私性差；为防止重放攻击，需要记录每笔交易的交易标识

6.2　交易和消息

用户账户发起的签名数据称为交易，合约账户发起的签名数据称为消息。

交易记录的数据结构如下：

1）交易标识（Nouce）：随机数，用于确定每笔交易只能被处理一次的计数器，用于抵制重放攻击。

2）接收方地址（Receipt）：可以是用户地址或者合约地址。

3）数值（Value）：交易的以太币数量。

4）数据（Data）：可选填项，供智能合约接收方使用的数据。

5）V/R/S：ECDSA（Elliptic Curre Digital Signature Algorithm）签名，用来恢复公钥。

6）GasPrice：每一个 Gas 的价格。

7）Gas：交易使用的最大 Gas 数量。

以太坊引进了 "Gas"（燃料）的概念。两个数值 Gas 和 GasPrice 的作用是为了对代码执行做出经济上的限制。这种经济上的举措就好比我们生活中的智能卡用电。为了防止滥用电资源（当然，还有其他的经济因素），国家规定了用电成本，电价越贵，我们的用电成本就越高。我们能用多少电取决于花了多少钱买电，一旦用完，家里就停电了。

以太坊系统中，任何运算都是需要占用 / 消耗资源的，包括计算资源、带宽资源、存储资源等。为了防止代码被恶意或不停地执行（如无限循环运算或其他无谓消耗资源的运算），每笔交易需要对执行代码所引发的计算，包括初始消息和所有执行中引发的消息做出经济上的限制。GasPrice 是每一计算步骤所需要支付的费用，好比电价。Gas 是交易执行时的最大计算步骤数，好比电量。这两个值的作用就是限制交易中所能执行的代码计算步骤。所以，在交易执行时，账户余额需要有足够多的 "钱" 来满足执行交易中代码的经济需求。

简单理解，就是以太坊中规避计算机恶意攻击占用资源的解决方案是经济制裁。既然执行交易需要预先设置花多少钱，那么就可能有下面这两种情况发生：钱用完了；钱剩余了。

1）如果执行交易的过程中，用完了 Gas，那么所有状态将恢复到原状态，但是已经支付的交易费用不退。

2）如果执行交易完结时还剩余 Gas，那么这些 Gas 将退还给发送者。

以太坊交易的具体步骤如下：

1）检查交易的格式是否正确、签名是否有效和交易标识是否与发送者账户的交易标识匹配。如否，返回错误。

2）计算交易费用：fee=Gas * GasPrice，并从签名中确定发送者的地址。从发送者的账户中减去交易费用，增加发送者的交易标识。如果账户余额不足，返回错误。

3）设定初值 Gas，并根据交易中的字节数减去一定量的 Gas。

4）从发送者的账户转移货币价值到接收者账户。如果接收账户不存在，创建此账户。如果接收账户是一个合约，运行合约的代码，直到代码运行结束或者 Gas 用完。

5）如果因为发送者账户没有足够的钱或者代码执行耗尽 Gas 导致价值转移失败，恢复原来的状态，但是还需要支付交易费用，交易费用加至矿工账户。

6）否则，将所有剩余的 Gas 归还给发送者，消耗掉的 Gas 作为交易费用发送给矿工。

以太坊的消息跟交易在很多方面是相同的。不同点在于消息是从合约发出的，而不是从用户账户。这里需要注意的是，消息触发合约的执行同样也需要消耗 Gas。

6.3　共识机制与挖矿

目前以太坊的共识机制是工作量证明。效仿比特币，以太坊也通过挖矿的模式来产生系统中流通的货币——以太币（Ether，ETH）。同时，通过奖励的机制来激励那些处理交易并维护网络安全的矿工。虽然很多方面都与比特币系统相似，不过以太坊的挖矿机制也有其不同之处。

6.3.1　以太币的发行机制（永久线性增长模型）

与比特币累计发行总量固定为 2 100 万不同，以太坊目前的设计是每年都会发行一定数量的货币，并且会一直发行下去。我们知道，比特币是通缩的，那么这是否意味着随着以太币的不断发放，会造成严重的通胀呢？按照以太坊的官方说法，其每年发行的货币有数量上限，即 1 800 万。随着时间的推移及货币的流失（如丢失、忘记私钥等），每年的通货膨胀率将递减，最终趋于零，达到平衡状态。

1）预售期共发行了 7 200 万。其中 6 000 万用于募资，1 200 万归属开发团队及以太坊基金。

2）每挖出一个区块奖励矿工 5 个以太币。在 Byzantium 版本中，奖励额降为 3 个。

3）每年发行上限为 1 800 万。

4）固定数额发行机制使实际通货膨胀率接近 0。

6.3.2 挖矿算法设计与考量

以太坊的挖矿算法并未采用比特币所使用的 Sha256，而是在 Hashimoto 和 Dagger 基础上建立了自己的 Ethash 算法。算法设计概要如下：

与 CPU 无关，与内存大小及带宽相关。

抵御专门的矿机。

Ethash 使用了 DAG 的数据结构，每 30 000 个区块（约 125 个小时）随机生成一个新的 DAG，POW 尝试基于给定的 DAG 和难度系数来解决一个约束问题，解决问题的过程难，验证答案的过程易。

目前主流以太坊挖矿采用显卡。实际挖矿操作需要每块显示最少具备 1G 以上的存储器用以加载 DAG。另外，由于挖矿算法是通过 OpenCL 实现的，所以在同等价格下，AMD GPU 比 NVIDIA GPU 有更好的表现。

需要注意的是，在规划的以太坊 Serenity 版本中，共识机制计划会变更为权益证明。

6.3.3 挖矿的奖励机制

奖励给成功挖出区块的矿工的金额如下：

每个区块奖励 5 个单位以太币，在 Byzantium 版本中调整为 3 个单位。

区块中的交易所花掉的费用（由 GAS 和 GASPRICE 决定，以以太币记账）。

如果区块中包含了叔区块，那么每收录一个叔区块将额外获得 1/32 的区块奖励（最多收录 2 个）。

奖励给被区块矿工收录的叔区块矿工：区块奖励的 7/8（即 4.375 个以太币，Byzantium 版本为 2.625 个以太币）。

6.4 幽灵协议 GHOST 与叔区块

"幽灵"协议（Greedy Heaviest Observed Subtree，GHOST Protocol）是由

Yonatan Sompolinsky 和 Aviv Zohar 在 2013 年 12 月引入的创新。幽灵协议的提出，是为了应对在确认时间较为快速的区块链中，由于生成区块的高作废率而受到安全性降低的困扰。

6.4.1　幽灵协议的动机

以太坊大概 15 秒就出一个块，出块速度提高，区块被打包之后，在这 10 多秒里尚未在全网播布完，如果矿工 A 挖出了一个区块，然后矿工 B 碰巧在 A 的区块扩散至 B 之前挖出了另外一个区块，矿工 B 的区块就会作废，且没有对网络安全做出任何贡献。

这种因出现分叉情况未能进入主链的区块成为"孤区块"。孤区块消耗了算力，但没为系统做出贡献，也没有奖励。过高的孤区块作废率导致小矿工退出市场，进而导致：①算力下降降低系统安全性；②算力向大矿场集中导致系统中心化。

如果 A 是一个拥有全网 30% 算力的矿池，而 B 拥有 10% 的算力，A 将面临 70% 的时间都在产生作废区块的风险，而 B 在 90% 的时间里都在产生作废区块。如果作废率高，A 将简单地因为更高的算力份额而更有效率。因此，区块产生速度快的区块链很可能导致一个矿池拥有实际上能够控制挖矿过程的算力份额。

以太坊采用幽灵协议解决了降低网络安全性的问题。在计算哪条链"最长"的时候，把作废区块也包含进来，以计算哪一个区块拥有最大工作量证明。

6.4.2　叔区块

以太坊推出了叔区块的概念。叔区块是当前区块祖区块（爷爷辈，往前两个区块）及其之前祖先区块的废弃后代区块。这个祖先区块最远可以到第七代（见图 6-1）。

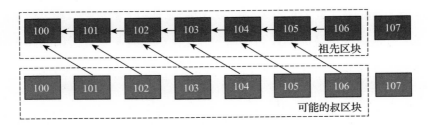

图 6-1　叔区块示意图

以太坊付给以"叔区块"身份为新区块确认做出贡献的作废区块 87.5%
的奖励，把它们纳入计算的"侄子区块"将获得奖励的 12.5%。通过奖励引
用叔区块，给小矿工生存空间，保证算力的分散化，促进主链安全。在计算
最长链时，将叔区块计算在内，使伪造长链攻击更难。叔区块仅有安全意义，
内容无意义，因此叔区块奖励仅有挖矿奖励，没有交易费用奖励。

6.5　Merkle Patricia 树

Merkle Patricia 树（MPT）是一种经过改良的、融合了默克尔树和前缀
树两种树结构优点的数据结构，是以太坊中用来组织管理账户数据、生成
交易集合哈希的重要数据结构。在以太坊每个区块头中，存有三个根值：
StateRoot（用于存储所有账户状态）、TransactionsRoot（用于存储区块中的交
易数据）、和 ReceiptsRoot（用于存储区块中的接收账户数据），它们都使用
了 MPT 数据结构。所有在以太坊中使用的默克尔树实际上都是 MPT。

MPT 是默克尔树和前缀树的结合，其结构具有以下特性：

高安全性：每个唯一键值对唯一映射到根的哈希值。难以破解（除非攻
击者有 2^{128} 的算力）。

易修改性：增、删、改键值对的时间复杂度是对数级别。

MPT 在以太坊数据结构中发挥的作用：

存储任意长度的 key-value 键值对数据。

提供了一种快速计算所维护数据集哈希标识的机制。

提供了快速状态回滚的机制。

提供了一种称为默克尔证明的证明方法，进行轻节点的扩展，实现简单支付验证。

6.5.1　快速状态回滚

在公链的环境下，采用 POW 算法可能会造成分叉而导致区块链状态进行回滚。在以太坊中，由于出块时间短，这种分叉的概率很大，区块链状态回滚的现象很频繁。所谓的状态回滚指的是：

1）区块链内容发生了重组织，链头发生切换。

2）区块链的全局状态（账户信息）需要进行回滚，即对之前的操作进行撤销。

MPT 提供了一种机制，可以在区块发生碰撞时零延迟地完成全局状态的回滚。这种优势的代价就是需要浪费存储空间去冗余地存储每个节点的历史状态。

每个节点在数据库中的存储都是值驱动的。当一个节点的内容发生了变化，其哈希相应改变，而 MPT 将哈希作为数据库中的索引，也就实现了对于每一个值在数据库中都有一条确定的记录。MPT 是根据节点哈希来关联父子节点的，因此，每当一个节点的内容发生变化，最终对于父节点来说，改变的只是一个哈希索引值；父节点的内容也由此改变，产生了一个新的父节点，递归地将这种影响传递到根节点。最终，一次改变对应创建了一条从被改节点到根节点的新路径，而旧节点依然可以根据旧根节点通过旧路径访问得到。

6.5.2　简单支付验证（SPV）

简单支付验证，即 Simple Payment Verification，简称 SPV。SPV 的目标是不运行全节点也可以验证支付（交易的存在性检查和交易是否重号的检查）。

SPV 充分利用了区块的结构信息及默克尔树的强大搜索能力，从而能实现对交易信息的快速定位。SPV 节点是一种轻节点，节点只需要维护链中所有的区块头信息（一个区块头的大小通常为几十个字节，普通的移动终端设备完全能够承受），在验证交易是否存在时不保存所有交易，也不会下载整个区块，只是保存区块头。它使用认证路径或者默克尔路径来验证交易存在于区块中，而不必下载区块中所有的交易。

默克尔证明，即一个轻节点向一个全节点发起一次证明请求，询问全节点在完整的默克尔树中是否存在一个指定的节点；全节点向轻节点返回一个默克尔证明路径，由轻节点进行计算，验证其存在性。

SPV 强调的是验证支付，不是验证交易。这两个概念是不同的。验证支付比较简单，只需要判断用于支付的那笔交易是否被验证过，以及得到网络多少次确认（即有多少个区块叠加）。而验证交易则复杂得多，需要验证账户余额是否足够支出、是否存在双重支付、交易脚本是否通过等问题，一般这个操作是由全节点的矿工来完成。

6.6　区块与链

同比特币区块链一样，以太坊的区块链也是一个有序后向链表。以太坊区块链与比特币区块链最大的不同在于区块结构。以太坊区块中除了包含有交易信息列表之外，还包括所有账户的状态信息、区块高度及当前系统难度系数（见图 6-2）。

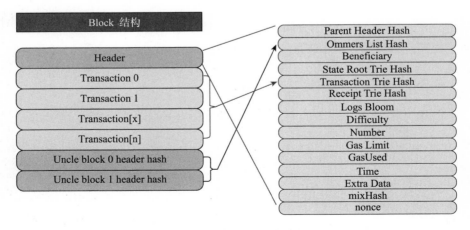

图 6-2　以太坊的区块数据结构

以太坊区块主要包括三部分：

区块头。

交易列表。

两个叔区块的区块头哈希值。

区块头包括三个 MPT 根，保证了所有节点保存的状态一致、交易一致、交易结果一致，再通过对整个区块头进行哈希操作保证历史一致。这样就保证了这个区块链的公信力（见图 6-3 ）：

State Root Trie Hash，全局状态 MPT 的哈希值。

Transaction Trie Hash，交易 MPT 的哈希值。

Receipt Trie Hash，接收账户 MPT 的哈希值。每一个交易都有一个接收账户，主要包括交易执行后衍生出的信息。

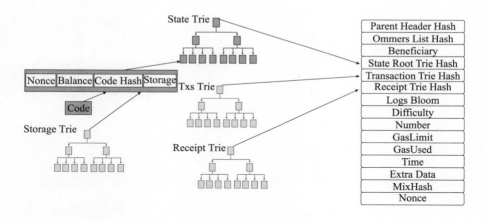

图 6-3　以太坊区块头数据结构

6.7　难度更新机制

以太坊中设有难度系数（Difficulty），用来度量挖出一个区块平均需要的运算次数，并需要在每生成一个区块时对区块难度做出调整。按照以太坊的设计原则，其难度更新规则的设计目标是：简单、更新快速、波动性低、占用内存低且可以避免矿工利用篡改数据而获利。

挖矿本质上就是在求解一个数学问题，不同的公链设置了不同的问题。如比特币使用 SHA-256、以太坊使用 Ethash。一个谜题的解的所有可能取值被称为解的空间，挖矿就是在这些可能的取值中寻找一个解。一般而言，这些谜题都有如下共同的特点：

没有比穷举法更有效的求解方法。

解在空间中均匀分布，从而使每一次穷举尝试找到一个解的概率基本一致。

解的空间足够大，保证一定能够找到解。

难度通过控制合格的解在空间中的数量来控制平均求解所需要尝试的次数，也就可以间接地控制产生一个区块需要的时间，这样就可以使区块以一个合理而稳定的速度产生。

当挖矿的人很多，单位时间内能够尝试更多次时，难度就会增大，当挖矿的人减少，单位时间内能够尝试的次数变少时，难度就降低。

算法主要是让挖矿时间保持在 10~19 秒这个区间内，如果挖矿时间为 0~9 秒，会增大挖矿难度；如果挖矿时间大于 20 秒，会降低难度。

6.7.1　以太坊难度特点

以太坊的区块难度以单个区块为单位进行调整，可以非常迅速地适应算力的变化，正是这种机制，使以太坊在硬分叉出以太坊经典以后没有出现比特币分叉出比特币现金后的算力"暴击"问题（见图 6-4）。

同时，以太坊的新区块难度在老区块的基础上有限调整的机制也使区块难度不会出现非常大的跳变。如图 6-5 所示，可以看出以太坊难度的递增比较平滑，出现的几个跳变是由于难度炸弹造成的。

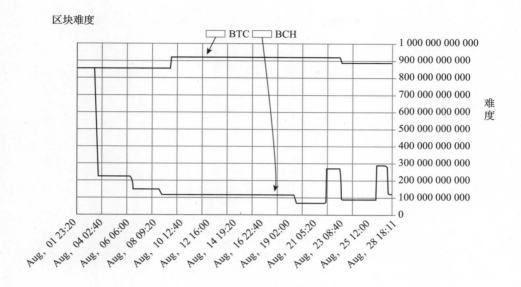

图 6-4　BTC 和 BCH 的难度变化

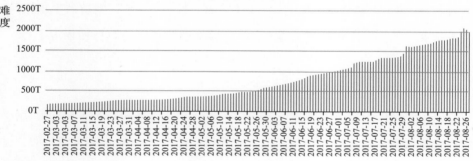

图 6-5　以太坊历史上的难度变化

6.7.2　难度炸弹

难度炸弹只是难度计算公式中的一部分而已，即如下公式：

$$INT(2 \times ((block\_number / 100\ 000) - 2))$$

难度炸弹每 100 000 个区块就会翻倍，目前只有 1T 左右。到 5 400 000 区块时，难度将达到 4 500T，会使挖矿变得极为困难，甚至不能收回电费成本（见图 6-6）。

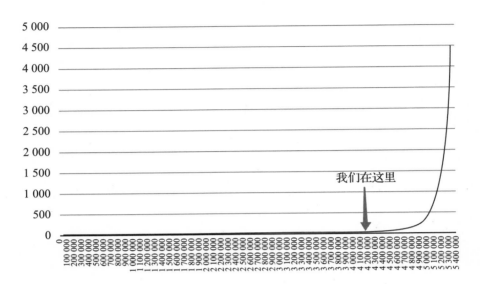

图 6-6　以太坊的难度炸弹曲线

　　设置难度炸弹的原因是要降低以太坊未来迁移到 POS 协议时发生硬分叉的风险。假如矿工联合起来抵制 POS 协议模式，那就会导致以太坊产生硬分叉；有了难度炸弹，挖矿难度越来越大，矿工就有意愿迁移到 POS 协议上了。

6.8　虚拟机 EVM

　　以太坊设计了自己的虚拟机（Environment Virtual Machine，EVM），用于执行交易代码，这是以太坊与其他系统的核心区别。EVM 是图灵完备的，设计了一套指令集及基于栈的虚拟机，访存空间无限，嵌套深度最大为 1 024 个元素，通过 Log 将 EVM 中的状态发送给外部，合约执行过程中会消耗 Gas，限制程序的复杂度（见图 6-7）。

　　EVM 是智能合约的运行环境。它不仅是沙盒封装的，而且是完全隔离的，也就是说，在 EVM 中运行代码是无法访问网络、文件系统和其他进程的。甚至智能合约之间的访问也是受限的。

　　EVM 程序用 Solidty 等语言编写，可以创建合约来编码任意状态转换功能，用户只要简单地用几行代码来实现逻辑，就能够创建各种满足需求的系统。

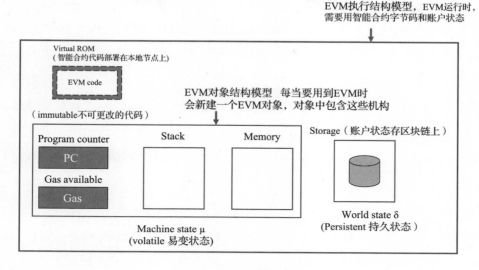

图6-7 以太坊虚拟机 EVM

合约自毁：合约代码从区块链上移除的唯一方式是合约在合约地址上执行自毁操作。合约账户上剩余的以太币会发送给指定的目标，然后其存储和代码从状态中被移除。

6.9 智能合约与交易费用

以太坊编程语言是图灵完备的，交易理论上可以使用任意数量的带宽、存储和计算资源，如果没有引入交易费用，就可能被恶意攻击者通过没有任何成本的无限循环来进行DoS攻击，因此，以太坊中引入交易费用的主要目的是为了防止此类恶意攻击行为（见图6-8）。

以太币（ETH）是以太坊生态中使用的数字货币。以太坊交易中涉及的费用最终都是以ETH来结算的。每笔交易必须指明一定数量的Gas

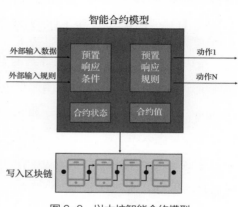

图6-8 以太坊智能合约模型

（即指定 StartGas 的值），以及支付每单元 Gas 所需费用（即 GasPrice），在交易执行开始时，Startgas×GasPrice 价值的以太币会从发送者账户中扣除。交易执行期间的所有操作，包括读写数据库、发送消息以及每一步的计算都会消耗一定数量的 Gas；如果交易执行完毕，消耗的 Gas 值小于指定的限制值，则交易执行正常，并将剩余的 Gas 值赋予变量 Gas_rem；在交易完成后，发送者会收到返回的 Gas_rem×GasPrice 价值的以太币，而给矿工的奖励是（StartGas-Gas_rem）×GasPrice 价值的以太币；如果交易执行中 Gas 消耗殆尽，则所有的执行恢复原样，但交易仍然有效，只是交易的唯一结果是将 StartGas×GasPrice 价值的以太币支付给矿工，其他不变；当一个合约发送消息给另一个合约，可以对这个消息引起的子执行设置一个 Gas 限制。如果子执行耗尽了 Gas，则子执行恢复原样，但 Gas 仍然消耗，无法退还。

GasPrice 的价格由交易者、矿工和智能合约设计者根据市场供求来决定。

Gas 消耗数量如下：

基本费用：21 000Gas。对于任何交易，都将收取这笔费用，用于支付运行椭圆曲线算法、交易存储所占用的磁盘空间和带宽。

数据费用：每笔交易可以包括无限量的"数据"。固定费用为每个零字节 4Gas，非零字节 68Gas。

账户存储费用：用于设置账户存储的费用，根据操作不同约需要 5 000~20 000Gas。

6.10 基金会治理下的技术路线图

与比特币不同，以太坊有详细的升级发展规划，并由以太坊基金会负责具体推进实施。以太坊发布之初，团队宣布将项目的发布分为四个阶段，即 Froniter、Homestead、Metropolis 和 Serenity；各阶段之间会以硬分叉的方式进行转换（见图 6-9）。

2015 年 7 月推出的 Froniter 实际上是以太坊的初期试验版本，仅有执行页面且存在某些待解决漏洞。

2016 年 3 月发布的 Homestead 则为以太坊正式产品的发行版，该版本中对部分协议进行相关优化改进，并为下一阶段的升级做好部署准备。

2019 年 1 月，以太坊网络进入第三阶段 Metropolis 升级的第二版本君士坦丁堡阶段。

第四阶段 Serenity 期间，以太坊专注于安全性、隐私性、扩展性及共识机制等多方面的升级改善。

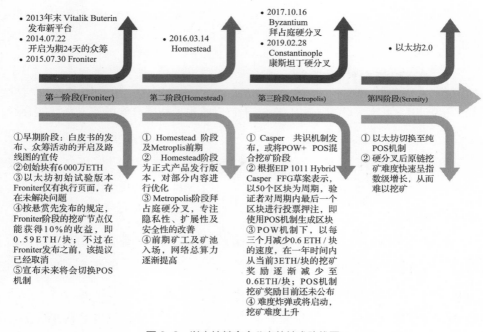

图 6-9　以太坊基金会公布的技术路线图

第 7 章

智能合约

7.1 智能合约的定义

1995 年，尼克·萨博（Nick Szabo）首次给出了智能合约的定义：智能合约是一套以数字形式定义的承诺，以及合约参与方可以执行这些承诺的协议[⊖]。

由此可以看出，尼克·萨博对于智能合约的理念即：将现实合约条款嵌入计算机硬件和软件中，搭建赛博空间（虚拟空间）和物理空间（实体空间）之间的桥梁。

智能合约的形式在简单意义上是一段计算机程序，满足可准确自动执行即可。因此自动售卖机也是智能合约的一种实现。在系统角度上，智能合约不只是一个可以自动执行的计算机程序，它本身就是一个系统参与者，对接收到的信息进行回应，可以接收和储存价值，也可以向外发送信息和价值。智能合约就像一个可以被信任的人，可以临时保管资产，并总是按照事先的规则执行操作。

智能合约与传统合约相比具有许多优势：

不依赖第三方执行合约，消除中间人，大大减少了花费在合约上的成本。

消除第三方意味着合约验证和执行的整个过程随着用户间的直接交易而变得快速。

合约条款不能更改，不受各种人为干预，用户受骗的风险较小。

⊖ Szabo Nick. Smart Contracts. *Extropy*. 1996（2）。

合约会永远保存在网络上，不存在放错或丢失的风险。

7.2　智能合约与区块链

区块链技术和智能合约本身是无法分离的。区块链没有智能合约则无法有效运转，智能合约离开了区块链也无法实现。区块链和智能合约技术可以将信息流和资金流做各种各样的排列组合。

尼克·萨博关于智能合约的工作理论迟迟没有实现，一个重要原因是缺乏能够支持可编程合约的数字系统和技术。区块链技术的出现解决了该问题。区块链不仅可以支持可编程合约，而且具有不可抵赖、不可篡改、过程可追踪等优点，为智能合约提供了公开、公正、透明的执行环境。

另一方面，区块链的链上资产需要通过某种途径流通。广义上讲，该类资产的任何操作都需要通过智能合约来进行，因为除了智能合约之外的其他任何形式对于资产的操作都是不透明的。因此，区块链上智能合约的首要需求就是：任何链上资产的操作只能通过智能合约完成。链上资产的特性由智能合约编写的规则来决定，比如发行的规则、流通的规则、回收的规则、持有的权益，这些都通过智能合约来决定。

7.3　智能合约与法律

7.3.1　智能合约的法律定位

智能合约归类为与法律相关的行为。我们生活在一个被法律管理和控制的世界，所有可能的经济交易也被法律管理和控制。

合同法是法律中的一小部分，是组织经济交易的一种工具。合同是两方或多方当事人意思表示一致的民事法律行为。合同一经成立即具有法律效力，在双方当事人之间就发生了权利、义务关系的生成、变更或消灭。当事人未按合同履行义务，就要承担违约责任。

智能合约中的程序大部分仅表示网络虚拟空间的操作规则，小部分涉及不同主体之间的协议约定，与合同法存在重叠和交叉。随着物理空间的当事人和资产越来越多地出现在区块链上，智能合约与合同法的重叠会不断增加（见图 7-1 ）。

7.3.2 智能合约与传统合同的微观对比

不论是传统合同还是智能合约，其生命周期都包括三个阶段：协定、形式化、执行[一]。

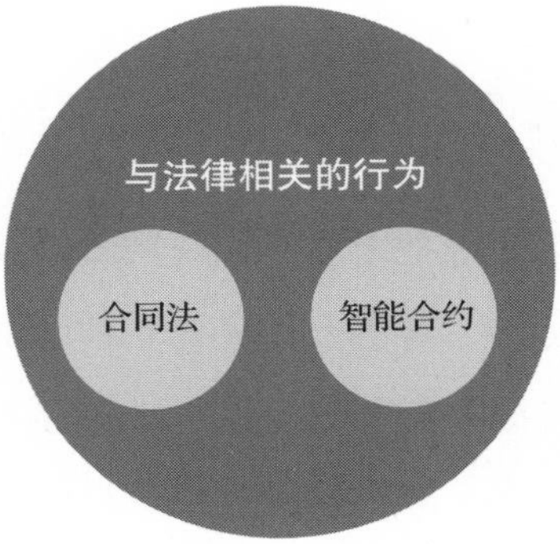

图 7-1 智能合约的法律定位

1. 协定

根据《中华人民共和国合同法》，合同是双方的法律行为，即需要两个或两个以上的当事人互为意思表示（意思表示就是将能够发生民事法律效果的意思表现于外部的行为）。合同是当事人在符合法律规范要求条件下而达成的协议，故应为合法行为。合同一经成立即具有法律效力，在双方当事人之间就发生了权利、义务关系；或者使原有的民事法律关系发生变更或消灭。当事人一方或双方未按合同履行义务，就要依照合同或法律承担违约责任。

因此，传统的合同协定是当事人的意思表达。但是智能合约，在大多数情况下，是系统规则描述，并不存在预设的当事人。

2. 形式化

形式化是指将协定的内容通过严谨的方式进行表述，便于在违约行为发生时使得协定能够执行。

传统合同的形式化是在合同法的框架下，将当事双方的协定用无歧义的文字表述出来。当然现实中这种表述往往存在歧义，因此存在很多法律纠纷。

智能合约的形式化表述大多通过计算机语言实现。未来希望能够用自然语言和计算机语言各自实现，并做交叉验证。

3. 执行

合约的执行事关重大。智能合约与传统合同具有本质不同。

[一] 参考资料来源：https://www.8btc.com/article/39197

传统合同方式，发生违约行为后，提交法律系统执行。智能合约事前制定执行规则，条件触发自动执行，杜绝主观意愿性违约发生。

智能合约的生命周期特征总结见表 7-1。

表 7-1 智能合约的生命周期特征总结

	智能合约
协定	目前多由程序员单方定义；未来会由多方协商确定
形式化	目前由计算机语言实现；未来由自然语言和计算机语言各自实现，并交叉验证
执行	本质不同，传统方式发生违约行为后提交法律系统执行；智能合约事前制定执行规则，条件触发自动执行，杜绝主观意愿性违约发生

7.3.3　智能合约对法律的宏观影响

1）智能合约对法学的基础带来巨大的变化。

首先是司法程序的变化。在智能合约时代，法律一旦形成就会自动被公布在区块链上，法律条文经过代码化后进入智能合约法律库，为下一步的自动执行做准备。未来对立法、执法、司法都带来革命性的影响。

其次是法规表示形式的变化。除去以自然语言表示，还会有计算机语言，包括本体、代码、逻辑、形式化语言。这代表以后法学生要学计算机技术，学会用形式化语言而不是自然语言表示法律。

最后是法学教育和研究方式的变化。计算机和相关技术，例如区块链、人工智能和大数据的课程会进入法学院，成为法学院的必修课程。事实上，清华大学在 2018 年已经表示要设立计算法学研究方向和学位。

2）司法证据制度上，智能合约与法律可以完美结合。主要体现在数据的正确性上：

数据来源有保证：数据来自区块链，区块链技术特性保证数据的正确性。

运行结果有保证：智能合约使用正确的数据在链上运行，得到的结果必须达成共识后，才被接受。如果区块链节点上的智能合约得到不同的结果，这结果很可能无法达成共识，就会被拒绝。

结果存储有保证：形成的结果又会被存储于区块链上，保证数据不能被更改，这结果可能会被以后的智能合约使用。

7.4　智能合约的应用与挑战

迄今为止，以太坊智能合约最广泛的应用是 ICO 代币发行。但智能合约的应用不止于此，如数字化版权、房租租赁、博彩发行、金融借贷、航空保险、设立遗嘱、证券登记清算等场景都可以应用智能合约。

但是在目前阶段，智能合约的应用存在很多限制：

对于完全用代码编写的智能合约来说，法院在应用合同法来确定是否或者何时形成合同、是否履行了其义务、是否有违约等方面将面临挑战。

目前智能合约的主要应用领域为简单客观场景，包括保险合同、托管和特许权的分配等。其他场景可能会涉及更多的主观判断，这将使自动化执行更具挑战性。

如果出现交易的可逆性、主观分析、复杂或模糊原则的编程或区块链和外部世界之间的广泛的相互作用等情况，将很难开发智能合约。

如果发生争议，所涉及的领域和概念将决定法院和律师的参与程度。尽管智能合约提供了确定性，但合同法必须具有一定程度的灵活性来管理主观问题。

虽然智能合约将减少对人力的需求，但监管监督依然有其存在的必要性，比如仍然需要人员对智能合约的代码进行审核和解释。

程序员将受到挑战，他们需要将公平交易、诚信和其他主观概念实现到智能合约中。

7.5　预言机问题

预言机（Oracle）是指智能合约数据的提供者，它为数字世界里的智能合约提供关于物理世界中相对应问题的真实信息。预言机决定了智能合约的输入内容，从源头上控制了智能合约的运行。

预言机问题是指数字世界需要"了解"物理世界，需要解决数字世界和物理世界数据关联性的问题。这是一个双向的过程，物理世界的状态要及时准确地传递给虚拟世界，而每当实体（比如说房产）的数字版本改变状态（权属），物理版本也必须相应改变。因此，需要一个可信的第三方来验证物理世界中事件的真实性。

7.5.1　去中心化预言机探索

真实性投票是去中心化预言机制的尝试和探索。区块链系统的通证持有者根据自己的认识对于物理世界的真实性进行投票，也可以对现有投票结果进行质疑。理论上说，经过大量的数据输入和不断优化，在数字世界里得到的结果会无限接近于物理世界的真实，但在实际操作中仍然困难重重。

首先，大量的个体放弃投票权是一个挑战，如何用共识和利益激励分散的个体去投票？如果样本量不够大，就无法得到趋近于真实的结果。

其次，如果社群内部没有"自律意识"，这种方案仍然无法从根本上杜绝中心化倾向，利益相关方会有动力去"贿选"，收买大量投票权，仍然可以去控制结果。

最后，去中心化的决策机制也会导致决策的效率极其低下，在应对变化的重要关头缺乏行动能力。

7.6　智能合约的技术安全

区块链智能合约系统都被设计成无须信任的环境，这意味着无法改正出现的错误。这是由区块链的不可逆特性决定的。如果与诈骗犯进行交易或者将货币发送到错误的地址中，那么很不幸，金钱损失是无法挽回的。在现实生活中，这些事情可以通过中心化的系统来撤销，但在智能合约中不行。同样，在合约代码的设计过程中也有欺诈的问题：某人需要设计（编程）合约，在合约设计时就会需要确保避免欺诈的问题发生。

技术上，智能合约的安全风险包括：

隐私泄露：智能合约对区块链上的所有用户可见，包括标记为 private 的资源，存在隐私信息泄露风险。

交易溢出与异常：由于智能合约本身的约束条件，如条件竞争、交易顺序依赖等，可能会造成交易溢出与异常。

合约故障：由于智能合约代码中可能存在不合理的故障处理机制，从而导致异常行为。

拒绝服务：由于各种原因导致的拒绝服务风险。

在漏洞扫描领域，可以大致分为黑盒扫描和白盒扫描两种主流方式，黑盒扫描工具主要是通过发送模拟攻击数据包给线上业务，通过返回数据包中的特征发现漏洞；白盒扫描则是通过扫描程序源代码中的漏洞代码特征，进行针对性的漏洞查找。相对于黑盒扫描，白盒代码扫描可以从代码层面准确发现隐藏较深的安全漏洞，但是白盒代码扫描相对来说技术门槛和成本都比较高。

智能合约白盒审计和形式化验证是应对智能合约技术风险的手段。

智能合约白盒审计包括：

函数可见性审核，包括：敏感函数继承权限检测和函数调用权限检测。

合约限制绕过审核，包括：使合约失效，删除地址字节码和将所有合约资金发送到一个目标地址。

调用栈耗尽审核，包括：检测栈高度限制，是否出现栈耗尽情况。

拒绝服务审核，包括：过多货币交易发生异常，导致交易回滚，最终导致合约拒绝服务。

形式化验证（Formal Verification）是智能合约工程的重要环节，它可以成为对合约进行确定性验证的一种技术，通过形式化语言把合约中的概念、判断、推理转化成智能合约模型，可以消除自然语言的歧义性、不通用性，进而采用形式化工具对智能合约建模、分析和验证，进行一致性测试，最后自动生成验证过的合约代码，形成智能合约生产的可信全生命周期。

形式化验证是一种基于数学和逻辑学的方法，在智能合约部署之前，对其代码和文档进行形式化建模，然后通过数学的手段对代码的安全性和功能正确性进行严格的证明，可有效检测出智能合约是否存在安全漏洞和逻辑漏洞。该方法可以有效弥补传统的靠人工经验查找代码逻辑漏洞的缺陷。形式化验证技术的优势在于，用传统的测试等手段无法穷举所有可能的输入，而我们用数学证明的角度，就能克服这一问题，提供更加完备的安全审计。

随着区块链平台级应用的普遍化，智能合约涉及的金额呈指数级增长，智能合约的安全问题也成为投资者和开发者共同关注的焦点。近年来有数个区块链应用项目因为智能合约代码出现漏洞而遭到黑客攻击，导致投资者遭遇巨额损失。为了防止类似事件的发生，交易所、钱包、项目方等都在智能合约安全上加大投入，同时围绕着智能合约安全的周边生态成为投资的热点。

形式化验证技术已经在军工、航天等高系统安全要求领域取得了相当成功的应用，将形式化方法应用于智能合约，使得合约的生成和执行有了规范性约束，保证了合约的可信性，使人们可以信任智能合约的生产过程和执行效力。通过形式化语言，把合约中的概念、判断、推理转化成智能合约模型，可以消除自然语言的歧义性、不通用性，进而采用形式化工具对智能合约做建模、分析和验证，进行一致性测试。合约的形式化验证保证了合约的正确属性，自动化代码生成提高了合约的生成效率，合约的一致性测试保证了合约代码与合约文本的一致性。

模型检测是对有穷状态系统的一种形式化确认方法，其理论逻辑为：给定一个合约和规约，按照规约生成对应的合约模型，通过证明合约在模型中成立，以此证明合约满足约定规则。有穷状态模型在建模时有一定难度，需要采集大量样本，并在其中提取逻辑，但因为状态是可穷尽的，可以保证搜索过程及时终止，因此，在工程上是实际可行的。

形式化验证理论过去一直服务于集成电路的功能验证，经过多年发展，已经非常成熟。智能合约是区块链系统发展应用的重要内容，也是目前传统网络安全公司尚未触及的安全盲区。市场已经发现了形式化验证对于智能合约安全的重要性。然而，安全机制的建立从数学理论变成现实仍然需要时间。

智能合约重大安全事件

The DAO 是 2016 年世界上基于以太坊区块链平台最大的众筹项目。其目的是让持有 The DAO 代币的参与者通过投票的方式共同决定被投资项目，整个社区完全自治，并且通过代码编写的智能合约来实现。于 2016 年 5 月 28 日完成众筹，共募集 1150 万以太币，在当时的价值达到 1.49 亿美元。

The DAO 事件是指 2016 年 6 月 17 日，DAO 因为编写智能合约时不谨慎，存在漏洞，而黑客则利用该漏洞盗取了 DAO，造成 360 多万个 ETH 被盗，按照当时的以太币价格，损失达到了 6 000 万美元。

被黑客攻击后，为了找回被盗的巨额数量的以太币，以太坊基金会商讨了方案，首个提议方案为进行一次软分叉，不会有回滚，不会有任何交易或者区块被撤销。软分叉将与 The DAO 相关的交易认作无效交易，以此阻止攻击者在 27 天之后提现被盗的以太币。但由于软分叉产生的争议与负面影响，并没有实施。最终通过一次硬分叉找回了被盗的以太币，但也导致以太坊分裂出 ETH 和 ETC（旧版）。

The DAO 事件在币圈引起了巨大争议，ETH 的市场价格从高位 21.50 美元跌至 15.28 美元，其影响延续至今。

第 8 章

热门公链对比解析

8.1 EOS 简介

EOS 是 Dan Larimer（Bitshares、Graphene 和 Steem / Steemit 等项目的创始人）领导开发的一个共识区块链操作系统，致力于为开发者提供数据库、账户权限、日程安排、身份验证和基于 Internet 的操作系统，使他们能够专注于其应用程序的特定业务逻辑，而无须担心密码实现或与分布计算机（即区块链）的通信。EOS 使用 DPOS 共识机制来实现可能的区块链可扩展性，以实现潜在每秒数百万次的交易。

8.1.1 DPOS 机制介绍

DPOS（Delegated Proof of Stake，即委托权益证明），即一些节点在获得足够多的投票支持后，成为见证人（Witness）节点或 EOS 中所说的区块生产者（Block Producer，也称超级节点），负责区块链的区块生成。

DPOS 在某种程度上牺牲了去中心化特性，这也就意味着牺牲了规避中心化的审查、自由地参与网络及去中心化的信任等比特币哲学下的技术特性。

DPOS 机制是一种尝试，用于解决当下区块链最重要的交易瓶颈问题，为某些可能需要一定规模化交易的区块链应用场景提供了一种半中心化或低中心化解决思路。

DPOS 的选举权与记账权是分开的，记账的代表只是前台的执行者，真正的控制者是其背后的财团。恶意作为的惩罚对象是记账代表，而背后作恶的财团并没有任何损失，可以继续通过选举他们的"代言人"作为代表入围。

DPOS 存在相互勾结风险。超级节点之间可能相互协调，进而有可能形成一个集团垄断体，虽然表面上还是分散的节点，但因为利益诉求趋同而形成实际上的权力集中化。

8.1.2　EOS 超级节点竞选

基于区块链的思路开发的软件系统有以下三个关键要求：

一是性能。区块链网络能否支撑大量应用？

二是网络。共识机制、经济激励和社区运营能否吸引足够多的节点加入，形成一个安全、可靠的区块链网络？

三是功能。无论目标是通用类、功能类还是行业类，是否提供了应用开发所需要的必备功能？

一个基础公链的成败关键正是以上三点：性能、网络与功能。EOS 已经在性能和功能上做了很多努力，而 DPOS 共识机制与超级节点竞选是 EOS 在"网络"所做的努力。

EOS 则用超级节点竞选的方式来刺激形成一个活跃的去中心网络，并且超级节点竞选是与其共识机制 DPOS 高度匹配的。按现在的设计，获得投票的 21 个活跃生产者和 179 个候补生产者一起生产 EOS 这条区块链的区块，即运行这个区块链网络。这些区块生产者是动态的，时刻根据投票动态调整。

EOS 的区块链生产者的收益分配机制是：区块生产者一共可获得每年新增出来的 EOS 通证的一部分作为回报，相当于之前 EOS 总量的 1%，其中 0.25% 按每个区块来进行奖励，0.75% 按所获投票来进行分配。

从 2018 年年初到 6 月 15 日 EOS 主网上线，围绕超级节点（Block Producer，BP）的竞争已经显示出，这个机制相对成功地调动了众多参与者竞争，促成了 EOS 去中心网络的形成。这是一条务实、有效的路径。

从另一个相关的机制设计上，我们也可以看到 EOS 团队的精心设计。

与其他项目不同，EOS 通证的发行持续了一年之久。这一方面吸引社会广泛关注，另一方面或许更重要的是：这种做法使得 EOS 通证相对分散地存在于众多持有者手中，在一定程度上保障了它所使用的委托权益证明共识机制的有效性。

8.1.3　EOS 资源与生态治理

在 EOS 网络中，目前提供使用的资源有两类，一类是内存（RAM），其使用是购买型的；另一类是计算资源（CPU）和网络带宽，其使用是抵押型的。

把 EOS 理解为区块链操作系统，CPU 和网络带宽是跟时间相关的，一定时间内可使用的 CPU 和网络带宽是有限的，可使用量和抵押的 EOS 数量相关，随着时间的流逝，CPU 和网络带宽会慢慢恢复，而抵押的 EOS 在不用时可以全部退回。

对于内存，由于 EOS 是 0.5 秒生产一个区块的高速运转系统，系统中的账号信息、智能合约执行信息的当前状态是存储在内存中的，因此这些信息需要长期占用内存（请不要和区块链上的数据搞混，比如账号的所有交易数据都在链上，余额是变化的，而当前的余额信息状态是在内存中的）。当存储账号状态的空间不足即 RAM 不足时，某些交易及其他操作就无法执行。例如，你虽然余额中有足够的 EOS，但 RAM 不足，仍需要先购买 RAM 才能部署智能合约。RAM 的交易机制采用 Bancor 算法，通过中间代币来保证 EOS 和 RAM 之间的交易流通性。目前 EOS 内存设置是 64G，由于 EOS RAM 的稀缺性，导致大量投机者购买炒作，RAM 价格暴涨，使分布式应用程序（DApp）开发者花更多的钱才能推出自己的产品，从而减缓了目前网络的开发进度。

8.1.4　EOS 存在的问题

EOS 采用中心化的仲裁机构来保障交易的安全性，那么其采用区块链技术的意义在哪？这个问题 EOS 没有给出很好的解答。

EOS 和 RAM 代表的是网络资源，而网络的扩容标准掌握在少数人手中，因此存在极大的 EOS 和 RAM 价格操纵风险。

8.2 从比特币、以太坊到 EOS

深入理解 EOS 的方式之一是拿它与以太坊、比特币进行比较。

8.2.1 比特币、以太坊、EOS 机制对比[⊖]

从开发目标上来讲，比特币、以太坊、EOS 是渐进的，重心分别是货币、合约、应用。以太坊在实际应用中是以通证为主的。以太坊、EOS 均是借鉴与延续之前的思路重新开发，以太坊是比特币的改进，EOS 是以太坊的改进。

比特币的设计思路类似于黄金。在数字世界中，按工作量证明共识机制，挖矿节点进行加密计算，获得比特币形式的挖矿奖励。挖矿节点也可以获得交易费收益，不过，虽然在比特币网络中的资产价值高，但交易并不频繁，交易费收益目前在矿工收益中的占比并不高。

以太坊的设计思路类似于高速公路。在这条收费高速公路上，车辆行驶需要付费。它早期募集资金，建设"高速公路"，早期投资者享有"高速公路"的主要权益。之后，一起建设与维护"高速公路"的挖矿节点也可以获得挖矿奖励与交易费收益。在以太坊网络中，由于各类项目已经基于它生成了大量的通证，以太坊网络的交易量相对较多，挖矿节点获得的交易费收益占比高于比特币。

EOS 的设计思路则类似于房地产开发。Block.one 公司在将土地售卖出去之后，逻辑上用它获得的资金进行基础的开发，此后每年再以类似填海造田的方式增加 5% 的土地出来。

EOS 的繁荣主要取决于已经竞购得到大量土地的开发商能否开发和经营好自己的地块，EOS 网络要依靠超级节点（即区块生产者）来各自建设、共同运营，按现在的设计，这些节点共同获得每年新增发的 EOS 作为回报，约为 EOS 总量的 1%。

与以太坊不同，EOS 网络的设计是不再收取网络交易费，持有 EOS 通证则拥有对应的网络使用权利。但是，如果一个应用的开发者不持有足够的

⊖ 本小节内容参考了知乎"币识"的文章，原文网址：https://zhuanlan.zhihu.com/ p/87554732。

EOS 通证，可能就要从市场中购买和付费租用，以获得使用主网的权利。类比来看，这种设计类似于购买或租用办公楼（见表 8-1）。

表 8-1　三大公链技术对比

功用	数字货币	智能合约（通证）	应用
共识机制	工作量证明 （POW）	现在：POW 未来：POW+ POS	委托权益证明 （DPOS）
区块生产	挖矿节点	挖矿节点	超级节点 （BP 区块生产者）
性能 TPS 系统的交易吞吐量	<10	≈ 15	数百至数千 宣称达百万
编程	比特币脚本 UTXO	图灵完备脚本语言 Solidity	C++/Rust/Python/ Solidity
虚拟机	——	EVM	WASM Web Assembly
开发支持	——	主要支持 智能合约	支持账户、存储等
进一步改进	闪电网络 （Lightening Network）等	分片 （Sharding）	——
类比	黄金挖矿	高速公路建设	房地产开发

8.2.2　比特币、以太坊、EOS 的体系架构

在最基础的层次——数据层和网络层上，EOS 和比特币、以太坊并没有多大的区别。

EOS 的共识机制采用了与之前较为不同的 DPOS 共识机制。由于采用 DPOS 共识机制，EOS 网络的激励层就可以看成不再单独存在。EOS 网络每年新增发 5% 的 EOS 币，其中 1% 按一定的规则分配给区块生产者，另外 4% 进入社区的提案系统资金池待分配。

EOS 的智能合约和以太坊略有差异，但基本上采取了相似的设计。EOS 的应用也与以太坊相似。因此，对于合约层和应用层，两者是相似的。

EOS 体系设计的创新在于工具层和生态层。为了让 EOS 适用于应用开发，EOS 团队为它设计了账户、持续化数据库等工具与接口，这使得在 EOS 区块

链上开发应用更为便利。

EOS 的另一个特殊设计在于，在体系架构的最上层可能出现一个生态层，这一层是采用 EOSIO 软件的区块链，比如专为游戏、物流、金融、社交、能源、医疗开发的公链（见图 8-1）。

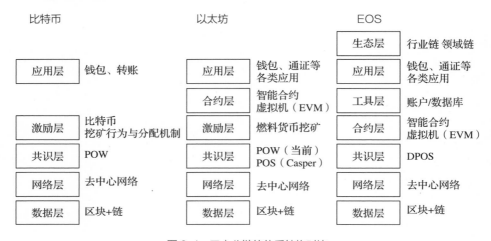

图 8-1　三大公链的体系结构对比

8.3　EOS 与以太坊的对比分析[⊖]

EOS 自称是新一代区块链，对标的主要就是以太坊。下面对 EOS 与以太坊进行深入的对比分析。

8.3.1　设计理念

EOS 和以太坊之间的主要区别之一在于区块链网络背后的设计理念。

以太坊几乎可以被描述为与应用无关，也就是说它被专门设计为所有潜在应用的中立平台。正如以太坊设计文档所说：以太坊没有"特性"，拒绝构建"甚至是非常常见的技术和功能作为内在的协议部分"。这个基本原理减少了应用程序之间的膨胀，但是它也需要许多不同的应用程序来重用代码，

⊖ 本节内容参考了知乎"yaoyao"的文章"五个角度带你看清 EOS 和 ETH 的差异"，原文网址：http://zhuanlan.zhihu.com/p/41605540。

如果平台本身提供了某些更常见的功能，那么应用程序开发人员的效率收益肯定可以实现。

与这种方法相反，EOS 认识到许多不同的应用程序需要相同类型的功能，并寻求提供这些功能，例如许多应用程序所需的加密算法和通信工具。有了这个理念，EOS 引入通用的基于角色的权限、用于接口开发的 Web 工具包、自描述接口、自描述数据库方案和声明性权限方案。EOS 提供的这些功能，对于简化用户账户的生成和管理以及权限和账户恢复等安全问题将特别有用。

8.3.2　共识机制和管理

EOS 和以太坊之间的另一个明显差异在于区块链共识机制和整体区块链治理方法。

以太坊使用 POW（将切换到混合 POW/POS 模式）。EOS 则使用石墨烯技术（Graphene，一个区块链项目的代号），石墨烯技术采用的是 DPOS 共识机制，出块时间大约为 1.5 秒，它使得区块链应用更高的交易吞吐量。

以太坊网络背后的当前工作量证明 POW 实施的一个问题是难以修复已损坏的应用程序。例如，以前 DAO（一个基于以太坊网络的分布式众筹项目）遭遇了严重的黑客攻击。以太坊网络要么接受黑客攻击导致的用户损失，要么实施硬分叉否认黑客攻击产生的交易。不论哪种方式，对以太坊网络生态都是伤害（最终以太坊选择分叉成 ETH 和 ETC）。

相比之下，EOS 包含冻结和修复破损，即冻结应用程序的机制。例如，如果 DAO 已经在 EOS 上实施，它可能已被冻结、修复和更新，而不会中断其他 EOS 应用程序。此外，EOS 的 DPOS 共识机制在硬分叉期间不可能产生多个竞争链。Steem 网络（另外一个使用了石墨烯技术的区块链项目）所经历的 18 个成功的硬分叉也证明了这一点。此外，EOS 将包括一个具有法律约束力的宪法，建立一个解决争议的共同管辖权，它还将包括自我资助的社区福利应用，通过加权投票选定。

8.3.3 可扩展性

为了将平台视为具有商业可行性，可扩展性至关重要，这也是 EOS 和以太坊不同的一个关键领域。

目前，以太坊网络受限于 CPU 的单线程性能。早期的测试网络实现了每秒 25 个交易（在某种程度上优化的条件下），通过优化，这个网络可能会增加到 50 或 100 TPS。然而，在真实应用的负载下，以太坊网络的当前交易限制可能在 10 TPS 以下。现实中，以太坊网络已经不堪重负，交易量大，除了收费最高的交易外，所有交易都被拒绝。例如，Status 众筹时，ETH 代币遭遇了大规模的闪存崩溃。

就可扩展性而言，EOS 将比以太坊网络有两个显著的优势。首先，EOS 依靠石墨烯技术，已经在压力测试中显示出每秒达到 10 000~100 000 次交易；其次，EOS 将使用并发机制来扩展网络，可能实现高达每秒数百万次的交易。如果实现这些基准，EOS 应该能够支持数千个商业规模的 DApp。 EOS 将使用异步通信和单独的执行认证来实现加速，并且由于不会有交易费用，所以 EOS 也不需要计数操作。

8.3.4 抗 DoS 攻击

DoS 攻击是恶意攻击者利用流量对网络进行垃圾网络攻击，以防止合法流量通过。以太坊网络已经被证明容易受到 DoS 攻击的影响。在以太坊网络中，众所周知，矿工优先选择高收费交易来增加区块链。由于网络中的带宽和计算能力是有限的，因此，很容易想象，一个恶意设置高费用却不正当的交易，有效地阻止了许多低费用的合法交易。以 Status 众筹举例，当时就有类似的事情发生。这激发了部分用户通过高费用交易来制造网络混乱，以确保交易完成。这对以太坊网络造成了严重的影响，因为单一应用或智能合约可以有效地将整个网络冻结。

相比之下，EOS 应该不容易受到 DoS 攻击。EOS 代币的所有权，使用户在网络带宽、存储和计算能力方面占有较大比例。因此，网络垃圾制造者只能消耗其 EOS 通证赋予其网络的比例。DoS 攻击可能会发生在一个给定的应用程序上，这取决于应用程序的设计，但这些攻击永远不会破坏整个 EOS 网络。

8.3.5　经济效益

EOS 和以太坊不同的经济模式，是所有权模式和租赁模式的差别。

在以太坊上的每次计算，存储操作和带宽利用都需要 Gas 费用。此外，由于矿工优先选择收费最高的交易，所需费用波动可能高得惊人。这个经济模型创造了一个场景，在这个场景中，富人可以用高费用的交易淹没整个网络。此外，这种模式要求开发者在整个应用程序的开发和部署过程中持续地收取 Gas 费。

相比之下，EOS 采用所有权模式，其中持有 EOS 通证给予用户在网络带宽、存储和处理能力方面的比例份额。这意味着，如果某人拥有 1% 的 EOS 通证，则无论网络其他部分的负载如何，他们总能获得 1% 的网络带宽。通过这种方式，应用开发者可以获得可靠的、可预测的网络带宽和计算能力，并在需要扩大应用程序时简单地购买更多的 EOS 通证。此外，由于网络交易费用为零，除了首次购买 EOS 通证外，没有网络开发成本。

Chapter Nine

第 9 章

ICO：总结与反思

9.1　ICO 的起源与现状

ICO 是从加密货币及区块链行业衍生出的众筹概念，是一种区块链创业项目的融资方式，创业团队将一定比例他们所发行的数字代币出售给项目支持者，以换取法币或者其他数字代币。随着 ICO 的发展，ICO 代表的字面含义从货币发行（Initial Coin Offering）逐渐演变成加密通证发行（Initial Crypto-Token Offering）[⊖]。

ICO 起源于 2013 年，在 2017 年至 2018 年到达高峰，ICO 的简单发展历史见表 9-1。

表 9-1　ICO 发展历程

时间	事件
2013 年 7 月	Mastercoin（现更名为 Omni）：可查的最早 ICO 项目，通过 meta-protocol 拓展比特币功能，募集 5 000 比特币
2013 年 12 月	NXT（未来币）：首个完整的 PoS 区块链，募集 21 比特币（约等于当时 6 000 美元），市值峰值曾到达过 1 亿美元，对投资者来说最成功的 ICO 项目之一
2014 年 7 月	Ethereum（以太坊）募集 3 万余个比特币（超过 1800 万美元）创下纪录，也被视作迄今为止最成功的 ICO 项目
2015 年 3 月	Factom（公正通）：双代币设计，首提存在性证明的区块链商业化以及由此导出的基金会与公司双机构设置

⊖ Chod Jiri, Evgeny Lyandres. A Theory of ICOs: Diversification, Agency, and Information Asymmetry. *SSRN Electronic Journal*, 2019(12)。

（续）

时间	事件
2016 年 5 月	The DAO 等值 1.5 亿美元破世界纪录的 ICO 众筹，非典型 ICO（其本身不是区块链），向世界大声宣告智能合约时代到来后一个月即被黑客攻克
2017 年 3 月 21 日	日本内阁会议通过《关于虚拟货币交换业者的内阁府令》，其中规定，从事虚拟货币买卖和虚拟货币间交换业务的公司，需要在政府网登录申请，在申请时需要提供包括三年内的收支预算、公司结构等各种信息
2017 年 7 月 25 日	美国证券交易委员会（SEC）发表通告称，虚拟组织发行和销售的数字资产，将被纳入联邦证券法监管范围
2017 年 7 月	Autonomous NEX 报告，2017 年上半年全球 ICO 融资近 13 亿美元，已经超过区块链行业的 VC 投资额，是 2016 全年 ICO 融资额的六倍多
2017 年 8 月	爱沙尼亚共和国公开了以国家名义发起 ICO 并推出国家虚拟货币 Estcoin 的计划（后来被欧盟阻止）
2017 年 8 月	新加坡央行与加拿大证券管理局先后表达了对 ICO 监管的态度，前者发通知称，数字代币的提供或发行将由 MAS 监管，为 ICO 代币提供交易兑换服务的公司同样需要被管理；后者表示，根据代币销售的特殊性，某些 ICO 将被要求遵守加拿大的证券法
2017 年 9 月 4 日	中国央行、银监会、证监会等七部委联合发布了《关于防范代币发行融资风险》的公告，ICO 不仅被定性为非法公开融资，相关的代币发行活动和平台也均被叫停
2017 年年底	研究数据显示全年 ICO 募资总额超过 42 亿美元
2018 年 3 月	Telegram 是一家拥有超过 2 亿月活跃用户的社交应用巨头，放弃 IPO 选择通过 ICO 的方式筹集了 17 亿美元，成为继 EOS 之后第二大融资项目（随后根据监管要求成为首单 STO）
2018 年 6 月	EOS 长达一年的 ICO 结束，募集资金总额 42 亿美元
2018 年 6 月	Fcoin 创新了交易挖矿模式，以另类方式实现 ICO，开启了行为挖矿时代
2018 年 8 月	研究数据显示上半年 ICO 募资超过 2017 年全年，截至 8 月底，ICO 募资超过 190 亿美元

9.1.1 ICO 的性质

ICO 是一种介于 IPO 和股权众筹之间的融资方式。ICO 通常发生在公司开发出实际产品或服务之前，性质类似产品重筹，但通证具有更高的流动性。IPO 和股权重筹的参与者可以获得发行公司的股权或者某种所有权，未来还可以对企业决策和项目进行投票；相对而言，ICO 向公众出售的加密通证却并不默认这种所有权。ICO、IPO、股权众筹的对比见表 9-2。

表 9-2　ICO、IPO、股权众筹的对比

	ICO	IPO	股权众筹
融资资金	比特币、以太币或其他数字代币	法定货币	法定货币
法律地位	尚不明确，监管处于空白	已有相关监管法律法规	已有相关监管法律法规
发行主体	不一定为实体企业，可能是非企业团队	企业	企业
投资主体	范围没有限定	面向大众，但在监管上对投资者提出相关限制	面向大众，但在监管上对投资者提出相关限制
服务中介	没有相关服务中介，在去中心化的网络上开展	证券经纪商	众筹平台
流通渠道	代币交易所	证券交易所等二级市场	场外交易

在真正高技术的项目方眼里，ICO 只是一种为自己筹集技术研发资金的方式。在投资者眼中，ICO 是一种以小博大的投资手段。在传销团伙眼里，ICO 是漂亮的谎言。

9.1.2　ICO 与区块链

ICO 作为一种融资方式源起于区块链社区并服务于区块链项目。ICO 发行的加密通证主要基于以太坊、比特股等区块链基础平台实现。

区块链技术对项目融资带来了革命性的变化：

1）信任：区块链技术实现了一个第三方公证的机制，以保证一旦参与众筹交了钱，就一定能拿到对应的电子加密货币。这解决了 ICO 的底层信任问题，降低了 ICO 的制度门槛。

2）成本：区块链技术让项目通证代表的权益所属确认成本无限逼近于 0（相对于 IPO 环节，机构需要花很多人力、物力、财力、时间去确认股份的所属权益）。

3）流通：区块链技术能够大幅降低通证点对点流通成本，并存在众多数

字资产交易所提供集中化交易。

4）参与：区块链技术让通证代表的股/债权无限拆分变成可能，让投资的门槛和地域限制无限逼近于 0。

在上述技术特征下，项目融资不再需要投行、VC/PE 投资机构等非必要性的信息和信任中介，项目方可以直接面对最终投资人寻求投资。

9.2　ICO 为什么引起关注

9.2.1　融资规模高涨

2017 年，ICO 市场融资规模首次超越传统早期风险投资市场的投资金额。2016 年 9 月到 2018 年 8 月，ICO 融资金额如图 9-1 所示。

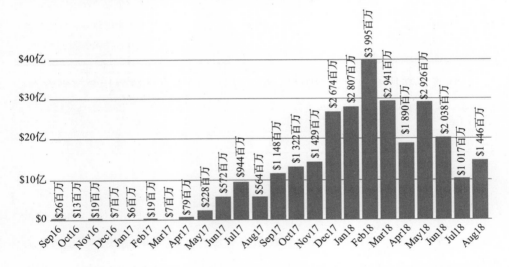

资料来源：https://hackernoon.com/the-ico-market-is-not-nollapsing-its-maturing-c11bfd4cdfe8

图 9-1　2016~2018 年的 ICO 募资情况

具体的区块链领域创业项目的 ICO 融资规模也很惊人。典型项目 ICO 金额包括：以太坊 2014 年 ICO 融资 1 800 万美元，EOS 2016 年长达一年的 ICO 募资总共融资 42 亿美元，社交通信软件电报群 Telegram 通过 ICO 融资 17 亿美元（后期接受监管，减少了融资金额），以及日后臭名昭著的波场项目，在无项目说明书的情况下，仅仅 53 秒融资 1 万比特币（相当于约 2 亿美元）。

其他主要代表性项目 ICO 融资情况见表 9-3 。

表 9-3　代表性项目的 ICO 募资金额

名称	ICO 时间	融资金额	项目主要内容
以太坊 Ethereum	2014 年 7 月	超 1500 万美元	在区块链上实现智能合约、开源底层系统
The DAO	2015 年 6 月	超 1.5 亿美元	针对以太坊应用风投基金，提供一个用 JavaScript 语言的脚本
Lisk	2016 年 3 月	超 600 万美元	去中心化应用的侧链平台
小蚁 ICO II	2016 年 8 月	2500 万元人民币	实体世界的资产和权益进行数字化
元界	2016 年 8 月	近 1500 万元人民币	开放的数字价值流转平台
ICONOMI	2016 年 9 月	超 1000 万美元	去中介化、优步化基金
Firstblood	2016 年 9 月	超 500 万美元	去中心化电竞平台
Golem	2016 年 11 月	860 万美元	去中心的全球算力市场
Decent	2016 年 11 月	350 万美元	基于区块链技术的数字内容发布开源协议
量子链	2017 年 3 月	超 1 亿元人民币	融合比特币与以太坊外的区块链生态系统
GNOSIS	2017 年 4 月	1250 万美元	构建易用的去中心化预测市场
Brave	2017 年 6 月	3500 万美元	浏览器、数字化广告平台

9.2.2　财富效应惊人

在创投股权投资领域，彼得·蒂尔投资 Facebook 获得了超过 8 000 倍的收益；国内著名天使投资人龚虹嘉投资海康威视，15 年时间获得了超过 2 万倍的投资收益。这样的投资案例成了投资行业的传奇。

但是在 ICO 领域，未来币（NXT）曾创造了超过 2 万倍的收益；Stratis 创造了 1 250 倍的投资收益；IOTA 创造了 2 000 倍的投资收益。而且这些投资收益所用的时间都不超过两年。

表 9-4 和表 9-5 分别列举了截至 2017 年 8 月国内和国外的区块链项目 ICO 的投资收益情况。

表 9-4　国外 ICO 项目的投资收益

项目名称	ICO 时间	投资收益
Ethereum	2014 年 7 月 22 日	74 000%
IOTA	2015 年 12 月 01 日	67 700%
Stratis	2016 年 07 月 01 日	65 800%
Antshares	2015 年 10 月 01 日	21 300%
Spectrecoin	2017 年 01 月 01 日	18 189%
Etheroll	2017 年 02 月 01 日	7 493%
Ark	2016 年 12 月 01 日	4 801%
Storj—X	2014 年 08 月 01 日	4 293%
Partlcl	2017 年 04 月 01 日	4 239%
Komodo	2016 年 11 月 01 日	3 972%

表 9-5　国内 ICO 项目的投资收益

项目名称	ICO 成本	目前价	涨幅（倍）	上线平台
NEO（原小蚁股）	1	243.55	243.55	云币网、元宝网、聚币网
量子链（QTUM）	1.95	76.39	39.17	云币网、中国比特币、聚币网、比特儿、Bittrex
公信宝（GXS）	0.71	23.2	32.68	云币
熵（ETP）	1	20.88	20.88	海枫网
币安（BNB）	0.88	17.36	19.73	币安、EtherDelta
医疗链（BOC）	0.06	0.48	8.00	聚久网、币安、
域链（DOC）	0.25	1.79	7.16	币久网、币交所
lcocoln（IOC）	1	6.09	6.09	聚币网、比特儿、币久网、BTCC、SZZC
小企股（IOS）	1	5.83	5.83	比特时代、币创网
比原链（BTM）	0.25	1.333	5.33	比特儿、币安、SZZC
玄链（XNC）	0.31	1.358	4.38	聚币网
YOYOV（yoyo）	0.17	0.716	4.21	币久网
印链（INS）	0.48	1.4	2.92	币久网
选举链（ELC）	0.018	0.05	2.78	聚币网
飞币（FID）	1	2.58	2.58	币久网
钛币（TIC）	3	7.19	2.40	聚币网

9.2.3　技术创新光环

区块链技术被称为下一代互联网。在区块链光环下，每个 ICO 项目都试图把自己包装成新时代的 Google、Facebook 等，成为新时代的科技创新先锋。

9.2.4　颠覆利益格局

ICO 作为一种新生的融资方式，颠覆了现有的金融市场利益格局。

首先，人人可参与。从项目角度，写个白皮书即可 ICO 融资，门槛低，人人皆可成为 ICO 英雄；从投资角度，ICO 的参与及变现流程非常快，几乎无门槛，不分地域，全球的项目皆可参与。

其次，ICO 实现了企业融资去中介化。整个流程可以没有任何一个第三方，打破资本中介（投行 /VC/PE）的利益格局。

最后，ICO 实现了 VC 募资去中介化。区块链资本（Blockchain Capital），一个专注于区块链的风险投资机构，在 2017 年也通过 ICO 募资了 1 000 万美元。

9.3　ICO 的价值逻辑

9.3.1　开源软件与开源社区

开源软件，就是源代码开放的软件，任何人都可以下载查看其全部源代码，并且可以进行修改和重新编译。开源软件是自由的象征，标志着共享的精神。但是，开源也意味着不是商业软件，没有成熟的盈利模式。

历史上，开源软件以基金会方式运作，靠社会捐赠维持运营，基金会和开源社区有少部分的专职核心人员，大部分为业余志愿者。比特币诞生于开源软件社区，大多数区块链项目也都以开源软件方式呈现。

分布式自治组织（Distributed Autonomous Organization，DAO）作为一种去中心化组织，没有管理层和决策者，所有决策都来自于群众的智慧，并且通过一系列公开公正的规则，可以在无人干预和管理的情况下自主运行。这些规则和成果往往以开源软件的形式呈现。

DAO 在形式上类似开源社区，DAO 也往往先以论坛或社群的形态展现给世人。因为没有管理机构，DAO 需要一种机制来建立共识，使成员目标一致，并实施激励，以保证成员利益结构上高度耦合。

ICO 的价值逻辑构建在开源软件的历史与 DAO 的未来之上。

ICO 项目的类型包括如下几种：

1）平台型区块链（比如以太坊或 EOS）。

2）基于区块链的组织机构 DAO。

3）基于平台型区块链的分布式场景应用（DApp）。

4）中心化架构的分布式实体机构（Centrally Organized Distributed Entity，CODE）。

5）中心化架构的共享经济实体。

6）中心化架构的 2C 业务实体（或者个人，如明星 ICO）。

其中，项目类型 1~3 是具有真实区块链技术和业务需求的项目；项目类型 4~6 本质上是利用区块链技术进行 ICO 融资的传统项目。

9.3.2 社群众筹逻辑

ICO 兼具产品众筹和股权众筹的特征。

1. 产品众筹

社群因为项目的愿景而被吸引和聚集，社群的 ICO 出资人都将成为项目的第一批试用者，提升了用户的参与度和反馈性。这样协作出来的产品更容易受到欢迎。虽然没有法律强制执行，但产品众筹具有明显的债权债务属性，项目团队的愿景被视为承诺，需要履行和实现。

2. 股权众筹

社群的 ICO 出资人对项目的盈利预期感到乐观，愿意出资参与持有项目的权益，以获得未来回报，而项目团队也承诺用分红或回购的方式为投资人提供预期回报实现途径。众筹融资方式保持了团队的独立性和控制权。团队虽然需要考虑到 ICO 投资人的权益，但他们对于一个项目有 100% 的控制力。（大多数情况）他们可以去做任何自己想要做的、也许短期无法获得回报但长期来看是有益的事情。

以以太坊为代表的早期 ICO 项目产品众筹属性多一些，2017 年之后的 ICO 项目股权众筹属性多一些。

9.3.3　货币逻辑

货币逻辑，是指在一个区块链项目中，特别是 DAO 项目中，发行社区通证，并在使用该项目提供的服务时会被要求使用通证支付一定的费用。本质上通证承担了网络社区内流通货币的角色。

每一个 DAO 可视为一个封闭经济体，经济体内人口越多，价值交换活动越多，经济体越繁荣，经济体内部货币对外升值越多。

货币方式的出现，让基于区块链技术的开源软件的开发者和投资者盈利，只不过不同于传统的卖软件或许可证的方式，而是必须以让更多的人使用和价值交换为前提，驱动最初的开发者有动力不断地提升整个系统的质量，而投资者也有动力成为义务的销售者，努力扩大该系统的使用范围。这完全构成了一个正向循环的盈利模式。

以太坊是货币逻辑的典型代表（见图 9-2）。

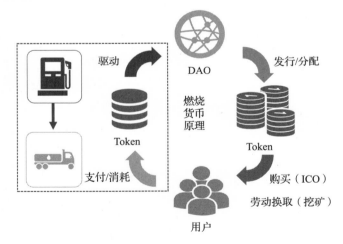

图 9-2　ICO 的货币价值逻辑

9.3.4　资产逻辑

随着区块链项目的推广，关注区块链项目的人增多，就会对这些通证有更多的需求。当通证供不应求时，价格随之上升。

开发团队和早期投资人有动力推广项目，吸引更多的人使用和持有通证。越多的人使用该项目，通证需求越多，升值越多，从而使开发者和早期投资者获利。

比特币具有比较明显的资产价值逻辑（见图 9-3）。

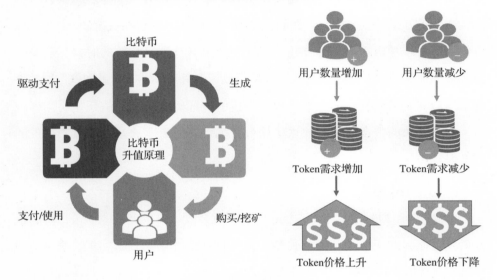

图 9-3　ICO 的资产价值逻辑

9.4　ICO 风险与现象解析

9.4.1　ICO 的乱象与风险

2016 年下半年开始，ICO 这个曾经只是区块链拥护者、比特币投资者小圈子里的"游戏"，开始由小众变得大众。在区块链技术被追捧的背景下，数字货币也被火热炒作，各种代币动辄几百倍、上千倍地上涨，吸引了众多投资者。

1. ICO 融资乱象

但是，由于 ICO 融的是数字货币，一直处于监管的真空之中，骗子也随之而来。据统计，90% 以上的 ICO 项目涉嫌非法集资和主观故意诈骗，真正募集资金用于项目运作的极少。

对于投资者而言，参与通证发行的机会只有一次，数字货币交易所上架后标的通证的暴炒暴涨，造成了赌一次定胜负的局面。赢了就有千万倍回报的游戏规则，更增加了游戏的刺激性。投资者和投资机构都越来越早地投入资金到项目中。对于项目方，随便几页白皮书或者只有一个项目愿景，就可以融到几千万元甚至上亿元。在利益刺激下，游戏规则被彻底改变。

由于 ICO 项目无法科学评估，因此每一个 ICO 项目开始的时候，需要外部的信任来驱动这个最初的过程。这就导致了各种所谓的"明星大佬"站台、资本站台和交易所站台的三站台现象。这些外部机构给予的信任是明码标价的，项目团队的很多资金都被这些站台者拿走。而更多被站台的空气币也随之出现。

2. 初创项目失败风险

1）过度承诺的风险。项目方进行 ICO 时会故意给出美好的承诺，目的是筹集尽可能多的资金，不考虑长期内对其信任度的影响。事实上，很多 ICO 项目存在没能实现对投资者承诺的情况。

2）过高估值的风险。无法科学地判定这些项目的价值或者需要投资多少。即使最有希望的项目也存在过高估值的问题，这种情况需要予以充分提示，让投资者足够冷静，而非狂热且盲目地投资。

3）创始人过度乐观。ICO 的通行法则是将 85% 的代币分配给市场，并为项目团队保留 15%。这个比例意味着要立即筹集到所有的资金。项目的成功意味着许多用户的持续参与，有稳定的生态系统活动，有好的服务或产品，以及一些早期的收入或财富创造，从而证明产品上市是有效的。所有这些成功都需要经历时间和一些步骤才能实现，而通常这个过程是循序渐进的。

4）缺乏好的商业应用场景。目前还没有过基于区块链的去中心化应用可以真正解决大规模社会经济问题的范例。由此带来的问题是：市场是否真的需要以去中心化或者其他类似激进的方式来推动自身发展呢？

3. 项目欺诈风险

1）携款潜逃的风险。ICO 融资项目都没有明确的司法保护，有些项目设立了托管钱包存储投资资金，由不参与项目开发的受信任的第三者共同保管；在没有设立托管钱包或者与第三者串通的情况下，ICO 项目创始人可以随时携款潜逃。

2）对项目方和利益缺乏约束力。ICO 项目团队可以按照个人意愿单方面修改代码，改变投资人权益。甚至通证持有者根本不知道自己有什么权利，通证持有者分配项目收益的方式也缺少控制，没人监控资金的使用，欺诈是无法避免的。

3）机构参与操控 ICO 融资方式。现实中，很多 ICO 是被机构操控的，背后的投资机构操控 ICO 及二级市场价格来兑现利益。

9.4.2　ICO 众生相

一个 ICO 项目的参与方主要包括项目方、投资者、交易所（见图 9-4）。

项目方向投资者发行加密通证，并融入比特币或者以太坊等虚拟货币，交易所为项目方发行的加密通证提供二级市场交易服务。

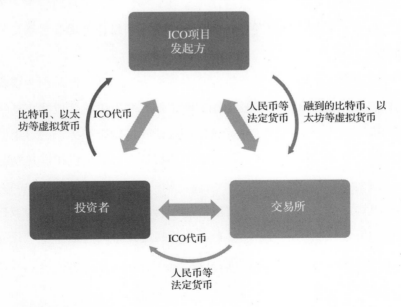

资料来源：云锋舍融。

图 9-4　ICO 项目的参与方

1. 项目方

项目方即发起 ICO 融资的项目团队，通常参照开源社区的治理结构，以基金会的形式呈现。项目方撰写项目白皮书，详细介绍项目愿景、团队建设、产品开发计划、社群维护计划、加密通证发行机制，社群激励机制等内容，以吸引投资者参与。

ICO 发展初期，项目方还认真组建团队，设计商业模式。因为项目大都在天使阶段甚至概念阶段，项目可行性无法验证，项目团队的背景成为最主要的内容。随着 ICO 的深入发展，项目明星化趋势明显。项目方为了吸引投资者，邀请各种所谓的名人或圈内大佬站台。而这些所谓的名人或圈内大佬只负责刷脸、收取费用或者免费加密通证，并在随后尽快套现获利，根本不会为项目提供任何实质帮助。

2. 投资者

投资者按照参与方式分为四类：一级市场投资机构、二级市场投资机构、代投机构或个人、个人投机者。

一级市场投资机构的主要工作类似传统风险投资机构：参与项目方最初的加密通证私募发行，帮助项目搭建基金会架构，设计项目白皮书，为项目随后的加密通证私募或公募发行提供背书，并在项目挂牌虚拟货币交易所之后套现获利。

二级市场投资机构的工作类似传统市场的股票基金。但是因为虚拟货币市场没有监管，二级市场投资机构的主要工作更多是被传统股票市场视为违法违规的市场操作，包括：针对特定加密通证提供做市服务，通过虚假交易操纵交易量与交易价格，将特定加密通证价格拉升，吸引投机者热情之后迅速套现。

代投机构或个人帮助建立了虚拟货币市场的类传销体系。因为散户投资者很难参与 ICO 项目的一级市场私募，代投机构或个人应运而生。代投机构或个人向社会吹嘘 ICO 的赚钱效应，鼓动更多人参与 ICO 的融资，向上家拿到份额，分发销售给下家。

个人投机者，也被称为"韭菜"，是完全不懂区块链、看不懂项目的投机者。

他们将像一茬一茬被收割的韭菜一样，成为 ICO 链条上的利益牺牲品。"韭菜"投资 ICO 只有一个原因，就是预期加密通证在虚拟货币交易所挂牌交易之后数十倍、上百倍地上涨，而自己不会是最后一棒。

3. 交易所

交易所被称为 ICO 生态链的最顶端。通常而言，交易所向 ICO 项目收取挂牌费，并在交易过程中收取交易服务费。只要交易所拥有比较大的注册用户量，基本就是一个坐收渔利的生意。实际上，因为虚拟货币市场没有监管，任何人都可以成立虚拟货币交易所，高峰时期可统计的虚拟货币交易所达数千家。小的交易所入不敷出。大的交易所凭借在市场上的优势地位，在一级市场和二级市场直接投资 ICO 项目，并任意修改规则，成为"割韭菜"的主力军。

9.4.3　ICO 如何蜕变成一个"相互伤害"的游戏

1. 正常的 ICO 流程

白名单（Whitelist）：相对于黑名单而言，在 ICO 的整个过程中可以当成"允许参与 ICO 的名单"。

预售轮（Presale）：ICO 有最低投资额度限制的私募融资，供大资金优先投资。

众筹轮（Public Sale）：对公众募资，虽有最低投资额度要求但相对低很多。

正常的 ICO 融资过程如图 9-5 所示。

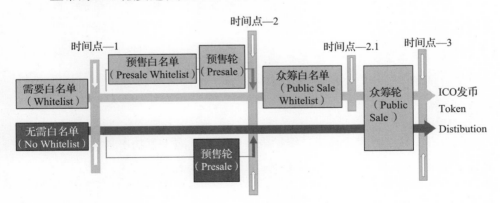

图 9-5　正常的 ICO 融资流程

2. 交易所坐收渔利

首先，收取上币费。交易量排名靠前的交易所对于 ICO 项目挂牌交易会收取大概 100 个比特币的上币费用。

其次，投票上币，变相收费。除了上币费用之外，某些大型交易所还搞出了一个投票上币的办法，谁的得票数最多，就可以挂牌。表面上看，是最受炒币者欢迎的项目最先上币，然而实际中，又变成了竞价排名的游戏。为了登陆交易所，ICO 项目发起人不得不用自己的资金去刷票。排行榜上排名居前的项目，票数都在 2 500 万以上，这意味着，为了挂牌交易所，ICO 项目发起人要拿出约 3 000 万元人民币的资金去刷票。

再次，收取项目"流动性管理"费。流动性管理，是指交易所使用一种自动交易的小程序进行自买自卖，让币价在小范围内呈现出一定的波动性，并以此制造出一种众人争相抢购的假象，以吸引投资者买入。在高峰时期，交易所每月要为这项服务收取 ICO 项目方数百万到上千万元的维护费用。

3. 无庄时代，币民胁迫项目方

币民（即个人投机者，所谓"韭菜"）的逻辑：第一，富人和富人之间讲权责关系，但穷苦百姓和富人之间，一定是富人为富不仁；第二，ICO 本就是违法，赚钱则了，不赚钱就报警，让 ICO 项目赔偿。

面对价格下跌，币民的维权心理与行动历程：[一]

下跌的第一阶段：不要怕，只是技术性调整。上有老，下有小，跪求项目方拉盘。

下跌的第二阶段：呼吁庄家拉盘，直播跳楼，直播割腕。

下跌的第三阶段：盘内招、盘外招一起出，有的走立案程序，有的则开始打人砸办公室。

项目方一旦选择自主救市，维护价格稳定，就陷入万劫不复深渊。图 9-6 显示了某 ICO 项目方选择拉盘救市之后的模拟现金流量表。

一 参考资料来源：https://www.sohu.com/a/304127780_100112552。

项目方选择拉盘救市的后果

项目方现金流（万元人民币）

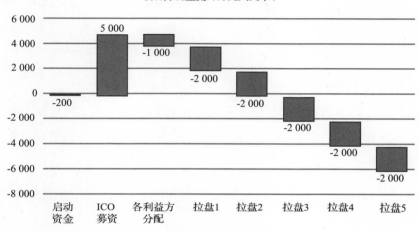

图 9-6　ICO 项目方选择拉盘救市的模拟现金流量

4. 庄家肆虐，大型联合收割机

在利益的驱使下，ICO 无庄时代转瞬即过，直接进入项目方联合庄家肆虐收割的时代。坐庄的项目方可以有三种收割"韭菜"（个人投机者）的方式。

第一阶段，拉高出货。ICO 项目在交易所挂牌后，庄家把币价格炒到几倍，吸引"韭菜"上钩购买。随后庄家开始砸盘，数倍套现走人，留下一群被套得死死的"韭菜"在风中凌乱（见图 9-7）。

图 9-7　某 ICO 项目市场操纵的价格曲线

第二阶段，开盘就砸。经历第一阶段的洗礼后，投资者逐渐学会早早套现。

庄家操作升级，在 ICO 项目交易所挂牌后，庄家立即开始砸盘，不给投资者任何跑路套现的机会。最后币价破发，留下高位进入的投资者在风中凌乱。

第三阶段，卷钱跑路。这种方式更加干脆，项目方募资完成等不到在交易所挂牌就直接跑路。在众筹阶段进入的投资者直接在风中凌乱。

5. 推波助澜的代投

代投，是指手中拥有投资 ICO 私募份额的机构或个人。代投相当于一个中介，可以在收取一定费用的情况下将部分项目私募份额分给散户投资者。代投具有很强的传销特征：

1）链条长。没有人知道自己的上家有几级，现实中竟然存在长达 20 级的代投链条。

2）不透明。高级代投跑路事件中，最大的问题倒不是相应项目的投资人遭受损失。而是某些代投在下家的胁迫下，动用其他项目的代投资金填补漏洞，进而引发连锁反应。

3）造假币。除了为一些 ICO 骗局摇旗呐喊、吸引散户上钩之外，代投还把一堆假的、完全不存在的数字货币卖给散户，等到真相暴露时，代投们也早就"人间蒸发"了。

9.4.4 详解"羊毛党"

"羊毛党"的称呼起源于某小品台词中的"薅社会主义羊毛"，用于描述利用规则漏洞获取利益。"羊毛党"的蓬勃发展源于互联网和移动互联网的用户获取模型理论。用户获取模型理论通过补贴获取用户，并通过活动提高用户留存率，挖掘用户的价值，进而刺激用户的真实消费。"羊毛党"就是利用互联网公司的前期推广活动和补贴来获取收益（见图 9-8）。

"羊毛党"的口号是"没有薅不到的羊毛"。2014 年，一个 5 000 人的"羊毛党"团队，拿走了一个 P2P 公司的 2 亿元优惠券，间接击垮了一家公司。2016 年，一个直播软件投入了大量主播奖励，均被"羊毛党"薅走，导致上市公司旗下的子公司净亏损 10 亿元。2018 年，"羊毛党"大军卷土重来，在虚拟货币圈肆意横行。据估计，"羊毛党"灰产已达千亿元规模。

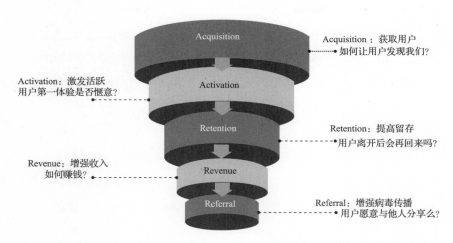

图 9-8　用户获取的 AARRR 漏斗模型

1. "羊毛党"的分类

业余玩家：业余闲散"羊毛党"里，主要分为两类人，一类是闲散的学生，另一类是无聊的家庭主妇。这两类里，主力军是大学生。原因很简单，大多数大学生都没有经济来源，同时时间充裕，是"羊毛党"发展下线的不二人选。这类业余玩家拿着手上仅有的微信号、QQ 号、手机号，注册几个号码，赚了极少的钱就离开，寻找下一个羊毛机会。

职业玩家：专业的"羊毛党"已经形成了一条非常完整的灰产产业链，一众平台和手段应运而生。他们的核心手段，就是使用大量的虚拟机自动注册号码，甚至可以使用专门的平台进行注册。

羊毛军团："羊毛党"中的"正规军"，有组织有纪律地大规模刷单，操控着大量的机器和专业设备（见图 9-9）。

图片来源：https://zhuanlan.zhihu.com/p/44974229。

图 9-9　某"羊毛党"正规军的操作设备展示

2. "羊毛党"的工具

注册软件：用于自动生成头像，基于发型、眼睛、皮肤等各种可选项生成实名认证头像。与注册软件相配套的地下产业有网上倒卖的个人身份证照片、银行卡卡号、手持身份证照片等。

接码平台：在注册过程中，一般输入手机号后，需要发送一个手机验证码，输入验证码才可以注册成功。接码平台就是专门接收短信验证码的平台系统。

打码平台：有些网站或者应用会设置防止恶意注册的验证码，类似输入图片上的单词、做简单的加减法计算题、输入规定文字等，这类往往需要用到打码平台。打码平台系统可自动识别图片单词，做简单的计算，让使用者免去输入验证信息的烦恼。

更换IP工具：大部分网站或者应用的注册，都具有针对IP地址的用户甄别机制。更换IP工具可以设置为注册若干次后换一次IP地址。

针对虚拟货币的定制工具：针对虚拟数字货币和智能合约的技术特征，大量注册钱包地址，并利用智能合约漏洞获得项目方的奖励虚拟货币。

上述种种自动化工具，经过简单培训即可使用，让"薅羊毛"变成了一种门槛极低的灰色职业。

3. 存在即合理

"羊毛党"的存在和发展有其特有的经济原因和背景。在互联网和移动互联网行业，流量是项目估值的主要依据。因此，行业形成一个例行的规则，即融资之后的第一件事，就是花钱做流量，花式补贴拉新，稀释自身利益，获取更多用户。

百团大战、共享经济等每一个所谓创业"风口"的来临，必然伴随着大量的烧钱战争。受限于极其有限的推广经费，为了公司繁重的KPI，很多项目方的市场负责人，手上都握有大量的"羊毛党"资源，并和"羊毛党"合作，把"羊毛党"当成项目的种子和初始用户，很多活动的流程都是为他们而设计的。

"羊毛党"赚到了钱，项目方收获了数据，投资人心满意足。

4. 羊毛党的危害与对策

在经济上，"羊毛党"用欺诈的手段获取项目方的补贴；在信息安全方面，网络购买的用户信息如果真实，会对真实用户的资产安全带来巨大影响。

项目方要杜绝的是用机器刷量的专业"羊毛党"。这类人纯粹为吸食平台利益而来，对整个平台生态毫无价值可言。通过提高审核机制和验证难度，可以抵挡住一部分"羊毛党"。只有当"羊毛党"发现付出的时间和金钱成本远远小于收益时，他们才会停止。

9.5 ICO 的法律认定与监管

9.5.1 比特币和以太币的法律认定

对于比特币、以太坊等主流虚拟数字货币，法律上还未有明确认定。但从已有的司法案例中，比特币、以太坊等曾被定为虚拟商品或者数字资产，因此可作为一般法律意义上的财产受到法律保护。

将比特币和以太币视为财产，意味着 ICO 过程使用其认购加密通证的发行，如果存在虚假信息披露，则可以做诈骗行为认定。

因目前各国法律均不认可比特币和以太坊等虚拟数字货币作为货币的属性和地位，ICO 暂时无法做非法集资认定。

9.5.2 美国对于 ICO 的认定和监管

在美国法律框架下，倾向于使用证券法来监管 ICO 行为。针对加密通证的特征，一般使用哈威测试（Howey Test）来判断加密通证是否属于证券，以及 ICO 行为是否属于证券发行。一旦 ICO 被认定为证券发行，就必须去美国证券交易委员会（SEC）办理注册登记，除非符合条件可以申请豁免。

哈威测试用来判断一项交易是否符合证券法下的投资性合同的要件，判断的要素主要包括：

1）投资人是否需要支付一定资本投入，这里的投入可以是货币、资本、物资等。

2）是否投资于一个共同的事业？即是否所有投资人与发起人一样追求同一个事业的收益，换句话说，投资人是否还有与发起人不一致的、也能实现其投资收益的目标。

3）是否有获得收益的预期，并且该收益主要通过其他人的努力实现。

如果满足上述三个条件，就会被认定为是证券。

2017 年 7 月，SEC 经过调查后认为所有加密通证都是证券。所以，针对 ICO 的监管变成了是否办理 SEC 登记，不办理登记的话选择哪种方式申请豁免。

豁免登记有三种选择，分别是：监管条款 D、监管条款 A+ 和监管条款 CF。

监管条款 D 是由 SEC 制定、并于 1982 年开始实施的关于私募证券发售的规则，又被称为"避风港"条款。目前发行加密通证多数用到的是 Rule 506(c)，其规定如果投资人为合格投资人，且发行人采取合理措施来确认投资者是否符合合格投资人的条件，发行人可以申请豁免 SEC 登记要求。这里的合格投资人指在前两年每年年收入超过 20 万美元（或者与其配偶合计超过 30 万美元）。监管条款 D 的优势在于针对合格投资人没有融资限制，低合规需求，低花费，速度比较快。缺点是发行人对投资人有审查义务，需要审查合格投资人的银行和税务文件，这增加了发行人的负担。同时，投资人取得的是限制性证券有 6~12 个月的限售期，会影响取得的证券的流动性。此外，监管条款 D 还要求如果企业资产超过 1 000 万美元，且投资人数超过 2 000 人，企业就需要向 SEC 办理登记。也就是说资产规模在 1 000 万美元以上的企业，投资人数的限制是 2 000 人。

监管条款 A+ 有两种发行方式：第一类是在 12 个月内，发行融资上限为 2 000 万美元，发行给关联方的数额不超过 600 万美元；第二类是在 12 个月内发行融资上限为 5 000 万美元，发行给关联方的数额不超过 1 500 万美元。监管条款 A+ 是一个合规要求高很多的方式，所以很少有通过这个方式 ICO 的实例。这个方式的优点是加密通证的流通不受限制，可以拥有最多 500 个非认证投资人。但是有最高融资额的限制，并且发行人注册地需要在美国或者加拿大。另外，很高的合规要求使得这个方式比较耗时，花费也非常高。

监管条款 CF（Crowdfunding）即众筹条款，众筹对于小额的 ICO 融资也是一个选择，《初创期企业推动法案》（JOBS 法案）为众筹行业提供了监管框架。它的优点是由于众筹的特殊性，众筹不受投资者人数限制。但由于众筹针对小额融资的特性，所以有较多的投资金额限制：①发行人在 12 个月期间内，众筹总金额不得超过 107 万美元；②如投资人的年收入或净资产低于

10.7 万美元，则投资额不得超过 2 200 美元或者年收入与净资产两者取低的
5%；如投资人的年收入及净资产均超过 10.7 万美元，则投资额不得超过年收
入与净资产两者取低的 10%；③交易需通过中介平台进行，且该中介平台应在
SEC 或者美国金融业监管局（FINRA）登记注册。

9.5.3 我国对于 ICO 的认定和监管

2013 年，中国人民银行就联合五部委发布《关于防范比特币风险的通知》，
明确了比特币的性质，认定比特币不是真正意义的货币。

2017 年 9 月 4 日下午，央行、银监会、证监会等七部委联合发布了《关
于防范代币发行融资风险的公告》。ICO 不仅被定性为非法公开融资，相关
的加密通证发行活动和平台也均被叫停。ICO 被认定为未经批准的非法公开
融资行为，涉嫌非法发售代币票券、非法发行证券以及非法集资、金融诈骗、
传销等违法犯罪活动。根据公告，任何所谓的代币融资交易平台不得从事法
定货币与代币、"虚拟货币"相互之间的兑换业务，不得买卖或作为中央对
手方买卖代币或"虚拟货币"，不得为代币或"虚拟货币"提供定价、信息
中介等服务（见图 9-10）。

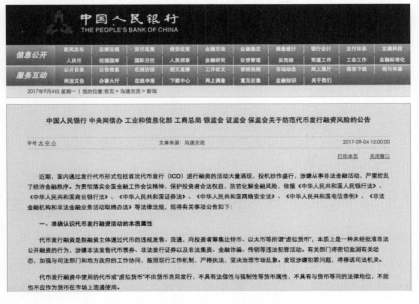

图 9-10　央行公告防范代币发行融资风险

对于存在违法违规问题的代币融资交易平台，金融管理部门将提请电信主管部门依法关闭其网站平台及移动 App，提请网信部门对移动 App 在应用商店做下架处置，并提请工商管理部门依法吊销其营业执照。

9.5.4 中国香港对 ICO 的认定和监管

香港证监会 2018 年 3 月 19 日关于 Black Cell 公司的公告代表了相关金融监管机构对于 ICO 的态度。

香港证券及期货事务监察委员会（香港证监会）关注到，ICO 发行人 Black Cell 公司可能进行未获认可的推销活动及无牌进行受监管的活动，要求 Black Cell 停止向香港公众进行加密通证发行，将相关的募资归还予投资者，并取消有关的 ICO 交易。

香港证监会认为 Black Cell 的融资行为构成集体投资计划，而集体投资计划中的权益被视为《证券及期货条例》所界定的"证券"。证券发行行为须根据《证券及期货条例》事先获得认可或符合监管规定。香港证监会再次提醒投资者，在决定参与投资 ICO 前须审慎考虑。

为响应香港证监会的监管关注事项，Black Cell 亦承诺，除非符合《证券及期货条例》下的有关规定，否则不会设计、订立或推广任何构成"集体投资计划"的产品或行为。

9.6 ICO 的反思与出路

9.6.1 ICO 的反思

1. 法律关系不清晰

真正的投资事先确定了各方的权利和义务，特别是必须遵循某些特定的规范，这样才是合法、有效力的。这些规范就是为了保护投资者免受存在了 300 多年的某些投资骗局的影响，且它们的执行依赖司法部门和具有一定执法权限的监管部门。而 ICO 当中加密通证发行通常否认出售者和投资者之间的法律关系，同时支持出售者（初创项目公司）向投资者明确或隐晦地表达该项目是可以获得回报的。一旦出现了投资骗局，投资者很难依托现有的法律保护自身的权益。

2. 加密通证属性的理论缺陷

大部分 ICO 中，加密通证同时具有股权属性、产品众筹的债权属性以及社群生态内的货币属性。这几个属性的经济特征差别很大，导致 Token 承载了过多的预期，不同预期之间相互冲突。

3. 无法科学估值

对于大多数 ICO 项目，Token 的价格没有一个可以计算的方式，它完全取决于供需关系。这种完完全全的脱钩计算方式为早期的投资带来了大量的回报，相比高科技企业千百倍的回报，在加密货币中能够实现上万倍的超巨额回报。但是，基于简单供需关系的 Token 价格是很不稳定的，容易被市场操纵，进而伤害投资者的利益。对于承担社群生态内部货币职能的 Token 来说，价格的过度波动，对于社群生态经济具有摧毁性的破坏作用。

9.6.2　ICO 的出路

1. 建立 ICO 评估体系

针对 ICO 的乱象，应该制定一套规则和评价标准，对 ICO 项目进行评估和分类，以帮助投资者识别与评价项目。对于区块链项目的信息披露应该包括两个方面：技术一致性评测和业务进展披露。

ICOAge 以及 ICORating 就是帮潜在投资者分析和评估 ICO 项目的平台，网站列出了专家分析得出的很多加密代币项目及其细节、ICO 进展、项目真实性等。

WINGS 是利用区块链的民主化、去中心化特性搭建透明的 Token 估值和项目开发平台。这个平台让社区通过预测市场评估代币价值，向分析师提供可靠、透明的奖励，保证其预测的正确性，由此让项目融资潜力和成功可能性的预测变得更有价值，帮助过滤掉低质量的项目、骗局，让参与者利用大量情报互相帮助，寻求更科学可观的、符合投资者需求的评价结果。

2. 投资者适当性机制

美国是投资者适当性制度的起源地，将投资者分成有信誉投资者、合格机构购买者、合格购买者和合格客户，并根据客户类型实施有差别的适当性管理。将投资者适当性引入 ICO 管理，尽量减少"羊毛党"、"韭菜"、市场操纵机构对项目的影响，为项目的长久发展构建可持续发展社群。

9.6.3　ICO 的进化

事实上，ICO 已经成为骗子的乐园，无法持续发展。ICO 未来将在两个方向持续进化。

1）通证经济（Token Economy）：专注利用 Token 的共识形成机制和生态激励机制，将股权、债券、货币属性的 Token 分离表示，互相协调，打造新型社群组织经济模式。

2）证券代币发行（STO）：专注 Token 的证券属性，接受各国监管部门的监管，打造合规、高效的证券发行方式。

Chapter Ten

第 10 章

通证经济

10.1 通证经济的起源

通证经济，英文为 Token Economy，1972 年源起于行为医学领域，是在斯金纳的操作条件反射理论和条件强化原理的基础上形成并完善起来的一种行为疗法。它通过某种奖励系统，使目标人群所表现的良好行为得以形成和巩固，同时使其不良行为得以消退。随着研究与实践的深入发展，通证经济在污染治理、能源节约、工作绩效评价、社区治理、种族融合、军事训练、社会制度设计等方面进行了广泛的社会实践，并取得了良好的效果。1977 年宾夕法尼亚州大学的阿兰·卡兹丁教授对通证经济进行了系统的总结与评估⊖。

在传统行为学研究领域，通证作为正强化物，可以用不同的形式表示，如用记分卡、筹码和证券等。通证具有与现实生活中的钱币类似的功能，即可换取多种多样的奖励物品或研究对象所感兴趣的活动，从而获得价值。用通证作为强化物的优点在于不受时间和空间的限制，使用起来极为便利，还可进行连续的强化；只要研究对象出现预期的行为，强化马上就能实现；用通证去换取不同的实物，从而可满足受奖者的某种偏好，可避免对实物本身作为强化物的那种满足感，而不至于降低追求强化（即奖励）的动机。并且在研究对象出现不良行为时还可扣回通证，使正强化和负强化同时起作用，

⊖ Alan Kazdin. *The Token Economy: A Review and Evaluation*. PLENUM PRESS, 1977 年。

从而造成双重强化的效果。

ICO 诞生以后，通证经济被引入区块链领域，用于描述关于通证的发行和分配的制度设计，用于打造基于区块链技术系统的共建、共治、共享生态。针对区块链项目的社群组织模式，基于博弈论和产权理论设计社群经济模型、治理机制和通证生态。其中通证是项目和社群价值的载体，其发行和分配制度设计是通证经济的核心关注问题。

10.1.1 传统通证经济的瓶颈

20 世纪 70 年代行为科学领域关于通证经济的研究，进行了各类社会应用小规模实践，获得了很好的结果，但是面临如下瓶颈和限制：

公平性问题：如何保证通证经济体按照始终如一的标准贯彻通证的发行和激励程序，是否存在监守自盗和串通合谋问题？

成本性问题：通证经济的实施需要一系列的工作人员来识别所有目标行为的所有情况，并根据正确强化计划表在目标行为之后立即给予通证奖励或者处罚；识别所有问题行为的每种情况，在问题出现之后立即给予代价反应；完整保护好通证防止偷窃或者伪造，了解和坚持兑换规定。因此，通证经济体的运作成本很高，是否有充足的财力资源实施这个程序？

投入产出比：通证经济实施的预期收益（或者行为改善）是否值得实施这个程序花费的时间、精力和费用？

10.1.2 通证经济与区块链

通证经济结合区块链，将近乎完美地解决上述传统通证经济的问题与瓶颈，将通证经济的实施成本降低到接近于 0。

通过非对称加密算法、哈希函数来保证不可抵赖、不可篡改。

通过分布式账本技术保证记账的准确性以及资产的唯一性。

通过智能合约保证通证经济制度实施的公平、公正、公开。

通过制度或者技术上的共识机制进行通证的发行、流通和激励。

结合了区块链的通证，具备如下三个特性：

数字权益证明：通证是以数字形式存在的权益凭证，代表一种权利、一种固有和内在的价值。

加密防伪技术保障：通证的真实性、防篡改性、保护隐私等能力由密码学予以保障。

可自由流通：通证可以在一个区块链网络中交易流通，并可以随时随地对交易进行验证。

10.2　通证经济的经济学基础

通证经济基于通证打造共建、共治、共享的产业与社会治理生态的方法论体系。区块链技术的特征将互联网的应用从信息互联网推进到信用互联网或者价值互联网阶段。在数据资产化时代，区块链技术基础上的数据确权和交易追溯将从技术上部分解决科斯定理衍生出的产权确权问题，并将大幅降低交易成本。进而使得产业组织方式与公司组织方式发生变化，基于信息和信用互联的分布式自治组织将成为新的微观经济组织形态。基于博弈论的新制度经济学将成为通证发行与激励规则设计的经济学基础。

10.2.1　分布式自治组织 DAO（Distributed Autonomous Organization）⊖

区块链领域中，DAO 大多被称为社区（Community），大部分区块链项目，产权都归属于社区，而不是公司或研发团队。的确，从表现形式上看，DAO 很贴近社区，DAO 也往往先以论坛或社群的形态展现给世人，但 DAO 并不能与社区画等号。在英文中，Community 还有"共同体"的意思，显然，共同体相比社区而言，更能体现 DAO 的精神内核。DAO 就是在智能合约和通证的基础上所组成的松散型利益共同体，成员目标一致，协作关系松散，而利益结构高度耦合。

⊖ 黑糖.我对区块链 DAO 的理解.原文网址 http://www.lianmenhu.com/blockchain-4936-1。

DAO 通常会以项目为核心，以通证作为价值流通证明和激励手段，然后用智能合约确定成员协作关系和利益分配模式。成员之间并没有明确的身份划分，都会因持有通证而成为 DAO 的一分子，参与 DAO 的建设与决策。正是因为 DAO 这种自组织的特性，相比传统机构，DAO 可以在短时间内裂变式地高速增长，内部的协作成本（交易成本）却不会同步增长，甚至可能变低。成员之间可自行通过合约结构的持续优化，让组织在不断扩大的同时依然能保持高效的协同能力和统一的发展方向。

DAO 这种内部力量的统一性，则源于将组织目标绑定在通证之上的激励模式。通证将参与其中的不同角色、不同分工的利益统一，成员也无须担心自身价值无法施展或是付出无法获取相应回报，在一个自由而确定的经济系统里，每个人的创造力能得到充分释放，这是其他组织形式所无法比拟的优势。

而关于 DAO 在战略方向、战术制定、任务委任、对外合作等运营工作中方方面面的决策，大多都会由受到决策结果影响的成员来共同决定。共同决策并不必然意味着民主投票，不同机构或者个人在 DAO 中的信息和信用存在差异，在成员共同授权下，将组织的决策权暂时交给个体或者少数个体的集合也是完全可能的。所以，DAO 的组织形式是灵活的动态结构，可以依据外部环境的变化而变化，具有很强的反脆弱性。

在如今全球经济一体化的背景下，产业融合加速，消费需求升级，市场经济已经呈现多维度、多层次、高密度的竞争格局，对于企业的创新能力、决策判断、反应速度提出了极高的挑战。一方面，传统的商业分析模型和经营手段在不断失效，金字塔式的组织架构在应对变化日益加速市场环境时，往往容易顾此失彼、反应迟缓、错失窗口。另一方面，人才的竞争也日益高涨，企业既求贤若渴，同时又会担心投入产出不成正比。所以都希望通过精细的管理体系和内部竞争来实现任贤使能，但这也无疑加剧了企业内耗，使用人成本变得更高。苦心培养的人才流失，也常会让企业陷入无人可用的尴尬境地。社会人才流动越来越频繁已是整体趋势，如果不能及时适应，未来之路可能会越走越艰难。

而区块链和 DAO 的出现，无疑让企业在应对变幻莫测的未来市场时，不必再疲于对抗，而是可以积极地与市场融为一体，用复杂系统来应对复杂系统。DAO 每个成员或组成部分都可以以各自的方式利用组织资源，同时向不同的领域探索、跨界、创新，跟不同的 DAO 达成利益共同体，集体智慧的持续创造力，将组织核心势能最大化发挥，不断扩大自身边界。

随着 DAO 模式的广泛运用，DAO 与 DAO 的不断链接、合作、共享，整个产业或组织将变成一张由 DAO 组成的高速价值网络，市场信号可以得到最迅速的反馈，社会资源也将得到更有效的配置。这样的价值网络不但会持续降低整个社会的交易成本，同时各个产业也在数字化技术的推动下，在线上线下组织起前人无法企及的多维生产关系，促进产业升级，提升社会整体财富。

10.2.2 科斯定理与交易成本理论 ⊖

1937 年科斯发表了著名的"企业的性质"，该文独辟蹊径地讨论了产业企业存在的原因及其扩展规模的界限问题，科斯创造了"交易成本"（Transaction Costs）这一重要的概念，在经济学史上具有重要意义。科斯因这一理论于 1991 年获得瑞典皇家科学委员会颁发的诺贝尔经济学奖。

科斯以"交易成本"这一微观概念为维度，解释了企业与计划为何存在于市场之中，以交易成本大小识别市场与企业、市场与计划的边界。所谓交易成本，即"利用价格机制的费用"或"利用市场的交换手段进行交易的费用"。科斯认为，当市场交易成本高于企业内部的管理协调成本时，企业便产生了。企业的存在正是为了节约市场交易费用，即用费用较低的企业内交易代替费用较高的市场交易；当市场交易的边际成本等于企业内部管理协调的边际成本时，就是企业规模扩张的界限。

以交易成本为维度区分国家机制、企业机制、市场机制。当交易成本很低时，市场机制发挥作用；当交易成本高于企业内部协调成本时，企业出现并以内部计划的方式实现资源配置；当交易成本高于政府生产、分配、保障公共产品的成本时，国家机制发挥作用。经济系统中，企业机制的微观计划、

⊖ 紫狮互联网商学院.区块链经济学：从市场机制、国家机制、企业机制到分布式自治组织.知乎.原文网址：https://zhuanlan.zhihu.com/p/44208062。

市场机制的中观调节与国家机制的宏观调控共同促进资源高效、合理配置。

市场机制应该是最早产生的，像万有引力般存在于人类社会经济系统中。有商品就有交换，有交换就有市场，市场通过价格机制自动调整供需，像超级计算机一样实现资源优化配置。国家机制是人类协作的创举，是居高不下的交易成本倒逼形成的。与交易相比，有时掠夺的成本要低得多，相互掠夺与担心被掠夺极大地阻碍了人类协作与交易，于是通过协商实现协作、完成交易、保护私权的公共机制即国家机制产生了。

DAO 不是国家机制、市场机制，也不是企业机制。分布式自治组织或许是区块链技术推动之下的，继国家机制、市场机制和企业机制之后的，又一次制度创新。DAO 及通证经济模糊了企业与市场之间的边界，通过降低交易成本来平衡二者的冲突，实现资源最优配置。

DAO 利用区块链技术实现大规模低成本协作，平衡更多不同的参与者之间的利益。互联网经过 20 多年的发展，信息浪潮几乎荡平了信息屏障，大大降低了信息交流和电子交易的成本。但是，中心化的信息技术无法解决信息真伪、交易真假等信任问题，基于信任的交易成本一直居高不下。

区块链的分布式账本、不可抵赖的签名算法、不可篡改的哈希算法、智能合约等技术及其应用，大大降低了信任成本，着力解决信息互联网无法解决的基于信任的交易成本问题。在信息互联网时代，中心化技术降低了基于信息的交易费用；在价值（信用）互联网时代，区块链技术降低了基于信任的交易费用。区块链技术带来的交易成本降低必然伴随着新的组织制度安排，而这个制度就是分布式自治组织。

区块链的低边际成本和网络效应对降低交易成本发挥重要作用。科斯认为，当市场交易的边际成本等于企业内部管理协调的边际成本时，就是企业规模扩张的界限。基于区块链技术的信任互联网的边际成本非常低，远远低于市场交易成本，可以极大地拓展分布式自治共同体（产业共同体或者社会共同体）的边界。

10.2.3　博弈论与机制设计理论

自 1994 年以来，博弈论的研究者们六次荣获诺贝尔经济学奖，这在历史上是绝无仅有的。其中，2007 年度的诺贝尔经济学奖颁给了三位美国经济学家里莱昂尼德·赫维奇、埃里克·马斯金及罗杰·迈尔森，以表彰他们在创建和发展"机制设计理论"（Mechanism Design Theory）、推动博弈论的应用方面所做出的贡献。

经济机制设计理论是研究在自由选择、自愿交换、信息不完全及决策分散化的条件下，能否设计一套机制（规则或制度）来达到既定目标的理论。经济机制设计理论是当代经济学的一个热门领域。机制设计理论可以看作是博弈论和社会选择理论的综合运用。简单地说，如果假设人们是按照博弈论所刻画的方式决策并行动的，并且设定按照社会选择理论，个体对各种情形都有一个社会目标存在，那么机制设计就是考虑构造什么样的博弈形式，使得这个博弈的解就是那个社会目标，或者说落在社会目标集合里，或者无限接近于它。机制设计理论和所谓的信息经济学几乎是一回事，只不过后者有不同的发展线索，但毫无疑问，所有信息经济学成果都可以在机制设计的框架中处理[⊖]。

人们所面临的是一个信息不完全的社会，任何人或者机构没有也不可能掌握其他人的所有私人信息，因此在社会经济活动中会遇到很大的决策问题。正是由于所有个人信息不可能完全被一个人掌握，人们才希望分散化决策。用激励机制或规则这种间接控制的分散化决策方式，来激发个体做机制设计者（规章制订者）想做的事，或实现设计者想达到的目标。这是经济机制设计理论所要研究的问题。

经济机制设计理论包括信息理论和激励理论，并用经济模型给出了令人信服的说明。经济机制设计理论的模型由四部分组成：①经济环境；②自利行为描述；③想要得到的社会目标；④配置机制（包括信息空间和配置规则）。

机制设计理论主要解决两个问题：

一是信息成本问题，即所设计的机制需要较少的关于消费者、生产者及

⊖ 参考资料来源：https://wiki.mbalib.com/wiki/%E6%9C%BA%E5%88%B6%E8%AE%BE%E8%AE%A1%E7%90%86%E8%AE%BA。

其他经济活动参与者的信息和信息（运行）成本。任何一个经济机制的设计和执行都需要信息传递，而信息传递是需要花费成本的。

二是机制的激励问题，即在所设计的机制下，使得各个参与者在追求个人利益的同时能够达到设计者所设定的目标。任何机制设计都不得不考虑激励问题。要实现某一个目标，首先要使这个目标在技术可行性范围内；其次，要使它满足个人理性，即参与性，如果一个人不参与机制提供的博弈，而是有更好的选择，那么机制设计就是虚设的；第三，它要满足激励相容约束，要使个人自利行为自愿实现制度的目标。

可以说，由赫维奇开创并由马斯金和罗杰·迈尔森做出发展运用的机制设计理论的基本思想和框架，已经深深地影响和改变了包括信息经济学、规制经济学、公共经济学、劳动经济学等在内的现代经济学的许多学科。目前，机制设计理论已经进入了主流经济学的核心部分，被广泛地运用于垄断定价、最优税收、契约理论、委托代理理论以及拍卖理论等诸多领域。许多现实和理论问题如规章或法规制订、最优税制设计、行政管理、民主选举、社会制度设计等都可归结为机制设计问题。

基于区块链的通证经济将通证作为信息与价值载体，利用分布式记账和智能合约技术应对契约风险，通过完善契约的条款，并将契约记载在不可篡改的分布式账本中，要求利益相关者为实现共同利益最大化的目标而努力。通证激励通过利益共享的方式（给予利益相关者发行通证），激励利益相关者采取符合互利共赢目标的行动，从而实现组织的自我发展和完善。

10.2.4　社会治理理论的变迁⊖

社会治理（Social Governance）是指政府、社会组织、企事业单位、社区以及个人等多种主体通过平等的合作、对话、协商、沟通等方式，依法对社会事务、社会组织和社会生活进行引导和规范，最终实现公共利益最大化的过程。

⊖ 参考资料来源：https://wiki.mbalib.com/wiki/%E7%A4%BE%E4%BC%9A%E6%B2%BB%E7%90%86。

　　社会治理理念随着整个国家发展所处的历史阶段和现代化的进程不断与时俱进，经历了从社会管控到社会管理再到社会治理的两次历史性飞跃。改革开放之后，随着社会经济日趋活跃和各种矛盾增多，国家管控型理念被社会管理型理念所替代。为适应建设社会主义和谐社会和现代化发展的要求，又将社会管理转变为社会治理。从管理到治理虽然是一字之差，却体现了社会治理的目的、主体、内容、方式进一步向社会治理现代化的要求转变，进一步向民主化、法治化、制度化、科学化的轨道转变。

　　治理理论的兴起，绝非人为地制造出一套新口号，而是各国政府对经济、政治以及意识形态变化所作出的理论和实践上的回应。在此背景下，以奥斯特罗姆为代表的制度分析学派提出了多中心治理理论。具体地说，单中心意味着政府作为唯一的主体对社会公共事务进行排他性管理，多中心则意味着在社会公共事务的管理过程中并非只有政府一个主体，而是存在着包括中央政府单位、地方政府单位、政府派生实体、非政府组织、私人机构以及公民个人在内的许多决策中心，它们在一定的规则约束下，以多种形式共同行使主体性权力。这种主体多元、方式多样的公共事务管理体制就是多中心体制。

　　多中心的治理结构要求在公共事务领域中国家和社会、政府和市场、政府和公民共同参与，结成合作、协商和伙伴关系，形成一个上下互动、至少是双向度的、也可能是多维度的管理过程。在国家公共事务、社会公共事务甚至政府部门内部事务的管理上，借助于多方力量共同承担责任，其中既有对事务的管理，也有对人和组织的管理；既有对眼前事务的管理，也有对长远事务的管理。其特别之处在于，用一种新的眼光思考什么样的管理方式可以实现公共利益的最大化。

　　社会治理是一种公共理想的社会和经济效果的治理模式。社会治理是一系列的价值、政策和制度，通过这些，一个社会可以管理它的经济、政治和社会进程。社会治理是一个国家开发经济和社会资源过程中实施管理的方式，同时也是制定和实施决策的过程。社会治理还被界定为限制和激励个人和组织的规则、制度和实践的框架。所以，治理不仅局限于政府，也包括多元角色的互动。

"理性经济人"的社会自我治理，在理论逻辑上构成了社会治理理论的核心内容。在特定意义上可以认为，治理理论本质上即是"理性经济人"为基础的社会自我治理理论。如果说19世纪至20世纪之交的改革家们倡导建立最大限度的中央控制和高效率的组织机构的话，那么21世纪的改革家们则将今天的创新视为一个以公民为中心的社会治理的复兴实验过程。

基于区块链和通证经济的社会治理实践，将大大降低社会治理的运行成本，提升社会治理的效率。

10.3 如何打造通证经济系统

10.3.1 通证的分类、功能与价值

通证是现实世界经济利益的区块链化表示，根据利益属性可以分成应用通证（货币通证）、收益通证、资产通证与治理通证四个种类。

1. 应用通证（Utility Token）

应用通证是指通证经济体或者DAO组织内部的流通货币通证，是通证经济的核心，其发行机制及基于发行机制的共识形成机制和激励机制设计是通证经济的关键。

应用通证的价值逻辑与货币逻辑相似，主要体现在流通价值和网络价值上，随着经济体GDP的预期变化而波动。在与现实社会联系更紧密的社会治理领域的通证经济设计中，应用通证可能会直接锚定到现实社会的法定货币。

2. 收益通证（Security Token）

收益通证对应某种基础资产或者组织的收益权，类似现实世界的股票、债券或者股债混合的衍生产品。收益通证的价值逻辑与现实社会的证券产品类似，随着收益预期变化而波动。

3. 资产通证（Asset Token）

资产通证对应某种资产的所有权，该资产本身不产生收益。资产具有保值增值的功能，资产通证价格变化与该资产的供需力量变化有关。

4. 治理通证（Governance Token）

治理通证代表通证的社区治理属性（政治属性），其他三类通证代表通证的经济属性，治理通证的价值逻辑与治理通证的具体内涵有关。

10.3.2　通证设计的原则与方法

通证经济成败的关键问题是基于经济体价值逻辑设计通证发行机制、共识产生机制、激励协调机制。

通证经济设计就是对于给定的一个经济或社会目标，在自由选择、自愿交换、分散决策和不完全信息等诸多前提下，能否设计出一套通证机制，使社区中每个当事人的个人利益与给定的目标相一致，从而"借风使船"来实现给定目标。从这个角度而言，通证的作用就是通过制度博弈将集体利益转化为个人利益，将长期利益转化成短期利益。

根据"机制设计理论"，制度博弈具有如下特征：

第一，制度博弈是一种可变结构博弈。博弈主体、策略、顺序等构成要素不是固定不变的，而是可以人为设置和调整的。比如在信用评价制度中，选择个人作为考核对象还是选择团队作为考核对象，博弈主体全然不同，这就为制度设计提供了多种选择。

第二，制度博弈是一种复合利益博弈。博弈各方争夺的利益对象可能同时有多种，或经济利益，或权力地位，或荣誉称号，林林总总，不一而足，因而是多元的、复合的、并存的，这就为制度设计提供了多种手段。

第三，制度博弈是一种有限追求博弈。博弈各方所追求的往往并不是"利益最大化"，有可能连自己的最大利益是什么都未必清楚。因而博弈主体愿意接受的结果，大多并不是一个精确数值，而是一个数量范围，这就为制度设计提供了弹性空间。

制度必须基于博弈均衡，反过来，调整博弈结构，就可以得到新的制度，这就为制度设计提供了指导思想与方法论。

第一，调整博弈主体。如在信用评价考核中，以个人作为考核对象，则是个人与考核机制进行博弈，采用团队考核，则是团队与考核机制进行博弈。

博弈主体发生了变更，进而带动博弈结果发生变化。

第二，调整博弈策略。如不玩"石头剪子布"，改玩"老虎杠子虫子鸡"，博弈策略就发生了变化，带动博弈结果发生变化。

第三，调整博弈次序。如将"我先你后"的出招顺序改为"你先我后"，就会导致博弈结果发生改变。

第四，调整博弈信息。信息是离散化分布的，每个人都掌握一些，每个人又都不完全掌握。将不完全信息变得完全，将不对称信息变得对称，或者反其道而行之，博弈结果也会发生改变。

第五，调整博弈收益。将与博弈结果相挂钩的收益重新做安排，反过头来也会影响博弈结果。

10.3.3　打造通证经济共同体

根据通证经济在不同领域的应用，通证经济共同体有三类：

1）产业共同体：将一个产业的设计、采购、生产、流通等各个环节上链，将核心企业与产业上下游甚至最终消费者实现区块链化的信息与信用连接，基于通证经济实现利益共享，重建产业链条的商业信用形成机制，打造新型的产业共同体。

2）消费共同体：消费共同体的关键，是让消费者也能参与到生态增值的分配。区块链经济是社群经济，要把原来的消费者角色转化为生态共建者，可以承担投资者、推广者、生产者等不同的角色，充分发挥消费者的力量，信息不对称与信任不对称被全面打破，将会实现C2B产销合一的生产范式。

3）社会治理共同体：党的十九届四中全会明确提出要建设人人有责、人人尽责、人人享有的社会治理共同体。社会治理共同体建设突出"人人"，即在建设人人有责、人人尽责、人人享有的社会治理共同体过程中，每个社会成员都是主体，均有参与的责任与义务，也强调了社会治理成果将为人人共享。

通证经济制度的两大核心是组织制度和交易制度，负责经济效益产出及经济效益分配。组织制度和交易制度需要构建一种紧密而制衡的关系，以防止通证的垄断和操纵。

经济体系具备风险性、激励性和流动性三大维度。好的经济制度要做到风险可控、激励最大化和强流动性。风险性和激励性具有一定的正相关，在完全竞争市场中，高收益、强激励、高风险，但高风险不一定强激励。流动性对风险性和激励性有一定的影响，流动性提供了退出机制，有激励作用，同时转移了风险。但流动性过高带来更多不确定性，也会增大风险，伤害激励性。让更多主体参与进来，实现权益降维、分权和流动性，可以增大激励性和分摊风险。

现实社会中的股票和货币为通证经济模型设计提供了绝佳的参考。股票是一种通证，构建了以股份公司和股票市场为核心的通证经济体系；货币也是一种通证，构建了以央行和金融市场为核心的通证经济体系。

区块链通证经济制度要以通证为核心，创造一种风险性、激励性和流动性匹配的组织制度和交易制度。

打造通证经济共同体必须要解决的问题：

希望获得的目标、行为或成果。

通证的价值来源与实现方式。

通证的发行机制。

基于通证的奖励与惩罚制度。

监督与异常处理制度。

10.4　证链分离的失败教训

10.4.1　证（币）链分离

2017 年 9 月之后，ICO 在全球范围内都已经面临强力的金融监管。区块链领域在是否使用通证方面开始分化成两个方向：无币区块链和传统产业通证化。

无币区块链：是指专注于分布式网络、共享账本、加密算法、智能合约等区块链技术在行业中的应用，视区块链为新一代 IT 基础设施，不在意基于通证的激励机制。

传统产业通证化：也称"证改"或者"链改"，把通证经济理念引入传统（非区块链和 DAO 的中心化组织）领域，利用通证设计激活传统经济活力，其代表为"行为挖矿"机制。

10.4.2　Fcoin 的瞬间崛起与死亡螺旋[一]

Fcoin 是 2018 年 6 月出现的虚拟货币交易所，意欲改变虚拟货币交易所的经营和治理模式。Fcoin 创新性地设计了"交易挖矿"模式，短期内就吸引了大批用户，平台推出 15 天，其日交易额就超过排名第 2~9 位虚拟货币交易所交易金额之和。但是随后进入了漫漫熊市，管理团队尝试了各种手段都没能阻止价格下跌，2018 年 8 月 16 日，Fcoin 停止运营，宣告失败（见图 10-1）。

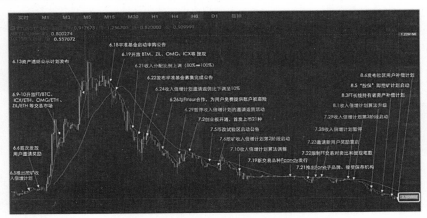

图 10-1　Fcoin 的崛起与死亡历程

Fcoin 的理念是致力于创建一个自治、高效、透明的数字资产交易平台，让交易员和投资者可以放心进行任何规模的交易，而无须担心平台的公正性和透明性、可靠性。Fcoin 的主要手段包括："交易即挖矿""100% 收入分红""邀请返佣"。

1）交易即挖矿：每日交易手续费返还，自每日 0 点开始，每小时都会将用户所产生交易手续费 100% 折算成 FT（Fcoin 发行的通证）进行累积，折算价格按该小时 FT 的均价计算（均价计算方式为：总成交金额 / 总成交量）。

将于次日上午 11 点开始发放当日所有累积的 FT 返还。

2）持币分红：Fcoin 交易平台的收入，会按照一个固定的比例分配给 FT 持有者。最初设定的分配比例为 80% 分配给 FT 持有者、20% 用于 Fcoin 开发及运营。

3）邀请返佣：平台将依据被邀请人每天挖矿产出 FT，额外奖励一定比例的 FT 给邀请人。邀请奖励每天发放，当日的奖励于次日返还给邀请人。邀请人享受的好友挖矿奖励起始时间为被邀请人的实际注册时间，有效时长 90 天。

4）社区化治理：持有 100 万个 FT 可成为社区合伙人，使得持币者拥有参与感及归属感，从而长期持有 FT。社区治理主要从两方面着手：参与重大经营事务的决策和参与社区委员会成员的选举。

从结果看，Fcoin 作为中心化交易所的通证化改造实验注定是失败的，这根植在 Fcoin 的机制设计之中：

1）资产透明是好的理念，但每日返佣，利益兑现过快，导致"羊毛党"横行，用户没有黏性和忠诚度。

2）正反馈短而易断，负反馈长且难破。

正反馈：FT 挖矿及分红的收益高，FT 需求大导致价格上涨，当二级市场买 FT 参与分红的收益与交易挖矿收益相同时，FT 达到供需平衡，即 FT 价格的顶点；现实中，FT 上涨过快，九个交易日就到达顶点。

负反馈：继续挖矿导致 FT 供给增加，FT 价格下跌导致挖矿产出增加，进一步增加了 FT 的供给，市场信心下降，投资人停止交易挖矿，导致收益和分红减少，FT 内在价值下跌，持有者抛售，直到 FT 市场崩溃。

3）制度变化过快。为了挽救 FT 价格下跌，6 月 13 日至 8 月 6 日期间，在不到两个月时间内，Fcoin 推出了 21 项公告和制度变化，包括：保险制度、平准基金、停止收入倍增、发布社区补偿等机制，导致用户丧失信任，加速出逃和崩溃。

4）在虚拟货币交易所这样的中心化组织结构下，社区治理机制不能发挥任何作用，仅成为运营团队的舆论压力来源和推脱责任借口。

Fcoin 的"交易即挖矿"机制开创了"行为挖矿"的先河，打开了传统产业通证化改造的想象空间。Fcoin之后，很多传统企业开始了"行为挖矿"模式。

10.4.3 其他行为挖矿分红生态案例[⊖]

火牛视频，自称是基于区块链技术开发的视频平台。火牛视频的目标是"让用户从平台上线的第一天起，就成为平台的股东，持续获得平台成长的红利"，也即通过各种激励机制让用户与平台利益绑定。但在本质上，火牛视频与区块链技术没有关系，仅仅是传统视频产业的通证化改造（见图10-2）。

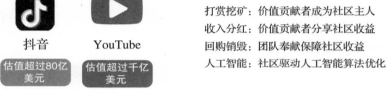

图10-2　火牛视频——传统产业通证化案例

火牛视频的挖矿与分红机制如下：

1）火钻是项目的通证，代表在火牛视频项目的权益。获得火钻主要有四个途径：

做任务（如点赞、邀请注册等）。

做内容（发视频或做直播）。

拉人头（拿充值分成）。

充值消费。

2）基于持有火钻的分红回购机制：资产透明公开，收入返还用户。火牛会将平台80%的收入定期分配给所有流通FB的持有者，共同分享平台成长。

火牛团队以15%的利润定期回购流通FB并销毁，提高回馈，保障FB持有者利益。

⊖ 参考资料来源：https://www.sohu.com/a/257235101_100197170。

在火牛视频行为挖矿与分红机制的刺激下,火牛的运营数据在短期内疯狂增长,两个月的时间就超过行业龙头三年多的运营数据(见图10-3)。

累计运营时长	56天	1000+天
累计数据	56天 200万付费用户	30天 72万付费用户
统计时间段	2018年8~9月	2018年1~3月

图 10-3 火牛视频的运营成效

火牛视频的通证制度设计存在的问题:

每日分成,利益兑现过快,导致"羊毛党"横行,用户没有黏性和忠诚度。

行为挖矿的利益引导机制:不同行为获取的火钻不同,在机制设计上引导用户将充值消费作为主要参与方式(见表 10-1 和图 10-4)。

消费返利分成机制:用户获得的返利金额不是根据自己的消费金额而定,而是根据后来的消费金额而定,导致用户一旦加入,就需要不停传销新用户。

前期为吸引用户,火牛项目自己补贴维持 1 分钱 / 火钻日的分红(火钻价格 0.1 元),时间持续近一个月,期间火钻的年化收益率 3 000%。

上述特征,使得火牛视频项目变成一个传销色彩浓厚的庞氏骗局,而且是迅速破灭的低劣版庞氏骗局。

表 10-1 火牛视频的通证制度设计

行为	投入	收益	收益区间
发布、直播、点赞、分享	无	按比例每天瓜分 136 万火钻	每天 0.01~1 元
邀请注册	无	每人头奖励 10~100 火钻	每拉一人 0.1~1 元
拉人头充值抽成	无	价值线下消费或收入的 10%~40% 的火钻	上不封顶
求充值打赏	无	价值打赏金额 50% 的火钻	上不封顶
充值消费	人民币	价值打赏金额 50% 的火钻	上不封顶
大小号互刷	人民币	价值打赏金额 50% 的火钻	上不封顶

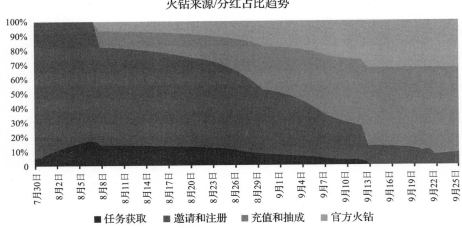

图 10-4　火牛的充值与分成来源

事实上，火牛视频项目在上线运营两个月后就戛然而止，用户充值无法退还，权益纠纷仍在进行中。

10.4.4　行为挖矿模式与"返利经济"

"行为挖矿"商业模式本质上是消费返利模式的变种和科技化实现。返利或者行为挖矿仅是实现营销获取客户的手段，但商业的本质还是为客户创造持久的价值，无论返利还是行为挖矿都没能为客户创造长期价值。"羊毛党"和传销的存在加速了营销手段的传播速度、成本和泡沫破灭的速度。

返利作为一种营销策略，在商业社会中一直存在。消费者是任何商品市场化最后的终端，返利给消费者，是企业文化和品牌文化快速占领市场的必要手段。然而，曾经有一批市场实操人士试图将返利模式化、理论化，宣扬"返利经济""消费资本论"等，脱离实体目标，单纯运作返利经济。互联网时代也出现了一批主打返利的网站，都先后失败。

迄今为止，还没有一项返利经济的案例获得持续成功，最后都落入了非法集资和传销的陷阱。

10.5　通证经济的困境

通证的价值在于动员组织更多的社会资源，形成基于通证的分布式共识形成机制，将社群个体的短期利益与群体的长期利益协同，激励引导社群中每一个个体的行为方式，为组织（中心化或者分布式）创造社会价值服务。

通证的发行和分配机制不能预置利益方，不能随意改变规则。在现实中，不管是 Fcoin 还是火牛，都是把手段当成目的。中心化发行机制和激励机制不是通证经济，而是返利经济的变种。项目运行过程中的资金聚集放大了人性的恶，最终都沦为非法集资和诈骗。

ICO 的出现把通证经济推向社会前沿，但是通证经济理论和商业模式设计还未成熟，ICO 中"空气币""传销币"等非法集资行为为通证经济的发展带来严重负面影响。ICO 和众多行为挖矿项目最终沦为骗局，使得通证经济面临很大的社会压力，通证经济舆论环境恶劣。传销诈骗、"羊毛党"的大行其道使得通证经济的设计和实施需要应对外部作恶，提高了设计难度。

第 4 篇

区块链3.0：
多链融合与资产上链

Chapter Eleven

第 11 章

———

区块链基础设施

11.1 公链开源项目

目前世界上最著名的区块链公链项目是比特币、以太坊和 EOS，在前文已经做过详细的介绍。根据赛迪区块链研究院与天德科技 2018 年 12 月 6 日发布的公链技术评测报告[⊖]，其他大部分公链开源项目的代码都与上述三大公链其中之一的代码重合度极高，不具有自主创新性，可以视为上述三大公链项目的衍生项目。

11.2 许可链开源项目

11.2.1 多链 MultiChain

多链 MultiChain 是 Coin Sciences 公司发布的一个区块链开源软件，目标是让任何人都可以自己创建和定义部署许可链。

MultiChain 基于比特币代码，并做适用于许可链的改造和优化，主要包括：

一切基本要素都可以设置，例如区块大小、允许哪种类型的交易和元数据定义等。

提供授权层面的设置，即定义"谁可以做什么"，谁能连接并发送 / 接

⊖ 天德科技. 全球公链项目技术评估与分析蓝皮书，http://www.tdchain.cn/tdchain/publicchain.html

收交易，谁能管理、发布资产并创建区块。

可以创建多种资产，而不仅仅是比特币。

快速部署，两步就可以生成自己的区块链，三步就可以连接上其他区块链。

能够支持每秒 1 000 次的交易。

兼容所有比特币的分叉和应用程序，但是与非比特币技术如以太坊等不能互通。

"Streams" 功能让开发者更容易地存储和检索区块链信息，如数据写入区块链的时间、写入者的信息等。

MultiChain 的应用场景主要是企业内部。当存在多个不相互信任的个体共享一个数据库时，这些个体都能向数据库写入数据，而不需一个中央个体来进行管理。支持去中介化，点对点交易，并可以限制交易的规则，以及可核实的资产数字化。

MultiChain 2016 年 2 月加入了微软 BAAS 平台。2018 年 1 月，1.0 版本发布，适用于 Linux、Windows 和 Mac OS 以及 Microsoft Azure。截至 2018 年年底，合作伙伴计划已经有 43 名企业成员，包括埃森哲、BCG、普华永道和 Worldline、Overstock.com 子公司等。

11.2.2　企业以太坊联盟 EEA

2017 年 2 月 28 日，一批代表着石油天然气行业、金融行业和软件开发公司的全球性企业正式推出企业以太坊联盟（Enterprise Ethereum Alliance，EEA），致力于将以太坊开发成企业级区块链。这些企业包括英国石油巨头 BP、华尔街投资银行摩根大通、软件开发商微软、印度 IT 咨询公司 Wipro 以及 30 多家其他不同的公司。

企业以太坊联盟的创建核心有两个主要目标。

首先，旨在创建一个企业级区块链解决方案，使其成员更容易遵守基于其行业的各种监管要求。但同时，还可以帮助他们更好地利用区块链带来的好处，可以实现更快的交易时间和更多的交易数量。

第二，试验新的治理模式，旨在给予受监管企业一定的控制权。具体来说，董事会机制将有助于创造一种责任。同时还会考虑其他各种基于区块链的治理模式，以进一步加强智能合约作者和开发独立项目的其他代码开发人员创建的"自组织"网络效应。

联盟轮值董事会的创始成员包括埃森哲、桑坦德银行、BlockApps、纽约梅隆银行、芝加哥商品交易所、ConsenSys、英特尔、摩根大通、微软和Nuco。区块链教育机构 IC3 也是董事会成员之一。

EEA 的研发以隐私、保密性、可扩展性和安全性为重点。EEA 还正在探索能够跨越许可以太坊网络、公共以太坊网络以及行业特定应用层工作组的混合架构。

EEA 旨在允许其成员打开私有区块链的特殊用途，这就意味着金融机构能拥有它们自己的区块链，而航运公司可以创建另一个符合它们用途的区块链。EEA 的成员企业将以一种确保企业流程能够插入到该平台、并且能从其优势中获利的方式来帮助开发开源以太坊代码库。他们之间的工作将由 EEA 进行协调，EEA 将引导一种基于以太坊区块链的标准区块链技术的设计，并根据所有企业成员的需要进行定制。

很多初始成员都已经使用以太坊开发了试行项目和生产环境，为企业需要带去了独特的理解，包括供应链溯源跟踪、银行间支付、数据共享、证券结算等。比如，摩根大通负责为该联盟开发区块链技术的基础——"Quorum"，这种银行领域的区块链系统代码已经被设计添加隐私保护及其他特点。摩根大通基于 Quorum 开发了跨境结算的 JPM Coin 应用。

11.2.3　超级账本 Hyper Ledger

2015 年 12 月，由 Linux 基金会牵头，IBM、Intel、Cisco 等共同宣布了超级账本（Hyper Ledger）联合项目成立。超级账本项目为透明、公开、去中心化的企业级分布式账本技术提供开源参考实现。超级账本首次将区块链技术引入分布式联盟账本的应用场景中，为未来基于区块链技术打造高效率的商业网络打下基础。目前，超级账本由面向不同目的和场景的八大顶级子项目构成：

Fabric：目标是区块链的基础核心平台，支持权限管理，基于 Go 语言实现。

Sawtooth：支持全新的基于硬件芯片的共识机制 Proof of Elapsed Time（PoET）。

Iroha：账本平台项目，基于 C 实现，带有面向 Web 和 Mobile 的特性。

Blockchain Explorer：提供 Web 操作界面，可查看、查询绑定区块链的状态信息，如区块个数、交易历史等。

Cello：提供区块链平台的部署和运行时管理功能，应用开发者无须关心如何搭建和维护区块链。

Indy：提供基于分布式账本技术的数字身份管理机制。

Composer：提供面向链码（Chain Code，超级账本上的智能合约）开发的高级语言支持，自动生成链码等。

Burrow：提供以太坊虚拟机的支持，实现支持高效交易的带权限的区块链平台。

Fabric 是最早加入超级账本项目中的顶级项目，面向企业的分布式账本平台，引入了权限管理，支持可插拔、可扩展，由 IBM、DIH 等企业于 2015 年年底提交到社区，是首个面向联盟链场景的开源项目。Fabric 基于 Go 语言实现，目前已发布 1.2 版本。

Fabric 的逻辑架构，就是技术组成部分，从应用程序端来看，包括了 SDK、API、事件。通过 SDK、API、事件对底层区块链进行操作：包括身份管理、账本管理、交易管理、智能合约的部署和调用。从底层区块链这一端来看，对外提供以下服务：成员管理、共识服务、链码服务、安全和密码服务。Fabric 通过将各个部分分离成不同的模块，做到可插拔性、灵活扩展性。Fabric 的基本技术框架如图 11-1 所示。

Fabric 节点间的网络架构如图 11-2 所示。Fabric 包含以下节点：客户端节点、CA 节点、Peer 节点、Orderer 节点，而每个节点的用途和权限也是不一样的。

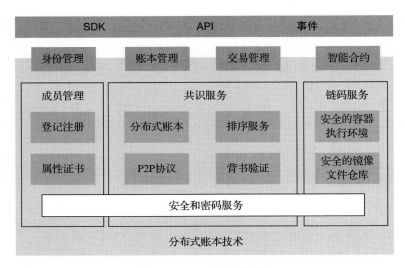

图 11-1　Fabric 的逻辑架构

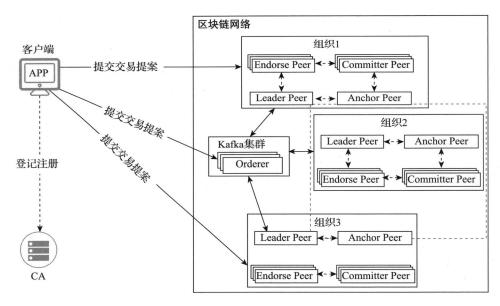

图 11-2　Fabric 的基本网络架构

Fabric 从功能上看主要作用如下：

提供分布式的部署方案。

自动将本地的数据操作如账户建立、数据插入等传送到全部节点上。

提供数据查询，并确保数据的准确性和安全性。

Fabric 由于其联盟链的特性，可以面向企业内部或多家企业之间的商业区块链应用场景，将区块链的维护节点和可见性限制在联盟内部，并用链码（Chain Code）重点解决联盟成员间的信任或信息不对等问题，以提高经济活动效率。Fabric 的主要应用场景如下：

金融服务：Fabric 可以有效降低交易成本和管控风险，减少跨组织的交易风险，其在金融领域的应用受到了不少银行和金融交易机构的主要推动。

征信和资产权属管理：Fabric 可以促进数据的交易和流动，提供安全可靠的支持。特别是资产权属的管理，利用区块链平台建立的多方信任机制，可以有效降低资产交易成本和违约风险。

国际自动化贸易和供应链管理：Fabric 可以简化管理流程中烦琐的手续。利用智能合约，贸易中的销售和法律合同可以数字化，可以实现货物监控和实时支付，大大降低了公司的运营成本。

11.2.4　金融区块链合作联盟底层平台 FISCO BCOS

金融区块链合作联盟（简称金链盟或 FISCO BCOS）是由深圳市金融科技协会、深圳前海微众银行、深证通等 20 余家金融机构和科技企业于 2016 年 5 月 31 日共同发起成立的非营利性组织。金链盟作为一个开放式组织，自愿遵守章程的金融机构及向金融机构提供科技服务的企业等均可申请加入。至今，金链盟成员已涵括银行、基金、证券、保险、地方股权交易所、科技公司六大类行业的 80 余家机构。

FISCO BCOS 的初衷是设计一个国内企业主导研发、自主可控、对外开源的满足金融行业需求的企业级区块链底层平台，并逐渐扩展至其他领域，适用于广泛的分布式商业场景，所以进行了自底向上的完整设计，并考虑了较多国内的特殊需求。FISCO BCOS 扎根金融行业，由金链盟管理。

根据 FISCO BCOS 白皮书，FISCO BCOS 旨在解决传统行业特别是金融行业 IT 基础设施的不足与痛点，包含操作风险、道德风险、信用风险、信息保护风险等方面。

FISCO BCOS 引入了多个特性，包含基于区块链网络的消息通信协议

（AMOP）、合约命名服务（CNS）、并行共识与并行计算、极强维护性和可视化的浏览器与监控。

在监管方面，FISCO BCOS 引入如下标准：风险数据整合，风险建模、分析和预测，实时交易监控、汇报和拦截，身份识别等。

FISCO BCOS 还在安全及隐私保护方面有重大突破，包括支持了多 CA 认证、国密算法、同态加密、零知识证明、群签名、环签名等。同时，FISCO BCOS 已在腾讯云上线区块链云服务，向企业及开发者提供便捷易用的区块链云服务，配合开源运营与生态建设，让 FISCO BCOS 成为更佳、更完备的联盟链系统。

11.3　区块链云服务 BaaS/BTaaS

11.3.1　BaaS 与 BTaaS

区块链云服务（Blockchain as a Service，BaaS）提供公链的实例服务。把区块链的节点和应用，比如比特币、以太坊等这类公链，直接部署在云平台。节点提供查询、交易、区块生成等操作。底层使用云计算资源和云存储空间，并支持公链的延伸应用。例如存证型区块链应用公证通（Factom）、数字身份型区块链应用优端口（uPort）等。利用云平台提供的容错、网络的多链路负载、计算资源的动态调整等技术，节省了节点的运行成本，提高了整个系统之间交互的效率，同时也为区块链浏览器、数字货币交易平台及一些现有的区块链系统提供开放的服务。

区块链技术云服务（Blockchain Technology as a Service，BTaaS）提供的是区块链技术架构接口，需要基于 BTaaS 开发部署个性化的区块链应用。云平台的区块链技术多指与云平台技术结合后的区块链架构或者区块链操作系统，主要是指 Hyper Ledger、Multichain、以太坊私有链等多个技术框架。使用这些框架去结合应用业务需求，开发出适合业务的应用。这种方式称为区块链技术云服务。

BaaS 与 BTaaS 的区别如图 11-3 所示。现实中提及 BaaS 的时候，通常既包括 BaaS 的含义，也包括 BTaaS 的含义，需要根据实际情况明确其内容。

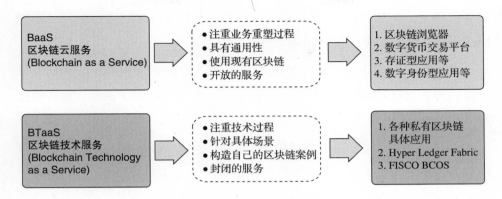

图 11-3　BaaS 与 BTaaS 的区别

11.3.2　云计算赋能区块链产业发展

BaaS 平台综合了云和区块链的优势，作为用户或开发者，只需要通过平台或者开放 API 等进行自己的需求管理和开发，底层技术能力均作为可插拔选项供其使用。简单说，BaaS 就是一个结合云和区块链的强大工具集。

在底层基础资源层，BaaS 通常依托云计算的能力，结合容器引擎、镜像仓库等提供统一的接口层，支持云端托管、安全监管、账户权限、一键部署等能力，并且底层云基础设施和服务对用户透明。

在网络层，Baas 平台支持如 Ethereum、Fabric、EOS 等托管区块链的典型网络，用户可以按需选择对应的网络应用。

在框架层，BaaS 平台支持账本、合约、鉴权以及共识机制全能力，提供丰富的可插拔定制的区块链场景参数。

在业务层，用户可以通过开放平台或者客户端、SDK、开放 API 等进行快速开发使用。

BaaS 在供应链金融、票据、跨境支付、信贷、物流和医药溯源等领域已经开始探索和逐步应用，市场的反应和接受程度远远超出预期。

11.3.3　国内外 BaaS 平台案例

1. 国外产品

微软 Azure：2015 年 11 月，微软与 ConsenSys 达成合作，在其 Azure 环

境里提供 Ethereum BaaS。2016 年 4 月，微软与由 43 家银行组成的 R3 联盟结成合作伙伴，在 R3 成员当中推广 Hyper Ledger。

IBM Bluemix Garage：2016 年 2 月宣布基于 Fabric 推出 BaaS，开发人员可以访问完全集成的开发运维工具，用于在 IBM 云上创建、部署、运行和监控区块链应用程序。

亚马逊 AWS：在 2016 年 5 月宣布与 Digital Currency Group 合作，向 DCG 投资的公司提供区块链云服务。2018 年 4 月，亚马逊 AWS 正式发布了基于 Fabric 的 AWS 区块链模板。

2. 国内产品

2016 年 6 月，微众银行开发的金融行业联盟链云 BaaS 发布，作为腾讯金融云 IaaS 平台与应用场景的中间层。

2017 年 11 月，沿用联盟链的思路，腾讯云正式发布金融级解决方案 TBaaS。TBaaS 构建于金融云之上。

2017 年 7 月，百度推出区块链开放平台 BaaS，主要是帮助企业联盟构建属于自己的区块链网络平台。平台依托于百度 Trust 区块链技术框架，适用于支付清算、数字票据、银行征信管理、权益证明和交易所证券交易、保险管理、金融审计等领域。

2018 年 8 月，阿里云宣布发布企业级 BaaS 平台，支持一键快速部署区块链环境，实现跨企业、跨区域的区块链应用。适用于商品溯源、供应链金融、数据资产交易、数字内容版权保护等领域。

2018 年 8 月，京东区块链防伪追溯平台 BaaS 正式上线，参与企业可直接使用自有区块链节点加入主链共同运营，将商品的原料、生产加工、物流运输、零售交易等数据上链。

11.3.4　BaaS 面临的挑战

1. 安全风险较大

BaaS 采用云的分布式架构来支撑业务扩展，数据存储和输出服务涉及客户权益保护，在信息互联网向价值互联网的过渡中，需要高度关注监管适应性和风险控制等问题。

2. 技术存在难点

服务提供方搭建一套功能完善、性能稳定的 BaaS 平台可能会面临诸多技术挑战，包括安全性、可扩展性、可感知性、负载均衡、底层资源普适性等。

3. 落地应用受限

BaaS 平台的推出，在某种程度上是区块链技术落地应用的里程碑，但目前仍处于研究阶段，真正实现区块链提升和改善商业的应用仍然乏善可陈。互联网巨头发布 BaaS 平台，都是基于自身已有的云服务，与数据库相差无几，真正落地应用非常有限。

4. 马太效应明显

BaaS 不仅需要花费高额的研发费用和大量硬件费用，还对技术的更新具有较强的依赖性，只有大型公司和高收入公司有能力负担，不管在国内还是国外，BaaS 几乎都是由商业巨头把控。另外，BaaS 供应商都在摸索阶段，产品存在较高的同质化问题。

11.4　数字身份

11.4.1　数字身份的发展历程

不管是互联网时代还是区块链时代，数字身份及数字身份的管理都是人机交互的基础。数字身份的理念与技术实现上经历了中心化身份、联盟身份、用户为中心的身份以及自主主权身份四个阶段[⊖]。

1）中心化身份：中心化身份是指由单一机构进行认证和管理的数字身份。在互联网早期，政府成为数字身份的唯一发起者和认证者。中心化身份时代的标识符就是早期的电信个人邮箱账户，邮箱背后代表了一个真实存在的个体。

⊖ 季宙栋. 区块链：通往自主主权身份的道路. 知乎. 原文网址：https://zhuanlan.zhihu.com/p/31563562。

2）联盟身份：联盟身份是指由多个机构或联盟来进行管理的数字身份。SUN 公司于 2001 年主导组织了"自由联盟"，让企业确保网站上身份资料和账号的安全，并为消费者提供不同网站的单点登录功能，减少重复输入个人信息的动作。联盟身份可以类比为 QQ、微信、微博的跨平台登录。联盟身份的初衷是希望建立一个真正的联盟，结果却形成了新的寡头统治。这个时期，中央集权的力量被分割成由几个强势巨头组成联盟。

3）用户为中心的身份：以用户为中心的身份实现跨个人或机构的数字身份管理。ASN（Augmented Social Network）为创建下一代互联网提出了新的数字身份标准，建议在互联网架构中建立"永存的在线身份"。ASN 最主要的进步是提出了"每个人都有控制自己数字身份权力"的理念。ASN 认为，中心化身份和自由联盟无法实现这些目标，因为"商业利益驱动"会导致将信息私有化以留存客户。

4）自主主权身份：自主主权身份是指由用户个人完全控制的数字身份管理模式。用户是身份管理的中心。在用户同意的情况下实现跨区域身份的互操作性，要求用户对该数字身份的真实控制，从而创建用户的自主权。自主主权身份还允许普通用户可以提出声明，可能是能力信息、职业信息、学历信息等。它甚至可以包含其他人所声称的信息。

11.4.2　eID 与可信身份认证

eID 是以密码技术为基础、以智能安全芯片为载体，由"国家公民网络身份识别系统"签发给公民的网络电子身份标识，能够在不泄露身份信息的前提下在线远程识别身份。从各类 eID 数字身份体系看，主要内容包括两大部分，一是区分，二是认证。

当前的身份认证模型，本质上就是用户向远程的服务端证明"你是你"，以确认客户端的动作都是用户本人发出并确认的。这个模型的两个端点分别是远程的服务端和用户本身。

可信身份认证模型都会在客户端侧隔离出一个独立的硬件环境，建立一个安全区域（可信执行环境），理论上这个隔离出来的硬件本身是难以攻破的。

安全区域将身份认证链条分割成了两个部分：

用户到安全区域，也叫本地认证，一般有以下几种方案：PIN 码、指纹识别、瞳孔识别等生物特征识别。

安全区域到服务端，建立一条可信的安全通道，主流的可信身份协议包括应用于网银 U 盾的 PKI/CA 协议，以及近几年比较火热的 FIDO、IFAA 两大统一身份认证标准。

可信身份认证模型的核心思路是在终端侧通过可信执行环境（Trusted Execution Environment，TEE）实现硬件隔离，同时结合密钥存储和密码算法运算，避免开放系统上的软件病毒、木马的攻击，在此基础上通过密码学算法，为应用服务商和用户之间建立一套端到端的安全认证协议，这是业界公认的可信安全技术框架。

11.4.3　数字身份的发展趋势

1. 传统 KBA 身份验证已死

知识验证（Knowledge Based Authentication，KBA）是一种认证机制，它通过让用户回答至少一个"秘密问题"来进行认证。2017 年 9 月，Equifax 被暴泄露超过 1.45 亿美国公民的个人隐私信息，这是美国历史上规模和影响最大的数据安全事件。Equifax 数据泄露之后，传统的 KBA 系统就已分崩离析。

2. GDPR 将确定隐私边界和数据使用规则

欧盟《通用数据保护条例》（GDPR）的正式施行提高了企业对数字身份治理的需求。GDPR 要求企业收集或共享个人信息时必须获得用户的明确许可，而且个人还可以随时撤销该许可。GDPR 适用于欧盟公民的任何数据，无论该公民及其数据在哪儿，因而其影响范围是全世界。

3. 生物特征识别让安全变得简单易行

智能手机和其他移动设备基本都默认内置了多种生物特征识别身份验证方法，在线生物特征安全便作为强在线身份验证的低摩擦方法而变得更加实用。用户在登录时，不用再输入一长串账号密码，而是改用生物识别（指纹、刷脸、瞳孔）技术和 USB 令牌。

4. 区块链数字身份促使身份自主权回归个人手中

当集中化身份系统的安全性遭遇挑战，区块链分布式账本技术为身份管理提供了更为安全的底层框架，并被应用于数字身份之中。通过数字身份和区块链的结合，身份验证和操作授权问题都得到了有效解决，可信的数字身份体系也自然成为区块链系统应用场景中不可或缺的部分。

5. IoT 扩展机器身份边界

计算机、机器人和 IoT 设备都需要访问计算和数据资源，这些都必须归入数字身份治理的范围之内。

11.4.4 区块链与自主权数字身份

数字身份将是价值互联网的"通用基础设施"。区块链不仅为明确实体（人、法人/组织、产权）创造数字身份，还赋予数字身份以更加宽广的外延，将身份认证延伸到智能合约、AI 等非实体，让一切都可以用身份来表达，并成为一种基础治理能力。法定数字身份将作为法定数字货币的载体，成为数字货币运行框架的重要模块，并激活释放信用的更大价值。

未来的数字身份不是一个数字化的公民身份或身份证，也不是简单的身份标识，而是用户能力、属性和行为的集合。通过区块链数字身份这个核心，将赋能并链接金融、零售、娱乐、征信、互联网、公共服务等多元场景形态，在为人们提供安全、可靠、自由的数字生活体验的同时，也为区块链的未来带去更多可能。

银行、金融服务和保险（Banking, Financial Service and Insurance，BFSI）这一垂直市场，预计将保持最大的市场规模。随着银行系统对身份验证需求的提升，传统身份识别方法使得识别过程更加复杂，区块链身份管理技术不仅简化了 BFSI 组织的客户身份识别（Know Your Customer，KYC）流程，而且还确保了用户个人信息的保护。所有这些优势都将鼓励组织在 BFSI 行业垂直领域采用区块链身份管理解决方案。

区块链分布式信任模型是身份管理的全新方式。区块链技术帮助用户掌控自己的身份，并在自己同意的情况下在可信实体之间分享身份。而且，没有任何一家机构能够危及用户的身份。

对于用户，可以获得便利简化的体验，轻松访问各种服务，改进隐私保护，对个人数据拥有更大控制力。

对于服务提供者，可以降低数据泄漏的风险和成本，实现有效的合规管理与监控，快速加入，改善用户体验。

对于监管者，可以实现标准化的流程，提高审计速度，提高合规控制、监控和质量方面的效率。

区块链数字身份领域还有很多问题待解决，比如技术标准尚未形成、市场认知有待提升、用户普及亟待加强等，但行业趋势已经显现，数字身份迎来全面爆发。

11.4.5　国内外区块链数字身份项目

区块链技术应用于身份认证，主要有两种思路：一种是创建新的基于区块链的数字身份，一种是将已有的数字身份信息置于去中心化的区块链之上[⊖]。

1. 由用户控制的身份

由用户控制的身份信息类似于一个社交媒体账户，需要创建一个新的基于区块链的数字身份。这个基于区块链的账户可以应用于全网。此外，用户可以基于不同情况授予或废除对其信息的访问权。

Sovrin：试图创建一个基于区块链的全球去中心化身份识别系统，其主权身份解决方案试图在相互交易的个人、组织和连接的设备之间建立信任体系。

uPort：该项目是基于以太坊的自主权身份 ID 应用，它允许用户进行身份验证、无密登录、数字签名并和以太坊上的其他应用交互。目前，uPort 正与瑞士城市楚格进行合作，建立基于以太坊区块链的数字身份认证平台。

IDHub：是基于开放原则的分布式数字身份平台，通过智能合约等技术

⊖ GSMA. Digital identities——Advancing digital societies in Asia Pacific, www.GSMA. com , 2018.06。

为用户塑造强主权身份，目前该项目已在佛山禅城区为 130 多万常住人口提供服务。

2. 数字身份认证

不同于用户控制的身份信息，身份认证意味着验证预先存在的证书，如驾照或出生证明，然后将该信息与区块链上的合法所有者绑定，有效地为传统的身份识别方法创建一个分布式的数据库。

SecureKey：专注于身份验证和账户安全管理的技术服务，它正在发行一个名为 Verified.me 的产品，帮助银行验证用户身份，并与 IBM 合作为加拿大银行建立第一家专为受行业监管而设的数字身份网络。

Civic：是一个基于区块链和生物识别的多因素身份认证系统，允许用户通过区块链共享和管理他们的身份验证数据，可以在移动端无须用户名和密码的情况下进行准确安全的用户身份识别。

ID2020：该机构联合微软、埃森哲和其他公司，正在建立一个平台，以帮助全球没有官方身份证明的人口，比如那些因为战争、灾难等原因而产生的难民群体，在一个分布式账本上注册身份。

11.4.6 数字身份应用案例

在数字身份的国际应用方面，已经有不少著名的案例，比如：英国为中央政府推出身份认证服务 GOV.UK.Verify；爱沙尼亚利用 e-Residents 项目为居民建立合法数字身份；新西兰推出 RealMe；印度则有 Aadhaar-Unique Identity Card。

IDHub 是基于区块链技术的去中心化数字身份应用平台，致力于对个人身份的有效性、真实性、唯一性进行合理验证，帮助用户建立完整、可信的"自主身份"，最终实现以数字身份链接一切（包括社会服务、数字资产、数字生活等）的愿景。

IMI（Intelligent Multifunctional Identity）数字身份是依托于区块链底层技术、基于可信数字空间构建的真实的自然人和法人信息的智慧多功能身份认证平台。用户可以通过扫描 App 中的二维码创建自己的数字身份，由具备相关认证权限的组织或个人认证之后，可以授权第三方服务平台查询或使用。

2017 年 6 月，基于 IDHub 技术的 IMI 数字身份系统在佛山市禅城区正式启用。IMI 数字身份系统作为统一认证接口，包括了 130 多万常住人口的用户画像。用户在取得实名认证服务权限后，可以获得公积金查询、交通违章查询、水电燃气费查询等多项服务。禅城公证业务也已经与 IMI 数字身份系统打通，为行政及社会公共服务系统提供了可信的数据依据，包括驾驶证登记信息、不动产登记信息、婚姻状况信息等。公证处将公证书上传至公证区块链，当其他部门需要核实其出具的公证书时，调取电子版即可，大大提高了审查核实工作效率。此外，申请人在其他部门窗口申办相关事务时，其他部门可调取该申请人曾提交给公证部门的相关资料，从而实现相同材料在不同系统之间的互通互认，有效解决过去一直被人们所诟病的由于信息孤立带来的获取难、核实难、效率低的难题。

11.4.7 区块链数字身份的障碍

从目前区块链技术和数字身份的特点来看，区块链数字身份依旧有一些阻碍和限制。

1）数据上链的真实性：区块链技术可以很好地保证链上数据的真实有效性，但是链下数据的上传有可能存在风险。线下的数据需要一个权威机构来进行认证。基于其认证结果将该信息进行上链，从而有效保证初始信息的准确性。

2）地域限制：区块链公链网络是一个全球性的网络，由于各国之间存在明显的界限，所以数字身份系统的全球化会受到一定的限制。在本国内，政府认证用户身份信息，并且可以访问、监督用户数据信息，但是跨国之间，系统是否相互连接、信息是否可以相互补充存在很大的疑问。

3）法律和监管的限制：法律对数字身份系统搭建者的法律地位和责任界定是否足够清晰，在系统运行过程中出现难以解决的纠纷问题时，相关的法律责任如何认定？

4）传统方案替代成本：中心化平台目前在性能方面仍然优于区块链，而且用户对于隐私保护的关注度还有待提升，不愿意承担平台转换成本。

Chapter Twelve

第 12 章

多链融合技术进展

12.1 星际文件系统 IPFS

12.1.1 IPFS 的目标与特点

星际文件系统（InterPlanetary File System，IPFS）本质上是一种基于内容寻址、支持文件多版本管理、点对点的超媒体分布式存储和传输协议，目标是补充甚至取代过去 20 年里使用的超文本媒体传输协议（HTTP），希望构建更快、更安全、更自由的互联网。从技术层面，IPFS 借鉴了区块链技术的经验，但与区块链技术没有直接关联。

对互联网而言，HTTP 是一场革命，在过去数十年时间里将发布信息的成本降到了最低，瓦解了经济、政治、文化管理机构对信息（音乐、视频、新闻、游戏等）传播的控制，使获取信息的渠道变得更加平等，过程变得更为简单。

但是，由于基于 HTTP 运行的 Web 内容是中心化的，数据中心的运作十分依赖 Internet 的主干网络，而且 HTTP 分发内容的方式从根本上讲是有缺陷的，特别是缺乏可分布性和可持久性，难以成为人类知识总和的永久载体。

1. HTTP 的中心化是低效的，并且成本很高

使用 HTTP 协议，每次需要从中心化的服务器下载完整的文件，包括网页、视频、图片等，速度慢，效率低。如果改用 P2P 协议的方式下载，可以节省近 60% 的带宽。P2P 网络将文件分割为小块，从多个服务器同时下载，速度非常快。

2. Web 文件经常被删除

当使用 HTTP 进行网络查找的时候，寻找的是文件在网络上的位置，但这个位置取决于服务器管理者，用户只能寄希望于服务器没有关闭、文件保持在原来的地方没有被移动。但实际上，HTTP 的页面平均生存周期大约只有 100 天。Web 文件经常由于存储成本太高而被删除，无法永久保存。IPFS 提供了文件的历史版本回溯功能，可以很容易地查看文件的历史版本，数据可以得到永久保存。

3. 中心化限制了 Web 的成长

现有互联网是一个高度中心化的网络。互联网是人类的伟大发明，也是科技创新的加速器。各种管制将对互联网的功能造成威胁，例如互联网封锁、管制、监控等，这些都源于互联网的中心化。而分布式的 IPFS 可以克服这些 Web 的缺点。

4. 互联网应用高度依赖互联网主干网

互联网主干网受制于诸多因素的影响，如战争、自然灾害、互联网管制、中心化服务器宕机等，都可能使互联网应用中断服务。IPFS 可以极大地降低互联网应用对主干网的依赖。

针对 HTTP 的功能特性，IPFS 的特点描述如下：

IPFS 是一个点对点超媒体传输协议，类似 HTTP 协议。IPFS 定义了基于内容的寻址文件系统和分布式网络上的内容分发协议，包括分布式哈希算法、P2P 文件传输和文件版本管理协议。

IPFS 是一个文件系统。用户将文件上传后，IPFS 将其转换成专门的数据格式进行存储，有文件夹和文件，可挂载本地文件系统。

IPFS 是一个 Web 协议，可以像 HTTP 那样查看互联网页面，未来浏览器可以直接支持 ipfs:/ 或者 fs:/ 协议。

IPFS 是模块化的系统，具有八层协议栈。典型协议层包括：连接层，通过其他任何网络协议连接；路由层，寻找定位文件所在位置；数据块交换，采用 BitTorrent 技术传输文件。

IPFS 是一个 P2P 系统，支持世界范围内的 P2P 文件传输网络，分布式网络结构没有单点失效问题。

IPFS 天生是一个内容分发网络（CDN），文件添加到 IPFS 网络，将会在全世界进行 CDN 加速。

IPFS 拥有命名服务（IPNS），实现基于自认证系统（SFS）的命名体系，可以和现有域名系统绑定。

12.1.2　IPFS 技术架构

IPFS 协议栈模型定义了八层子协议栈，从下至上为身份、网络、路由、交换、对象、文件、命名、应用，每个协议栈各司其职，又互相搭配（见图 12-1）。

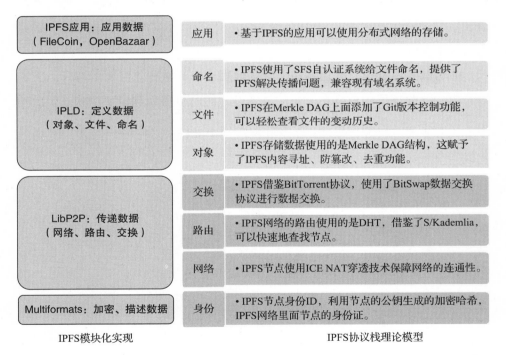

IPFS应用：应用数据（FileCoin，OpenBazaar）	应用	·基于IPFS的应用可以使用分布式网络的存储。
IPLD：定义数据（对象、文件、命名）	命名	·IPFS使用了SFS自认证系统给文件命名，提供了IPFS解决传播问题，兼容现有域名系统。
	文件	·IPFS在Merkle DAG上面添加了Git版本控制功能，可以轻松查看文件的变动历史。
	对象	·IPFS存储数据使用的是Merkle DAG结构，这赋予了IPFS内容寻址、防篡改、去重功能。
LibP2P：传递数据（网络、路由、交换）	交换	·IPFS借鉴BitTorrent协议，使用了BitSwap数据交换协议进行数据交换。
	路由	·IPFS网络的路由使用的是DHT，借鉴了S/Kademlia，可以快速地查找节点。
	网络	·IPFS节点使用ICE NAT穿透技术保障网络的连通性。
Multiformats：加密、描述数据	身份	·IPFS节点身份ID，利用节点的公钥生成的加密哈希，IPFS网络里面节点的身份证。
IPFS模块化实现		IPFS协议栈理论模型

图 12-1　IPFS 协议栈模型

身份层和路由层共同定义了对等网络（P2P 网络）的寻址功能。对等节点身份信息的生成及路由规则通过 Kademlia（KAD）协议生成制定。KAD 协议实质是构建了一个分布式松散哈希表，简称 DHT（Distributed Hash Table），每个加入这个 DHT 网络的人都要生成自己的身份信息，然后才能通过这个身份信息去负责存储这个网络里的资源信息和其他成员的联系信息。

网络层使用 ICE NAT 穿透技术来保障网络的连通性，使得 IPFS 节点可以和网络里面成百上千的其他节点通信。

交换层，IPFS 借鉴 BitTorrent 协议进行了创新，叫作数据交换协议（BitSwap），它增加了信用和账单体系来激励节点去分享，用户在 BitSwap 里增加数据会提升信用分，分享得越多信用分越高。如果用户只去检索数据而不存储数据，信用分会越来越低。这一设计可以解决女巫攻击[○]。

对象层和文件层管理了 IPFS 上 80% 的数据结构，大部分数据对象都是以 MerkleDag 的结构存在，这为内容寻址和去重提供了便利。文件层是一个新的数据结构，和 DAG 并列，采用 Git（Git 是一个开源的分布式版本控制系统）一样的数据结构来支持版本控制功能，这使得 IPFS 文件拥有了时光机功能，可以轻松查看文件的变动历史。

命名层具有自我验证的特性，当其他用户获取该对象时使用指纹公钥进行验签，这验证了用户发布对象的真实性，同时也获取到了可变状态。IPFS 加入了 IPNS 这个巧妙的设计，来使得加密后的 DAG 对象名可定义，增强可阅读性。

应用层，IPFS 的核心价值就在于上面运行的应用程序。可以利用 IPFS 类似 CDN 的功能，在成本很低的带宽下去获得想要的数据，从而提升整个应用程序的效率。

IPFS 的团队在开发时采用高度模块集成化的方式，像搭积木一样去开发整个项目。基于 IPLD、LibP2P、Multiformats 这三个模块，实现了除应用外的七层协议栈功能。

Mutiformats 是一系列哈希加密算法和自描述方式的集合，它具有 SHA1、SHA256、SHA512、Blake3B 等六种主流的加密方式，用以加密和描述节点及指纹数据的生成。

○ 女巫攻击模型是指在 P2P 网络中，一个网络节点伪装成多重身份，并且在网络中其他网络节点对于它的每一次伪装都认为是不同的节点，就像一个特工频繁地换衣服化装以达到特定目的。当这些伪装节点达到一定数量时，就成功发起了一次女巫攻击。

LibP2P 是 IPFS 实现模块的核心，面对各式各样的传输层协议及复杂的网络设备，它可以帮助开发者迅速建立一个可用 P2P 网络层，快速且节约成本。

IPLD 其实是一个转换中间件，将现有的异构数据结构统一成一种格式，方便不同系统之间的数据交换和互操作。现在 IPLD 支持的数据结构，包括比特币、以太坊的区块数据。这也是 IPFS 受到区块链系统欢迎的原因，它的 IPLD 中间件可以把不同的区块结构统一成一个标准进行传递，不用担心性能和稳定性。

IPFS 应用了这几个模块的功能，集成为一种容器化的应用程序，运行在独立节点上，以 Web 服务的形式供用户使用访问。

12.1.3　IPFS 与 FileCoin

FileCoin 是一个基于 IPFS 的区块链公链项目，用于搭建一个分布式存储网络。FileCoin 为用户提供的数据存储功能如下：

存储：付费存储，用户付费，矿工和 FileCoin 网络保证存储的安全性。
下载：付费下载，用户付费，矿工负责发送数据。
用户：不需要自己提供存储，也不需要自己提供节点。
存储内容：收费存储一切。

FileCoin 是运行在 IPFS 上面的一个激励性应用。IPFS 有巨大存储需求和节点需求，如果没有激励机制，无法解决分布式的节点和存储来源问题；FileCoin 把存储数据价值化，通过类似比特币的激励政策和经济模型，让更多的人去创建节点，让更多的人使用 IPFS。FileCoin 可以为 IPFS 贡献很多节点，同时带着一个巨大的分布式存储空间，解决了 IPFS 的需求问题。

FileCoin 代币（简称 FIL）是沟通资源使用者（用户）和资源提供者（矿工）的中介桥梁。FileCoin 协议拥有两个交易市场：数据检索和数据存储，双方在市场里面提交自己的需求，达成交易。

1. FileCoin 机制设计

FileCoin 市场分为两大类：

1）存储市场是把文件输入进去，存储起来。在链上撮合用户和矿工之间的订单，给出全球市场的报价，使矿工进行竞争记账，选出最优的矿工来为用户服务。矿工的硬盘容量和收益成正比。

2）检索市场是把用户的文件找出来。在链下进行订单的撮合，使用链下支付通道，力图将请求的延迟最小化。容量小但是带宽高的矿工有可能获得较好的回报。

FileCoin 中存储文件的生命周期包括四个阶段：

1）PUT 阶段：由客户端发起文件存储请求，并以 FIL 为单位出价，同时系统会撮合矿工和用户的订单，一旦撮合成功，交易便存储在区块链上。

2）SEND 阶段：上一步订单撮合完成后，客户端发送要存储的文件给矿工，矿工接收到这个文件，将它放入数据单元里，同时加密文件数据，并且验证之后发送到链上。

3）管理阶段：矿工不断以复制证明的方式和规则来证明他们在工作，客户端支付的金额是分期付款进行的，随着存储时间进程线性向前推进给矿工进行支付。

4）GET 文件：客户请求文件并支付 FIL 到检索市场之后，响应速度最快的矿工拿到这个文件的分发权。

矿工挖矿获取收益主要体现在两个方面：①需要不断地证明他在复制用户的数据、打包交易；②打包区块，这和比特币、以太坊类似。在速度方面也有考量，谁能快速分发内容给用户，谁便能获取更高的收益。所以拥有带宽、拥有高速硬盘而不是传统的机械硬盘的矿工将具有一定的优势。拥有硬盘容量将在共识机制上扮演比较重要的角色，创建有价值的存储服务和网络是挖矿的目的和结果。

2. FileCoin 共识机制

FileCoin 共识机制抛弃了以往区块链高度依赖计算资源和能源消耗形成的共识机制，重新利用有意义的工作来形成共识机制，这就是 PFT（Power Fault Tolerance），进化版的拜占庭容错机制。将矿工当前在网中使用的存储量和生成的时空证明转化为投票的权重，然后节点利用这个权重进行选举产生一个或者多个领导节点，领导节点创建新的区块并把它们传播到网络。

因此，FileCoin 的共识机制使用复制证明（PoRep）作为核心工作函数，并在时空证明（PoSt）中进行汇总，使用领导人秘密选举机制（SLE）选举产生领导者，最后达成预期共识（EC）（见图 12-2）。

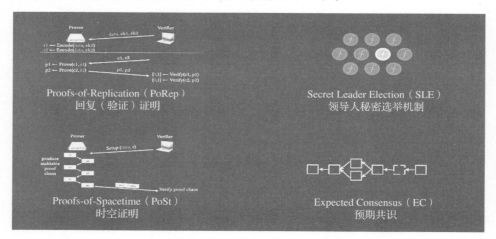

图片来源：IPFS 原力区，https://www.sohu.com/a/254538875_100222281

图 12-2　FileCoin 的共识机制

复制证明（PoRep）是这样一份协议：

证明者 P 可以向验证者证明，P 自身存储了数据 D 的一个特定副本，并且副本不会被重复地存储到同一个物理存储器中。

时空证明（PoSt）是这样一份证明协议：

允许证明方 P 随着时间的推移，将空间证明（或存储证明）集中到可审查的记录中，这证明 P 确实消耗了空间 S（或存储数据 D），并且维持了一段明确的时间 T。

基于时空证明的矿工投票权重，FileCoin 按照如下方式达成预期共识（EC）：

FileCoin 的共识协议策略是从每一轮里面选举出来一名或多名矿工来创建新的区块，矿工赢得选举的可能性跟矿工当前的有效存储成比例。

FileCoin 把矿工在网络中的当前存储数据相对于整个网络的存储比例转变为矿工投票权（Voting Power of the Miner）。

FileCoin 共识采用领导人秘密选举机制确定记账者。预期每轮都只选出一个记账者，但一些轮内可能未出现或者出现多个记账者。记账者通过创建一个区块并将其传播到网络的方式来拓展区块链条。在每一个轮次，区块链将被延伸一个或多个区块。在没有记账者的轮次里，一个空的区块将被添加到区块链中。虽然区块链中的区块可以线性排序，但它的数据结构是一个有向无环图。

预期共识（EC）是一个概率共识，每个轮次都比前面的区块更加确定。如果绝大部分的参与者通过扩展链或签名区块的方式将他们的权重添加到区块所属的链上，那么这个区块就被确定了。

FileCoin 有抵押机制，强制参与者选择一条链，通过巧妙地结合抵押机制，对同时挖多个链的矿工进行惩罚，这样可以非常快速地进行管理。

预期共识机制的缺点：

预期共识机制具有公平性、保密性、公开可验证性等特性，而它并非是完美的，它的问题在于出块的不稳定性；在每一个周期里面，预期选举出来的记账者是一个，但在某些特殊情况下也会选举出多个记账者。

每个周期内出现空块轮次的比例高达 36.78%，符合预期出现且仅出现一个区块的轮次比例仅有 36.78%。

3. FileCoin 存在的问题

FileCoin 为 IPFS 协议的使用带来了分布式节点和存储空间，是推广 IPFS 的巧妙手段。但 FileCoin 的机制设计中存在导致攻击的缺陷。

（1）外包攻击与时空证明。

时空证明（PoSt）：矿工需要证明他们将用户的数据存储在自己独立的物理存储空间中、在与用户商定的时间段内。存储矿工需要不断计算散列值，而散列值则需要用户数据来计算。如果矿工不能持续访问用户的数据，他们将无法提供获得奖励所需的证据。每计算 10 亿次，哈希结果将被发布到 FileCoin 区块链中进行验证。如果结果不正确，矿工将无法获得奖励。如果一个矿工被认为是一个错误的节点，那么矿工甚至可能失去作为矿工的代币存款。

外包攻击是指矿工可能将数据转移到其他地方，而不是存储在自己的硬盘上。其他矿工可能会做同样的事情。结果是多个矿工可能最终将数据存储在同一个硬盘中。

（2）价格波动可能会导致矿工的不正当行为。

在 FileCoin 网络中，自由市场决定存储 / 检索数据的价格。ICO 市场的历史证明，代币价格具有很强的波动性。为追求最大利润，矿工也可能违反与客户的合同，并在波动的市场中接受新的报价。这对于存储服务来说是不可接受的。

12.1.4　多区块链浏览器与桥接系统

将数据添加入 IPFS 中，就可以使用 IPFS 来浏览交易，同时可以直接在网络中浏览文件。IPFS 多区块链浏览器试图以将所有这些网站连接在一起的方式，将所有不同的区块链联系起来。比如可以在以太坊中嵌入能够连接到 ZEC 的链接，而 IPFS 能够解决这其中的所有问题。

FileCoin 桥接系统（Bridges）是旨在连接不同区块链的工具，计划支持跨链交互，以便能将 FileCoin 存储带入其他基于区块链的平台，同时也将其他平台的功能带入 FileCoin。

FileCoin 进入其他平台：其他的区块链系统，如比特币、ZEC，特别是 Ethereum，这些平台只提供很少的存储能力和非常高的成本。桥将存储和检索支持带入这些平台。桥的支持将允许这些系统以交换 FileCoin 代币的方式来保证 IPFS 存储内容。

其他平台进入 FileCoin：计划提供 FileCoin 连接其他区块链服务的桥。例如，与 ZEC 的集成将支持发送隐私数据的存储请求。

12.2　跨链技术

跨链项目的目标是解决特定区块链之间的信息和资产交换，针对不同应用领域而设计，所以这些跨链项目的通用性不是很高。

12.2.1 公证人机制（Notary Schemes）

在公证人模式中，使用受信任的一个或者一组团体向链 X 声明链 Y 上发生了某事件，或者确定该声明是正确的。这些团体既可以自动地监听和响应事件，也可以在被请求的时候进行监听和响应事件。

公证人模式在 R3 联盟的 Corda 项目中使用。公证人模式采用了中心化信任机制，灵活共识，无须工作证明或权益证明。交易仅在参与方和公证人间传播。公证人是交易双方共同选择出来的，具有高度可信的特征。公证人负责验证数据的有效性和数据的唯一性。由于 Corda 选择了最高安全性的公证人模式，因此在跨账本消息处理上变得较为简单。仅需选取不同账本的交叉公证人，或者强行指向同一个公证人，且让其对账本进行同步，即可安全地验证跨账本消息。

12.2.2 侧链（Sidechains）

侧链是以锚定比特币为基础的新型区块链，它以融合的方式实现新的金融生态目标（主要是智能合约），进一步扩展了比特币网络的应用场景。

如果一个链 B 能拥有另外一个链 A 的所有功能，则称链 B 为链 A 的侧链，链 A 为链 B 的主链。其中主链 A 并不知道侧链 B 的存在，而侧链 B 知道有主链 A 的存在。基于侧链的跨链技术项目包括 BTC Relay 和 RootStock。

BTC Relay 是一种基于以太坊区块链的智能合约，将把以太坊网络与比特币网络以一种安全去中心化的方式连接起来。BTC Relay 通过使用以太坊的智能合约功能，可以允许用户在以太坊区块链上验证比特币交易，如图 12-3 所示。

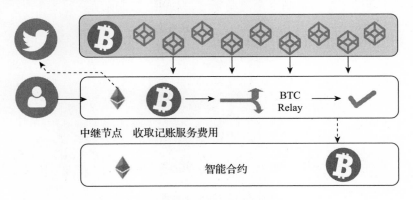

图 12-3 BTC Relay 工作原理

RootStock 是一个建立在比特币区块链上的智能合约分布式平台。它的目标是：将复杂的智能合约实施为一个侧链，为比特币网络增加价值和功能，如图 12-4 所示。

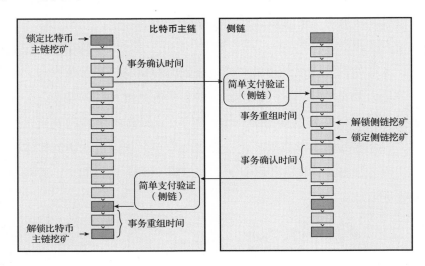

图 12-4　RootStock 工作原理

12.2.3　哈希锁定（Hash-locking）

哈希锁定模式的设计是希望链 A 与链 B 之间尽可能少地了解彼此，并作为消除公证人信任的手段。基于哈希锁定的跨链项目有 Interledger 和闪电网络。

Interledger 是由 Ripple 公司主导发起的跨账本价值传输开放协议。Interledger 不是区块链，它是连接各类账本的支付标准、统一协议。Interledger 专注于跨账本间资金流动领域，如图 12-5 所示。

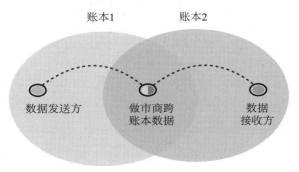

图 12-5　Interledger 实现跨账本资金流动

闪电网络的目的是实现安全地进行链下交易，其本质上是使用了哈希时间锁定智能合约来安全地进行零确认交易的一种机制，如图 12-6 所示。

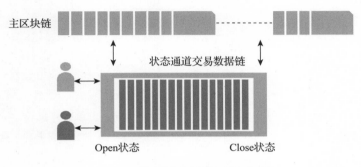

图 12-6 闪电网络实现链下交易通道

12.2.4 分布式私钥控制

分布式私钥控制是基于密码学技术，把一个区块链里面的私钥分成了 N 份，然后再把它分给 N 个参与者，每个参与者就掌握了一部分私钥。只有集齐了其中的 K 个私钥的分配之后，我们才能恢复出一个完整的私钥，才能够对这个私钥上面的资产进行解锁。采用分布式私钥控制技术的跨链项目有万维链（Wanchain）和 Fusion。

万维链通过分布式的方式完成不同区块链账本的连接及价值交换。它采用通用的跨链协议及记录跨链交易、链内交易的分布式账本，公有链、私有链和联盟链均能接入万维链，实现不同区块链账本的连接及资产的跨账本转移。但是，实现各种链映射到一条链上只是完成了第一步，如果上面的智能合约还是像现在仅为交易触发，没办法实现分布式运算和多触发机制，那么多币种智能合约能实现的仍然是相当有限的功能（见图 12-7）。

12.2.5 混合技术

Ether Universe 采用"公证人机制 + 侧链"混合技术，侧链技术首先实现高效通信，而公证人机制实现快速价值交换，是一套创新的解决方案。

Ether Universe 侧链技术实现以太坊网络与 EOS 网络通信。Ether Universe 通过第三方"连接器"和"验证器"连接以太坊网络、EOS 网络、其他网络，而分布式节点充当了连接器的作用。记账系统无须信任"连接器"，当所有参与方交易达成共识时，便可相互交易。

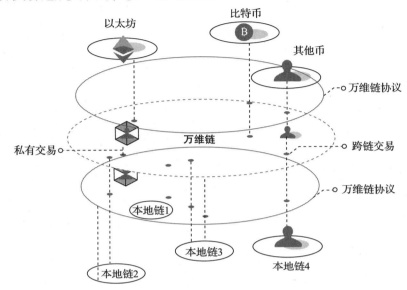

图 12-7 万维链工作机理

"公证人＋侧链"混合技术在性能上有天然优势，交易速度更快，每秒能承受 10 000 笔交易量，每笔交易的手续费不足 0.5 元人民币，比同行低 90% 左右，这让它在商业应用中具有较强优势，如图 12-8 所示。

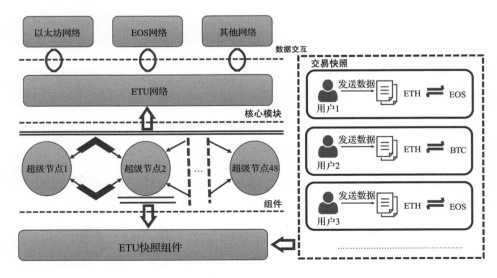

图 12-8 "公证人＋侧链"混合技术

12.2.6　去中心化交易所

去中心化交易所基于资产交易的理念实现不同区块链网的信息和资产互换。去中心化交易所协议包括 0x、loopring 和 kyber。

0x 协议引入了 Relayer 的概念。Relayer 可以理解为任何实现了 0x 协议和提供了链下订单簿服务的做市商、交易所、DApp 等。Relayer 的订单簿技术实现可以是中心化的也可以是非中心化的。Relayer 从成交交易中收取手续费获利（见图 12-9）。

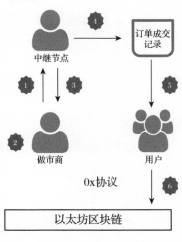

图 12-9　0x 去中心化交易协议

Looping 是 0x 的加强版，可以自动完成多环路撮合交易。

Kyber 引入了储备贡献者的角色，为代币储备库提供代币，引入了储备库管理者来管理运营储备库。储备管理者负责周期性设置储备库兑换率，并利用储备库为普通用户提供的兑换折价来获取利益，储备库与储备库之间是互相竞争关系，以保障给用户提供最优的兑换价格（见图 12-10）。

图 12-10　Kyber 储备库交易机制

12.3 区块链互联网 IoB

区块链互联网（Internet of Blockchains，IoB）是跨链技术的升级，旨在实现高性能、去中心化的通用跨链基础设施，并接入各种跨链应用。

12.3.1 Polkadot

Polkadot 技术是由以太坊核心开发团队（Ethcore）推出的公开无须授权的区块链互联技术。Polkadot 计划将私有链、联盟链融入公有链的共识网络中，同时又能保有私有链、联盟链的隐私和许可的防护措施。它建设了一个全新的交易层，并有机会将数百个区块链互相连接。

Polkadot 的核心思想是区分交易方发起和执行交易的方式，以及交易方统一记录的方式。Polkadot 提供基础的中继链（Relay-Chain），很多可验证的、全球动态同步的数据架构都建立在这个基础上，这些数据架构为平行链或互为侧链。区块链应用可以将以太坊分叉链，按照各自需求调整，通过 Polkadot 与以太坊公有链连接，或者给不同的链设置不同的功能，实现更好的扩展性和效率。

在 Polkadot 看来，其他区块链都是平行链，Polkadot 通过中继链技术能够将原有链上的代币转入类似多重签名控制的原链地址中，对其进行暂时锁定，在中继链上的交易结果将由这些签名人投票决定其是否生效。它还引入了钓鱼人角色对交易进行举报监督。通过 Polkadot 可以将比特币、以太币等都链接到 Polkadot 上，从而实现跨链通信（见图 12-11 ）。

Polkadot 目前还是以以太坊为主，实现其与私链的互联，并以连接其他公有链网络为升级目标，最终让以太坊直接与任何链进行通信。

12.3.2 Cosmos

Cosmos 是 Tendermint 团队推出的一个支持跨链交互的异构网络。Cosmos 采用 Tendermint 共识算法，类似实用拜占庭容错共识引擎，具有高性能、一致性等特点，而且在其严格的分叉责任制保证下，能够防止怀有恶意的参与者做出不当操作。

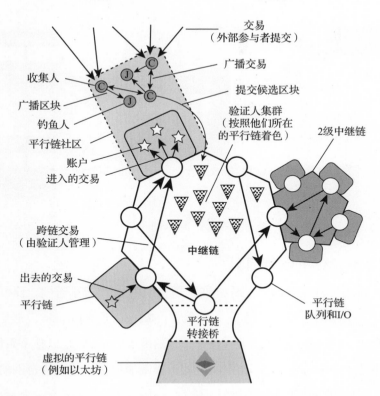

图片来源：https://blog.csdn.net/elwingao/article/details/53321480

图 12-11　Polkadot 工作原理

　　Cosmos 上的第一个空间叫作"Cosmos Hub"。Cosmos Hub 是一种多资产权益证明加密货币网络，它通过简单的管理机制来实现网络的改动与更新，还可以通过连接其他空间来实现扩展。

　　Cosmos 网络的中心及各个空间可以通过区块链间通信（IBC）协议进行沟通，这种协议是针对区块链网络的，类似 UDP 或 TCP 网络协议。加密货币可以安全、快速地从一个空间传递到另一个空间，两者之间无须体现汇兑流动性。相反，空间内部所有代币的转移都会通过 Cosmos Hub，它会记录每个空间所持有的代币总量。这个中心会将每个空间与其他故障空间隔离开。因为每个人都可以将新空间连接到 Cosmos Hub，所以 Cosmos 也可以兼容未来新的区块链（见图 12-12 ）。

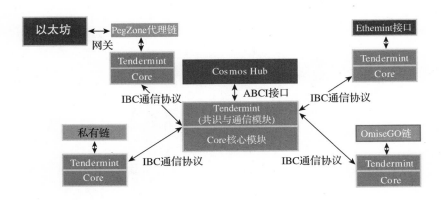

图 12-12   COSMOS 生态系统

12.3.3   链网的设计原则

现在的区块链互联网（简称链网）项目只考虑到了互通性，而没有考虑到完备性。中间链（或中继链），无论是 Polkadot 还是 Cosmos，都是一个中心化的架构。虽然中间链可以由一条分布式的链来完成，但是以整个系统来看，中间链还是一个中心化的组织。中间链的计算及通信量容易成为链网的瓶颈。

一个理想的链网项目，需要如下特性$^\ominus$：

支持多链式架构（Multi-chain Structure）：异构网络是由多条不同类型的、并行的链所构成的；同质网络是由一群相同类型的、并行的链所构成的。理想的链网项目需要支持异构网络互联的多链式架构，而不是同构网络连通的单链式架构。

互通性（Interoperability）：在异构网络上，每一对不同的链都需要有互通的协议。假设有 100 种链参加链网，如果采用点对点的数据互通，则需要 $100 \times 99 = 9\ 900$ 种互通协议。

可延伸性（Extensibility）：一个理想的链网可以像互联网一样，随时地、无限制地到处延伸。

可更改性（Modifiability）：一个理想的链网可以让任何机构或个人随

⊖ 蔡维德. 从大数据时代走向区块链时代：互链网新思维和新架构，https://www.8btc.com/ article/359033，2020.01.28。

时加入或离开，但是区块链架构不能改变，链网的架构也不能改变。

可复制性（Duplicability）：每个链可以很快地复制。如果链的复制很慢，链网需要很长的时间才能搭建起来，高可复制性可以迅速地搭建链网。

可管理性、非对称结构（Asymmetric Structure）：链网必须具有可管理性。正因为管理机制的存在，链网具有非对称结构。有些节点或链会比其他的节点或链更加重要，并拥有非对称的信息，例如监管机构、域名服务商、控制节点等。

层次性（Hierarchical Structure）：成为一个大型网络，链网必须具有层次性，高层次的链和节点具有不对称的权力。

一致性（Consistency）：每一条链都必须有自己的一致性，链与链之间也要有一致性的协议。

高可靠性（Integrity）：链网既然是一个价值网络，就必须具有高可靠性。

完备性（Integrity）：每一条链与每一条链的共识机制及消息的来源与可靠性是不一样的，因此不同的链的完备性是不一样的。低完备性的链不可以输送数据到高完备性的链，而高完备性的链可以输送数据到低完备性的链。如果高完备链接收了低完备链的数据，高完备链的数据就会被污染（Contaminate）。

Chapter Thirteen

第 13 章

稳定币及其意义

13.1 稳定币的历史与现状

稳定币（Stable Coin）只是一个习惯的说法，没有任何官方和个人曾给出稳定币的确切说法和解释。所以从通俗的说法中提炼信息，可以把稳定币简单地理解成"汇率价格波动微小的货币"[一]。

实用货币的职能有三：交换媒介、价值尺度和价值存储。如果货币价格在一天内波动 20%，它就无法有效履行其价值尺度与价值存储的职能。实际上，以比特币、以太坊、EOS 为代表的各类加密货币都经历过市值的剧烈波动，这也是加密货币难以成为有效的交易和储值货币的原因之一。因此，便有了对稳定币的需求。

截至 2018 年底，稳定币市值约 30 亿美元，仅占数字货币市值不到 2%，但日均交易量接近 30 亿美元，超过数字货币市场日均交易量的 20%；其中锚定美元的稳定币 USDT 市值超过稳定币市场总市值的 90%。

13.1.1 第一个稳定币 USDT

泰达（Tether）公司 2014 年推出世界上第一个稳定币 USDT。USDT 的诞生为加密货币投资的风险规避提供了一条重要思路，USDT 由此竖立起了稳定币的第一杆大旗。通过 1∶1 锚定美元，USDT 确保了其价值的相对稳定，从

㊀ Eichengreen, Barry. *The Stable-Coin Myth* . Project Syndicate, 2018。

2015 年至 2019 年年底，在近四年的漫长市场征途中，USDT 仅出现过为数不多的几次较大幅度波动，且很快就恢复稳定。

图 13-1 显示了以美元计价的 USDT 的价格趋势。图 13-2 显示了 2018 年全年以美元计价的比特币、以太坊、瑞波币以及 USDT 相对于美元的价格波动情况。

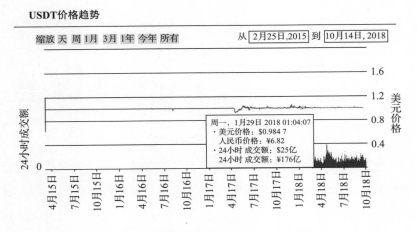

图 13-1　以美元计价的 USDT 的价格趋势

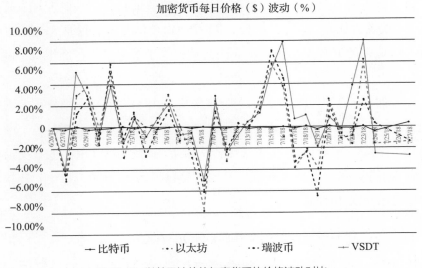

图 13-2　以美元计价的加密货币的价格波动对比

可以看出，以美元计价的 USDT 价格非常稳定，这应该也就是"稳定币"名称的来源。但实际上，USDT 的设计机制就是锚定美元，所以它的价格相对美元稳定本身是一个"循环论证"。无论如何，USDT 开创了稳定币的先河，并在接近两年的时间内，没有任何竞争对手出现。

USDT 诞生之初，由于法定货币与加密货币的交易通道顺畅以及用户习惯等原因，USDT 的交易量表现一直平平无奇，其日交易量在 2017 年之前甚至从来没突破 400 万美元（见图 13-3）。

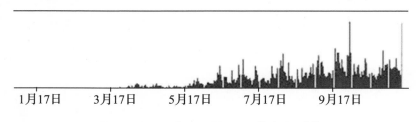

图 13-3　2017 年 1~9 月 USDT 的交易量走势

2017 年 9 月 4 日，中国人民银行等七部委发布《关于防范代币发行融资风险的公告》（以下简称《九四公告》）。《九四公告》将比特币定性为不具法偿性和强制性的非法定货币的商品，并认为："代币发行融资是指融资主体通过代币的违规发售、流通，向投资者筹集比特币、以太币等所谓'虚拟货币'，本质上是一种未经批准非法公开融资的行为，涉嫌非法发售代币票券、非法发行证券以及非法集资、金融诈骗、传销等违法犯罪活动。"《九四公告》将境内的 ICO 定性为涉嫌非法活动，等于否定了发行虚拟货币的融资行为。

《九四公告》为 USDT 的崛起带来契机。由于法币与虚拟货币的直接交易通道被禁，USDT 与比特币、以太坊等虚拟货币的交易相继在各个虚拟货币交易所上线。伴随着 2017 年底加密货币市场的暴涨，USDT 的日交易量最高达到 63 亿美元，至 2019 年底，日均交易量仍在 20 亿美元以上，比排名第二的稳定币高出 40 倍以上。

13.1.2　第一个合规稳定币 GUSD/PAX

从 2014 年到 2018 年，市场上共发行了七种锚定美元的稳定币（见图 13-4）。

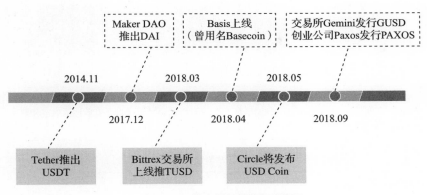

图 13-4　锚定美元的稳定币发展

2018 年 9 月 10 日，纽约州金融服务部（NYDFS）同时批准了两种基于以太坊发行的稳定币，分别是 Gemini 公司发行的稳定币 Gemini Dollar（简称 GUSD）、Paxos 公司发行的稳定币 Paxos Standard（简称 PAXOS），每个数字货币有 1 美元真实货币支撑，旨在提供具有法币的稳定性以及加密货币流通的便捷性和无国界性质的数字货币。

Gemini 与 Paxos 的美元稳定设计如图 13-5 和图 13-6 所示。

交易模式：基于ERC20标准，1:1锚定发币

★★★ 稳定性：与美元资产刚性兑付，由政府监管并且有托管方和保险方的信用背书
★★ 实用性：有以太坊网络的技术基础支持，但成本高，清算慢
★★ 信任性：有中心化抵押，有外部监管控制风险

结论：稳定性突出，与国家信用绑定

官方监管的特殊性体现在：
◆ GUSD完全由实物美元作为担保，且获得了政府颁发的交易许可证
◆ 每发行1枚GUSD都在银行账户存入1美元，保证可以提供足额兑付
◆ GUSD包含容许其"托管人"冻结任何账户的条款，实现中心化的强硬监管

图 13-5　GUSD 的制度设计

PAXOS STANDARD

Paxos：有明确监管和审计规则的单一币种抵押的稳定币

交易模式：基于ERC20标准，1:1锚定发币

★ ★ ★ 稳定性：发行受监管，对投资者是一种背书
★ ★ 实用性：通过智能合约自助结算，设计简约，为增加透明度也牺牲了成本和效率
★ ★ 信任性：中心化抵押，有外部监管控制风险

结论：稳定性突出，与国家信用绑定

技术优势：
◆ 基于以太坊网络、交易所、数字资产组织、机构投资者和个人投资者
◆ 相对成熟的智能合约模式，包括转账、结算功能
◆ 代币发行、持币数量及交易状态都公开可查询

合规体系：
◆ 有明确的监督方、托管方、担保方
◆ 授权发行，获国家/地方政府许可
◆ 定期审计，有信息披露义务要求

图13-6　PAXOS的制度设计

GUSD和PAXOS都符合纽约州金融服务部（NYDFS）的严格要求：

实施、监督和更新有效的基于风险的控制措施以及适当的银行保密制度（BSA）和反洗钱制度（AML），并接受美国财政部海外资产控制办公室（OFAC）控制条款。

实施、监督和更新有效的基于风险的控制措施，以防止和应对任何潜在或实际的错误使用稳定币现象，包括但不限于其在非法活动、市场操纵或其他类似不当行为中的使用。

警告消费者：如果稳定币已经或正在被用于非法活动，任何稳定币和/或兑现任何稳定币时可获得的法定货币可能会被没收。

警告消费者：如果存在法律秩序或其他法律程序，任何稳定币可能会被执法机构没收或扣押。

警告消费者：在交易使用已被执法机构冻结、没收或扣押和/或受到使用限制的稳定币时，可获得的任何稳定币或法定货币可能完全永久无法收回，无法使用，并可能在适当的情况下被销毁。

由 NYDFS 备案的信托公司发行。

在联邦存款保险协会（FDIC）保险的美国银行账户中以 1:1 完全抵押美元，这意味着流通中的此类代币数量将始终与预留的美元数量完全匹配，并且每月审计（外部）美元余额。

建立在以太坊区块链（设计为根据 ERC-20 标准编写的以太坊令牌）上，这意味着它们可以存储在任何以太坊钱包中。

主要适用于对冲其他加密数字货币的波动性，在银行营业时间之外结算交易，或用于降低跨境交易费用。

智能合约开源，让公众查看智能合约代码。

GUSD 和 PAXOS 的出现，意味着美元开始进行数字化尝试，在区块链数字法币领域布局。数字化美元有利于美元借助以太坊的全球公链网络穿透不同国家的外汇管制，增强美元的全球霸权地位。

13.2　稳定币的种类和运行机制

13.2.1　稳定币的种类

目前稳定币的实现模式根据抵押物、中介方、合规性、稳定机制、盈利方式的不同分为三类，见表 13-1。

法定资产抵押模式，基于中心信任和集中发行。目前市场上存在的各种锚定法币的稳定币以及委内瑞拉的石油币是此类模式的典型代表。

数字资产抵押模式，以去中心化的方式通过链上抵押资产发行。典型代表如 MakerDAO 的 DAI。

无抵押算法发行模式，与世界各地的央行一样，依托相同的经济学原理，利用类似于"公开市场操作"以及"准备金政策"之类的工具来谋求货币价格的稳定。典型代表如 Basecoin，它以"货币数量论"为理论基础，通过借助"Base 债券"与"Base 股份"来实现对稳定币供给的调节，使 Basecoin 与所锚定的目标价格相吻合。

表 13-1　稳定币的分类与案例

分类	代表项目及发行方	抵押资产	监管机构	合规监管	稳定机制	盈利手段
法定资产抵押（中心化发行）	Tether (USDT)	美元	会计师审计，目前已停止	无	无	利差 + 兑换手续费
	比特股 (Bitcny)	人民币	无	无	无	利差 + 兑换手续费
	TRUST (TUSD)	美元	第三方存管并审计	KYC/AML	无	利差 + 兑换手续费
	Gemini (GUSD)	美元	监管部门	有	存款保险	利差 + 交易手续费
	Paxos（PAXOS）	美元	监管部门	有	存款保险	利差 + 交易手续费
	DigixDAO（DGD）	黄金	第三方存管审计	无	无	交易 / 兑换手续费
	委内瑞拉石油币	石油	委内瑞拉政府	无	每个币一桶油	
数字资产抵押	Maker DAO（DAI）	以太坊	智能合约	无	简单算法	交易 / 兑换手续费
无抵押算法发行	Basecoin（Basis）	无	智能合约	无	复杂算法	交易 / 兑换手续费

13.2.2　稳定币的运行机制分析

1. 法定资产抵押的稳定币

这是最简单的稳定币设计方案。它是中心化的，必须信任托管人，托管人也必须值得信赖，还需要审计师定期对托管人进行审查。

根据法定资产的不同，可以分为法币抵押和实物抵押两种。

法币抵押：在合规的方式中，有存款保险，接受监管，更像是法币的数字化表示。

实物抵押：DGX 数字黄金，通过第三方托管，没有保险，兑付风险较高。

在法币抵押中，稳定币的设计机制是发行的数字货币与某种法定货币挂钩。任何挂钩都面临以下四重问题：

挂钩能承受多大的波动性（即下行抛压）？

维持挂钩的费用是多少？

挂钩可自行恢复的市场行为区间及难度有多大？

交易者可观察真实市场状况的透明度如何？

上述中最后两点很重要，因为货币挂钩与谢林点（Schelling Points）有关。如果市场参与者无法确定挂钩何时会疲软，就很容易引起虚假新闻散播或造成市场恐慌，最终引发进一步的抛售——从根本上说，就是一个死亡螺旋。透明的挂钩对于操控和舆论波动反应会更加稳健。

现实情况是，任何挂钩都可以维持，但只有在一定的市场行为区间内才能实现。对于不同的挂钩，其市场行为区间可能要比其他的更广。不过可以确定的是，至少在某些市场条件下，挂钩机制还是可以维持下去的。而每个挂钩机制所面临的问题是：它能支持多大的市场行为区间？

理想的稳定币应能承受大量的市场波动，无须过高的成本来维持，且易于分析稳定参数，并对交易者和套利者透明。这些特点可最大限度地提高其实际稳定性。

实物抵押要复杂很多。超额抵押是一种可行且在金融市场广泛运用的方式。超额抵押创造流动性并不是一件新鲜事，最早起源于中国古代的当铺，使得流动性的需求者与提供者无须进行价格发现过程，就可快速地获得流动性。比如有人有意愿出售收藏的名画获得流动性，但名画的准确估值是一件成本很高的事情，与其讨价还价，当铺不如直接给予名画持有者一笔明显低于其价值的贷款，然后双方协定在规定的时间清偿贷款和利息，名画物归原主。这种古老但十分有效的手段一直延续到现代金融的回购市场。

超额抵押品在常规时期有助于维持稳定币的评价和信心；但在市场信心崩溃时，市场连续下跌，稳定币持有者卖出挤兑，抵押者则会趁机打压市场，低价回购稳定币套利。因此，抵押品管理策略，包括合格抵押品的范围、价格、折扣率等，对于实物资产抵押稳定币运行至关重要。

法定资产抵押稳定币的特性总结：

优点：①百分之百价格稳定；②最简单；③由于在区块链上无抵押品，所以不易受到黑客攻击。

缺点：①中心化，需要一个值得信任的托管人来储存法定资产（否则容易被盗）；②成本高、清算慢；③被高度监管；④需要定期审查，以确保透明度。

2. 加密资产抵押的稳定币

如果放弃法定资产，用另一种加密货币的储备金来抵押稳定币，这样一来，一切都是在区块链上进行的，并不涉及法定资产。

但加密货币是不稳定的，这就意味着抵押品的价值会波动。因此加密资产抵押稳定币与实物资产抵押稳定币一样，都需要超额资产抵押，确保稳定币有足够的抵押品，以应对抵押品的价格波动。

基于这种模式且目前来看最成功的是 MakerDAO 项目发行的稳定币 DAI。DAI 的创新之处在于其抵押物为以太坊等链上资产，基于智能合约可以低成本地提供流动性。链上资产抵押的发行模式激励人们自发抵押配资，丰富了流动性的来源，且无须中心化网关和托管，消除了人们对中心机构的质疑。

假设用户存入 200 美元的以太币作为抵押，然后发行 100 个 1 美元的稳定币。那么稳定币现在拥有 2 倍的抵押物。这就是说，当以太币的价格下降 25% 时，稳定币仍有 150 美元以太币作为抵押品。每个稳定币的价格仍然可以是 1 美元。一旦发生清算，向稳定币的持有者提供 100 美元以太币，剩余的 50 美元以太币还给原储户。

但人们为何会愿意用 200 美元的以太币来创造 100 美元的稳定币呢？因为有两种激励措施：首先，可以给发行者支付利息，有些方案中也有这种做法。或者，发行人可以选择创造额外的稳定币作为一种杠杆。具体操作原理如下：如果储户储备了 200 美元以太币，那么他们就可以创造 100 美元的稳定币。如果他们用 100 美元稳定币再购买 100 美元以太币，就有了 300 美元以太币的杠杆头寸，实际由 200 美元的抵押品作为价值支撑。

上述过程中存在的一个问题是，如何实时获得以太坊等抵押物的价格以调整稳定币的抵押率数据，因为是链上加密资产抵押，其价格获取比实物资产价格要方便得多。对于实物资产抵押，这是一个无法解决的问题。

加密资产抵押稳定币是一个不错的想法，但有几个缺点。加密资产抵押的稳定币比法定资产抵押的稳定币更易受到价格不稳定的影响，极端情况下会导致自动清算。如果用以太币抵押稳定币，而以太币价格暴跌，那么稳定币会自动清算赎回以太币。防止这种情况发生的唯一方法是尽量多地抵押，这使得加密资产抵押的稳定币的资本更加密集。

加密资产抵押稳定币的特性总结：

优点：①更加去中心化；②可以快速、低价地清算为基础的加密资产抵押品（只是一种区块链交易而已）；③非常透明——便于每个人查看稳定币的抵押率；④可以用来创建杠杆。

缺点：①在价格暴跌时可自动清算为基础抵押品；②相比法定资产抵押币，价格不够稳定；③受特定加密货币的影响；④资本使用效率低。

首个使用该方案的稳定币是由 Dan Larimer 在 2013 年创造的 BitUSD（用 BitShares 作为抵押品）。目前，MakerDAO 的 DSI 被广泛认为是最有前景的加密资产抵押的稳定币（用以太币作为抵押品）。

3. 无抵押的稳定币

根据 20 世纪 70 年代哈耶克的观点，私人发行、无抵押、价格稳定的货币可能会对法定货币的主导地位构成极大的挑战。但是，如何确保其保持稳定呢？

铸币税股权（Seignorage Shares）是由罗伯特·萨姆斯（Robert Sams）在 2014 年提出的一种方案。其基本逻辑很简单：将智能合约模拟为中央银行，智能合约的货币政策将只有一项任务：发行交易价格为 1 美元的货币。通过控制货币发行量来调整市场供需，进而稳定发行货币的价格。

假设货币的交易价格为 2 美元，这意味着价格过高，或者说发行量过低。

为了解决这一问题，智能合约可以铸造新币，然后在市场上拍卖，以增加供应量，直到其价格回到 1 美元，这将为智能合约带来一些额外的利润。从历史来看，当政府铸造新币为其运营提供资金时，所得的利润被称为铸币税（Seignorage）。

假设其交易价格为 0.5 美元。智能合约买进市场上的货币来降低其循环供应量。但如果储存的铸币税不够买进货币呢？智能合约将发行股份，让股东享有未来的铸币税。

这是铸币税股权的核心理念。铸币税股权方法类似现实世界的平准基金运作方式。它可以暂时缓解下行压力，但如果抛售压力持续的时间过长，交易者将不再相信持有铸币税股权最终会获得回报。这将进一步压低价格，并引发死亡螺旋。

无抵押稳定币的特性总结：

优点：①无须抵押品；②最去中心化、最独立（不受限于任何其他加密货币或法定货币）。

缺点：①依赖于持续增长；②大部分易受加密资产下跌或崩盘的影响，并无法被清算；③很难分析安全界限或健康状况；④复杂性最高。

13.3　搅动世界的天秤币

2019 年 6 月 18 日，由全球社交网络巨头 Facebook 主导的数字货币天秤币（Libra）测试网上线并发布白皮书[⊖]。

Libra 的使命是建立一套简单的、无国界的货币和为数十亿人服务的金融基础设施。加入 Facebook Libra 计划的基本都是支付或互联网领域的头部玩家，包括信用卡清算巨头 Mastercard 和 Visa、线上支付系统 PayPal、线上旅游预订公司 BookingHoldings、电商平台 eBay 和 Mercado、线上打车平台 Left

---

⊖ The Libra Association. Libra Whitepaper，https://libra.org，2019。

和 Uber、流媒体音乐平台 Spotify、线上奢侈品平台 Farfetch 以及电信运营商 Vodafone 等。

Libra 体系有三个核心。据白皮书描述，Libra 是以区块链为基础、有真实的资产担保、有独立的协会治理的全球货币，货币单位为 Libra。Libra 将由真实资产储备作为担保，每个 Libra 数字货币都会有对应价值的一篮子货币和资产做信任背书，受 Libra 协会的创始成员监督，每位创始成员负责运行一个验证者节点。

Libra 的出现引发了全球的关注与讨论，在定位上它是全球性的数字货币；在技术上则是结合了 Facebook 的技术与区块链技术；从协会创始成员结构来看，是强化了这种数字货币的支付功能与交换媒介的作用；从它的储备基础来看，则是 IMF 特别提款权（SDR）的拓展版。

白皮书表明，Libra 的发展是一个过程，起点是支付，短期内可能颠覆全球支付体系；中点是重塑国际货币体系，中期内可能颠覆全球货币体系和全球货币政策体系；终点是再造全球金融生态，长期内最终颠覆和重塑全球金融市场生态和全球金融稳定体系。

13.3.1　Libra 对金融体系的潜在影响

1. 颠覆传统的电子支付

Libra 是以区块链联盟链为基础的点对点和去中心化的新一代支付系统，而不是目前环球同业银行金融电讯协会（SWIFT）和支付宝等所采用的银行账簿式的电子支付。区块链的架构使其天然具有直接跨境支付的功能，速度快、成本低、效率高，从而解决了传统跨境支付账本复杂、认证时间长、商业机构手续费高的痛点。因此，Libra 将首先挑战和颠覆现有的支付系统，直接和 SWIFT、Visa、PayPal、IBM World wide 等跨境支付系统竞争。而 Libra 一旦跨境进入当地市场，也会以其效率和低成本的优势颠覆像中国的网银、支付宝和微信支付等以本地市场为主的支付系统，或者阻止这些以本地支付市场为主的科技支付企业进入全球跨境支付市场。

2. 开创全新自金融生态

Libra 开创了一个线上线下结合的、用户自主性的、点对点支付的自金融模式。

Libra 从个人私钥本地生成，再到基于公钥生成钱包，最后基于钱包地址生成账户，整个过程都不需要中介机构，直接代替了原有商业银行的账户系统。

Libra 天然具有银行加资本市场的金融属性，可以承担直接融资和间接融资的金融功能。Libra 本身也是一种证券，是由传统资产抵押产生的凭证。一旦 Libra 开始使用，就会自然通过交叉产品销售进入细分市场。只要交易采用 Libra 定价，Libra 就会自动进入贸易融资、消费信贷、存款吸收、支付发起、资产管理等金融领域。另外，它还可以嫁接存贷款、证券发行、数字资产发行、去中心化资产交易、激活第三类边缘资产交易等金融业务，形成一个线上线下，银行、股市、债市、金融衍生产品集合的新金融生态。Libra 也由此几乎集央行和商业银行的属性于一身，同时具有直接发行货币和信用扩张的能力。

Libra 的金融属性广泛，其未来的金融服务可能涉及支付、跨境支付，将纳入央行第三方支付监管范围；Libra 作为资产，将受到证券监管机构基于众筹、证券发行、消费者保护等一系列的监管；而 Libra 可能涉及的贷款、资产管理等，也将涉及这些领域的金融监管。

Libra 未来可能的发展和可能的对各国法定货币和国际金融系统的冲击，包括对中国的支付系统、资本管制以及金融系统、人民币国际化和金融经济安全的挑战。鉴于目前 Libra 协会会员大都是美国企业，美国监管层对 Libra 保持较高程度的影响，预计美元资产占比也会高于 60%。从储备资产维度，Libra 和美元互相支持。在目前中美经贸摩擦大背景下，Libra 实际上是加强了美元的霸权地位。

3. 推动形成新的国际秩序

以 Libra 为代表的数字货币和支付系统合一的构想很可能推动第三次国际货币体系的变革。这将是线上和线下结合、自下而上的自由跨境流动的货币。

如果 Libra 能大规模应用，全球货币竞争格局将被分为线上和线下两个部分并相互影响。Libra 一篮子货币的构成也将影响各国货币的竞争力，被大比例纳入篮子的货币，比如美元，其全球地位将被加强，而未被纳入该篮子的货币将会进一步被边缘化，对弱势货币形成贬值压力，一些小国的主权货币甚至存在消失的可能。

Libra 作为存款凭证进行支付的工具，自然会有货币创造和货币乘数，Libra 协会就可能成为数字世界的中央银行，这将颠覆现有的全球货币金融体系。Libra 也可能会对金融风险蔓延起到推波助澜作用。如果一篮子货币中的某一种货币出现危机，持有该货币的民众就会倾向于将本币兑换成 Libra，从而引发该货币进一步的贬值，加剧风险蔓延。

Libra 也可能会加大货币波动。被纳入 Libra 篮子的货币会有通过发行货币兑换 Libra 的冲动，这可能导致竞争性印钞局面出现。而自下而上和同时同步的技术特性以及 Libra 跨境流动时的不规则性，也会对现行跨境资本流动和管理形成挑战和冲击。

Libra 在现有主权货币竞争上增加了一个电子层面的竞争，由于电子竞争的技术和规模垄断优势，"赢者通吃"现象普遍。篮子货币通过 Libra 载体增加其法定货币的竞争优势，造成新的竞争不公。由此，Libra 的运营会侵蚀相当一批主权货币。

13.3.2 Libra 的进展情况

Libra 对传统金融体系的潜在影响引发了全世界的强烈关注。

2019 年 7 月 16 日，美国参议院银行、住房和城市事务委员会就 Facebook 的新加密货币 Libra 举办听证会。

2019 年 7 月 17 日，美国众议院金融服务委员会举行有关 Facebook 虚拟货币的听证会。

Facebook Libra 项目团队负责人 David A. Marcus（PayPal 前总裁）出席听证会，并就数据隐私、监管、反洗钱、纳税等美国国会议员关心的问题做了陈述。在听证会上，Marcus 强调在监管问题完全解决前不会急于发行 Libra 货币，但同时也指出虚拟货币是全球重要的发展趋势，由 Facebook 牵头推进更加符合美国国家利益。

议员们多次打断 Marcus 的发言，来自两党的成员们也全程对 Libra 表现出非常一致的质疑和反对意见。多位议员表示，他们担心 Facebook 通过 Libra 进入金融界为全球金融带来风险，同时也担心 Facebook 如何保护用户的支付数据信息。

听证会后，美国众议院金融服务委员会表示，将会讨论起草一项"Keep Big Tech Out of Finance Act"法案（让大型科技公司远离金融领域法案），以阻止类似 Facebook 的科技巨头成为金融机构，阻止它们创建数字货币。

欧洲方面也同样对 Libra 反应强烈。

2019 年 9 月 13 日，法新社报道，法国经济和财政部长 Bruno Le Maire 表示，他们将阻止社交媒体巨头 Facebook 的加密货币 Libra 在欧洲发展。德国财政部长 Olaf Scholz 表示，政府必须否决 Facebook 的 Libra 项目。

2019 年 10 月 13 日，七国集团（美、英、法、德、日、意、加）发表的一份报告列举了加密货币的九大问题，包括确保不能用来洗钱、不能用来资助恐怖分子、不能对全球金融体系构成风险等。而且，即便解决了这九大问题，Libra 项目也不会得到监管机构的批准。各国官方的态度非常明确，尽一切可能封杀 Libra。

在政治和舆论的压力下，几个全球性金融机构退出了 Libra 的发起机构会员。

美国财政部致函 Visa、Mastercard、PayPal、Stripe 等机构，要求他们全面概述其合规计划以及 Libra 项目将如何适应这些计划。这使得 Libra 项目的合作伙伴面临的压力骤增。

2019 年 10 月 5 日，国际支付巨头 PayPal 宣布退出 Facebook 牵头的 Libra 项目。10 月 11 日，信用卡巨头 Visa 和 Mastercard、数字支付初创公司 Stripe、电商巨头 eBay 以及拉丁美洲支付应用公司 Mercado Pago 宣布退出 Libra 项目。这意味着 Libra 项目在两周内失去了五家重要机构的支持，意味着 Facebook 损失了此前为 Libra 集结的大部分力量，而 Facebook 原本希望通过 Libra 这种数字货币使自己成为电子商务和全球汇款的参与者。

2019 年 10 月 14 日，作为 Libra 的构建和管理机构，天秤币协会（The

Libra Association）正式成立。这家位于瑞士的非营利组织由包括 Facebook、Uber、Spotify 和 Coinbase 在内的 21 家公司组成。该协会是一个新的管理机构，它将负责对 Libra 的运行进行监督。

2019 年 10 月 24 日，Facebook 创始人扎克伯格作为唯一证人出席关于 Libra 的又一次听证会。扎克伯格表示：Libra 不想与任何主权货币竞争，也不想进入货币政策领域，它仅是一个数字支付系统。中国有一部分金融基础设施比美国要先进得多，美国必须要在现有基础上建立更现代化的支付基础设施。扎克伯格同时强调：不会在没获得美国政府许可的情况下，强行推出 Libra 数字货币。

2019 年 11 月 12 日，Facebook 宣布推出移动支付应用 Facebook Pay。Facebook Pay 与微信支付和支付宝非常相似。Facebook Pay 基于法币（美元）交易，需要绑定银行卡使用，之后可以在 Facebook 上购物、捐款以及购买游戏或者票务类产品；可以在 Facebook 聊天应用中进行转账。Facebook Pay 与 Libra 相比，产品中没有过多理想化色彩的宣传和前沿技术的运用，是一个朴实而实用的支付工具。

2019 年 12 月 19 日，美国《财富》杂志发表文章称，Facebook 内部的员工已经开始使用 Libra，而 Libra 协会目前仍由 Facebook 资助，Libra 协会的创始成员尚未缴纳最初承诺的 1 000 万美元的会员费。

13.4 稳定币的作用与风险

稳定币的发展将能大幅减少区块链资产和以法币为基础的金融资产间的隔阂，为区块链资产打开众多新的应用场景。稳定币在区块链领域的重要性越来越突出。

13.4.1 稳定币的作用

避险资产（Store of Value）：充当避险资产是稳定币诞生的最初愿景，规避市场下跌风险。在市场行情大幅下行的情况下，把其他数字货币换为 USDT 等稳定币可以规避市场下跌风险。

除了在虚拟世界中作为避险资产外，稳定币也可以作为现实世界的避险资产。在面临经济和货币危机的国家，如伊朗、土耳其、委内瑞拉、阿根廷和津巴布韦，比特币的交易活动都曾经大幅度增加。当具有强信任的稳定币出现时，有理由相信上述情形下，比特币的交易会转化为稳定币的交易。

交易媒介（Medium of Exchange）：在强监管的区域和环境中，稳定币可以作为比特币等虚拟数字货币的交易与结算媒介。

价值尺度（Measure of Value）：加密数字货币波动性很大，无法作为价值尺度实现对其他资产的定价职能。锚定法币的稳定币，则可以实现对现实世界物理资产及虚拟资产的定价。

短期借贷需求（Pegged Lending）：稳定币可以解决短期流动性问题，用户可以把自己的虚拟数字货币换成稳定币，并且随时兑换成所需的法币。

稳定币要实现两个"跳跃"，才能达到实用性的目标，成为一种流行的稳定币，如图 13-7 所示。

图 13-7　稳定币走向实用的两个跳跃

第一个跳跃是稳定币在技术层面实现与法币或者现实中所锚定的资产相锚定。第二个跳跃是稳定币获得人们的广泛使用。

第一个跳跃的技术路线在前面稳定运行机制分析中已经描述，技术上主要围绕可信任、易用性、稳定性等特质进行平衡。

第二个跳跃是商业化跳跃，稳定币被更多的人使用才有价值。目前稳定币主要面临政府政策、虚拟货币交易的接受程度、个人交易市场繁荣程度等商业因素影响。

首先是政策因素。稳定币本质上也是一种区块链数字货币，同样面临着各个国家法律的监管。稳定币商用在某种程度上侵犯了所在区域的货币主权，需要得到相应国家和地区的授权或认可才是合法的。

　　其次是虚拟货币交易所的接受程度。交易所的接受程度代表一个稳定币在虚拟数字世界的认知和接受程度，优秀的稳定币一定要尽可能地在更多交易所使用。

　　最后是个人交易市场的繁荣程度。区块链数字货币与电子货币不同，区块链数字货币的货币即支付，交易即结算；稳定币一定要得到承兑商和商业场景的认可才能方便地被大家购买和使用。

13.4.2　稳定币的风险

　　稳定币本身存在很多风险，以目前最大的稳定币 USDT 为例，其发行方 Tether 已经很长时间没有公布过账户资产的审计报告，公众无从得知 Tether 发行的 20 多亿枚 USDT 是否有相应的美元储备，也几乎没有用户从 Tether 官网上将手中的 USDT 成功兑换过美元。时至今日，USDT 超发几乎已经成为公认的事实。

　　从 USDT 的案例看稳定币存在的风险如下：

　　法律风险：稳定币面临发行方欺诈、虚拟数字货币交易所非法经营、卷款跑路、洗钱等数字货币领域常见风险。

　　技术风险：黑客攻击智能合约，导致货币超发的风险。

　　集中风险：稳定币市场很可能出现赢者通吃局面，目前 USDT 市场占有率过高，USDT 的自身信用风险可能引发市场整体动荡。

　　金融稳定风险：在法定数字货币缺位的情况下，私人发行数字货币相当于获得铸币权，将冲击目前世界上以央行为主构建的全球信用体系。

　　国际货币体系和主权风险：美元稳定币的发展将增强美元国际主导地位，形成对经济不稳定和通胀国家的实质性货币替代。

　　资本管制风险：基于区块链公链的稳定币穿透了主权国家的资本项目管制，模糊了"离岸"和"在岸"货币市场的边界，对以居民、非居民为主的跨境资本管理框架带来冲击，增加了打击非法跨境资本流动的难度。

13.5 关于稳定币的再思考

13.5.1 稳定币的设计重点

稳定币名称中的"稳定"二字，给稳定币本身带来很多概念上的误解。"稳定"不是稳定币的本质和目标。事实上，长期稳定的货币不存在，无论是美元还是黄金都不稳定。如图 13-8 和图 13-9 所示。

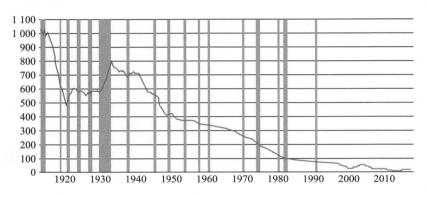

图 13-8　美元价格指数图

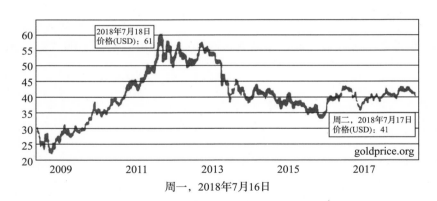

周一，2018年7月16日

图 13-9　黄金价格指数图

通常在稳定币设计的考量中，有透明性、自动性、复杂性三个维度。现实中，在这三个维度都处于低水平的 USDT 攫取了最大的市场份额。而诸如 Basis、DAI 仍然未获得大众的支持。

在诺贝尔经济学奖获得者、瑞典经济学家本特·霍姆斯特罗姆看来，货币市场与股票市场有着根本的不同。股票市场是为了提供风险分担，而货币市场是为了提供流动性。很重要的一点是，货币市场天生是不透明的，不透明性在很多情况下反而可以提供更好的流动性（见表 13-2）。

表 13-2　货币市场与股票市场的差异

股票市场（代币市场）	货币市场（稳定币市场）
提供风险分担	提供流动性
不断的价格发现	避免价格发现
价格敏感	价格不敏感
透明	不透明
无期限	短期限
非紧急	紧急
流动性昂贵	流动性便宜

资料来源：潘超 @ 知乎. 见 https://zhuanlan.zhihu.com/p/37096957。

不透明性可以增加流动性，但这不意味着不需要透明性。提供有效的、加总的信息要比提供原始信息更有助于流动性。这点在 USDT 体现得淋漓尽致，Tether 公司的官网上专门有个"透明化"网页，上面记录了资产余额和 USDT 的发行数量信息。资产余额是一个模糊的词语，用户并不清楚 USDT 背后的真实资产代表着什么，但其他人同样也不知道。市场上的"对称无知"达成了均衡——大家都不清楚 USDT 背后的资产组成，但仍然使用 USDT。

稳定币最重要的是民众共识和使用需求，这应该是设计的重点。

13.5.2　稳定币的深远意义

围绕稳定币的尝试更加深远的意义在于拉开了资产上链的序幕。资产上链首先需要解决的是确权保证、防伪造和可审计性三点。而当前在政府监管下、基于法币做资产抵押进行稳定币的链上发行的尝试如果被证明可行，可以为解决上述问题并实现更广阔的资产上链场景找到潜在的解决方案。

对于锚定法币发行的稳定币而言，其抵押的法币首先是作为物理世界的资产而存在的。尽管稳定币项目的抵押物是通过中心化托管的模式来进行的（数字资产抵押模式采用的是智能合约自动托管），但成功打通了链上价值与链下价值的通道，这也为未来其他资产的上链找到了一种可以借鉴的方式。

未来现实世界中的实体资产、金融资产，将可以通过一个合规、透明、高效的托管机制大量上链，比如房产、黄金、能源等。而其他互联网原生的个人权属数据信息产生的价值可以直接上链并通过智能合约转化为一定的加密数字资产，比如消费、出行、财务等大数据，个人信用信息、个人医疗信息等隐私类信息。届时，一个能充分发挥区块链高效价值传输网络作用的数字世界将扑面而来。

因此，从价值定义方式来说，稳定币更适合被称为"锚定币"（Anchoring Coin）。从沟通链上链下价值逻辑的功能来说，稳定币应被称为"桥梁币"（Bridge Coin）。

Chapter Fourteen

第 14 章

通证证券化与证券通证化——STO

14.1 证券通证的法律含义与认定

证券通证（Security Token，ST）是各国政府将以 ICO 为代表的融资行为纳入监管后的结果或者"应激反应"，是各国政府（特别是美国政府）在不出台新的监管政策的情况下，将现有加密通证发行市场纳入传统金融监管的尝试。

14.1.1 美国关于证券的法律含义

为了实现对日益泛滥的各种各样证券的发行进行有效监管，在多种政治原因的影响下，1911 年，美国堪萨斯州通过了第一个蓝天法案（Blue Sky Law），将所有股票、债券或证券的销售（除某些政府相关债券和票据外），都纳入规制范围，以此对投资银行及各种证券发行的监管提供合法性依据，从此，证券发行需要接受实质审查（Merit Review），以减少投机证券的泛滥。

美国 1933 年《证券法》在制定的过程中，深受各州蓝天法的影响，《证券法》第 77b 条对证券进行了定义，力图将所有证券都纳入其中："包括任何票据，股票，库藏股，债券，信用债券，债务凭证，息票或任何利润分享协议，担保信托证券，公司成立前的认股证书，可转换股份，投资合同，表决权信托证书，任何有形或无形财产权益证书，通常称之为'证券'的任何权益或权益工具，任何与上述项目相关的权益证书、认权证书、暂时或临时的证书、收据、权证、认购权、购买权。"

如此详细列举且比较周详的定义条款，直接将所有的非豁免的证券全部纳入其中，目的即在于实现对证券市场的充分、全面监管。此后，在 1934 年、1982 年、2000 年和 2010 年，该条款先后进行四次修订，不断结合当时的经济发展情况与证券市场监管要求，对证券的外延进行扩充。

1982 年的修订将"与证券、存托凭证、一组证券或证券指数相关的任何卖出权、买入权、跨式套利权、期权或优先权（包括其中或以其价值为基础的任何权益），与全国性证券交易所中外币相关的任何卖出权、买入权、跨式套利权、期权或优先权"纳入了证券的定义。

2000 年的修订将"证券期权"纳入证券定义。

2008 年金融危机之后，基于对繁杂的资产证券化相关证券产品的监管需求，美国又对"互换"产品的监管权进行了划分，将"基于证券的互换"（Security-based Swap）纳入证券定义之中$^{\ominus}$。

SEC 关于证券监管的核心理念是：合格投资人管理，反贪污洗钱制度，信息披露要求，投资人锁定期限。

14.1.2　美国关于证券的认定标准

1933 年以后，美国的州和联邦法院也在解释证券的定义上下足了功夫，特别是通过对 SEC v. W. J. Howey Co. 案、Landreth Timber Co. v. Landreth 案、Reves v. Ernst& Young 案等案件的解释，逐渐明晰了"投资合同"、"股票"和"票据"的检验标准，为法院参与证券市场治理提供了相对明确的边界。

在适用该标准时，法院采用"实质重于形式"的原则，即法院看中的是投资行为的实质，而不论其表面称谓是否叫"股票""证券""债券"。

在实务操作中，测试由具备资质的律所进行，并出具法律意见书，然而测试结论的弹性却非常大。

1. 股权类证券

股权类证券是最为典型的证券产品，一般包括股票、认股权证、新股认购证书、证券类期货产品等。在美国 1933 年《证券法》的证券定义中，其还

$\ominus$ 吕成龙.我国《证券法》需要什么样的证券定义.政治与法律，2017（2）。

包括了库藏股，息票或任何利润分享协议，公司成立前的认股证书，可转换股份，表决权信托证书，存托凭证，石油、天然气或其他矿产权的小额未分割权益，与证券、存托凭证、一组证券或证券指数相关的任何卖出权、买入权、跨式套利权、期权或优先权，通常称为"证券"的任何权益或权益工具，任何与上述项目相关的权益证书、认权证书、暂时或临时的证书、收据、权证等。此外，美国有法院裁判甚至将有限责任公司（Limited Liability Company）的份额亦作为股权类安排下的证券。

在 1985 年 Landreth 案的审判中，美国最高院司法解释把股权类证券的特征认定为：

1）根据利益的分配获得股息的权利。

2）可流通性。

3）能够被抵押或者质押。

4）根据持股比例拥有相应的投票权。

5）增值功能。

作为一种新兴的融资方式，股权众筹产品是否属于美国 1933 年《证券法》第 77b 条定义的范畴、发行监管方式、是否应该豁免等问题也曾不明朗并困扰行业多年。直到 2012 年，美国《创业企业促进法案》（Jumpstart Our Business Startups，JOBS Act）通过后才有初步定论——该法对募集金额、发售方式、门户网站身份定位、披露义务进行了规定。

2. 投资合同类证券

在美国，投资合同是否属于证券是各州及联邦法院长期争论的问题。作为一种类似兜底条款的存在，以期为投资者提供《证券法》的保护，投资合同出现在美国 1933 年《证券法》的证券定义中。虽然从蓝天法案到现在的联邦证券法、各级判例法，一直难以就该问题得出明确的结论，但在漫长的司法实践中，美国的法院逐渐创制了一些检验标准来判断某种投资合同是否属于证券。

直到 1946 年，哈威测试成了检验性质模糊、罕见的投资计划是否属于证券的重要标准，联邦及各州法院也自此有了一个相对统一的判断标准。哈威测试的内容如下：

1）是金钱的投资。

2）该投资期待利益的产生。

3）该投资是针对特定事业的。

4）利益的产生源自发行人或第三人的努力。

该定义中"金钱"的概念不断扩大，可延伸为资产的投资。特定事业的定义可以是对项目的投资。如果投资者自身的行为将决定盈利是否产生，则该投资将不构成证券。实际上，美国司法上的"投资合同"具有一定兜底的功能，目的是尽量将各种各样的证券纳入监管范围。

3. 债权类证券

一般来说，债务类安排的证券产品包括票据、债券、信用债券、债务凭证等，在这些产品中，债券不难理解，票据（Note）则争议颇多。1990 年 Reves 案，法院提出了"家族类似性"（Family Resemblance Test）的判断标准，以甄别某种票据是否是证券。

票据的判定首先需要与七种特定的非证券的票据进行比较，这七种票据包括消费融资票据、家庭房屋作为抵押担保的票据、以小型营业或某些资产作为质押的短期票据、银行因融资而给付的票据、应收账款让与权作为担保的短期票据、日常经营业务范围内所产生的账上债务的票据和公司因经营需要而向银行融资所得的票据。如果某种票据与这七种票据没有很强的相似性，则极有可能被认定为证券，否则，就可能被作为商业消费票据，而不受证券法律的监管。

法院需要审查票据的动机、分配计划、预期及其他规制方式的可能性，以此来最终判定有关票据是否为美国 1933 年《证券法》的证券。

4. 资产支持证券 ABS

资产支持证券没有被明确列举在美国 1933 年《证券法》第 77b 条中，但 2008 年金融危机却凸显了资产证券化监管的必要性。根据美国《多德弗兰克法案》第 943 条，SEC 有责任对资产支持证券市场进行一定的监管，鉴于资产支持证券的具体操作情况，哈威测试与 Reves 测试都需要相应地加以适用。

上述测试只是 SEC 和法院使用的工具，最终是否认定为证券，SEC 有最后的解释权。

14.2　证券化的通证——Securitized Token

证券通证（Security Token）从本质上来说有两重含义。一是证券化的通证（Securitized Token），二是通证化的证券（Tokenized Security）。

证券化的通证是 ICO 在证券法监管要求下的延续。在证券法监管下的加密通证发行被简称为 STO（Security Token Offing）。相比 ICO，STO 在证券法的要求下具有如下合规性限制：

投资者资质限制：美国的非合格投资者将不能再投资 STO 项目，在美国发行和出售证券的 STO 发行人必须在 SEC 注册或获得豁免权。这也意味着，根据 SEC 的监管要求，STO 项目将只能向合格投资者或者非常富有的人发行。

二级市场交易限制：由于合规门槛的存在，证券化的通证只能在持牌的交易所进行交易（拥有所在国的证券交易牌照）。此外，在一定的时间段内，证券化的通证也只能在合格投资人之间交易。

相比 ICO 成本更高：STO 平台服务提供商（例如承销商）可以提供服务来确保 STO 活动遵守了 SEC 的监管要求，但成本会增加很多，融资金额也会降低很多。

合规监管是 STO 的重点关注事项。目前，只有美国明确了 STO 的监管框架，证券化的通证需要接受 SEC 及其他相关机构的监管，发行证券化的通证的主体也将受到联邦法律的约束。证券化的通证需要在 SEC 注册，并需遵守证券法的种种规定。

根据美国 1933 年颁布的《证券法》，任何证券（股票，债券，各类票据）的出售都需要在 SEC 注册。但当发行方满足证券法规定的特定条件时，可以豁免 SEC 注册（仍然需要接受监管），仅需要 SEC 备案，如 Reg A+, Reg D,

Reg S 等。条款 D 是主要的私募融资法规；条款 S 是监管面向海外投资人的法规；条款 A+ 相当于小 IPO，需要提供两年经审计的财务信息。通过选择以上三个条款之一发行证券类通证，发行方将节约巨大的成本，但得符合监管机构的合规规定（见表 14-1 ）。

表 14-1　豁免 SEC 注册的证券发行条件

主要条款	Reg D		Reg S	Reg A	
	506（b）	506（c）		第一层	第二层
募集金额限制	无	无	无	2000 万美元	5000 万美元
证券类型限制	无	无	无	不允许资产支持证券	不允许资产支持证券
是否需要 SEO 审核	否	否	否	是	是
是否需要所在地注册	免除	免除	—	需要	免除
禁售期	有	有	有	无	无

14.3　通证化的证券——Tokenized Security

证券通证的另一个含义是通证化的证券（Tokenized Security），是指利用区块链技术改造传统金融的技术和业务逻辑，这将会引发传统金融的巨大变革。

通证化的证券具有极大的应用空间和发展潜力。从市场规模上看，全球有超过 70 万亿美元的股票资产，超过 100 万亿美元的债券资产，超过 230 万亿美元的不动产资产（住宅约 180 万亿美元，商业 32 万亿美元等），上述各类资产都可以进行通证化，以提高效率，降低交易成本。

具体而言，通证化的证券具有如下好处。

1. 降低监管摩擦

交易摩擦的产生，很大原因是因为监管的复杂性。比如，监管规则可以在资产类型、投资者类型、买方管辖权、卖方管辖权和券商管辖权等多个维度上发生变化，每一个维度都有众多的监管组合和管理交易的多个监管机构。此外，监管合规通常需要通过一系列独立的交易实体记录来验证交易的所有权和合规性，因而保持合规性增加了交易的延迟和成本，分割了市场，降低了流动性。

通证化的证券是合规的代码化体现，交易的监管从一个个割裂的平台审批变成写入程序的自动化行为。监管要素将被系统化地硬连接到证券的体系结构中，市场参与者的合规成本也因为规模化和自动化而大幅降低。

监管的无摩擦（Frictionless）甚至可能会让监管机构主动要求市场主体"通证化"。

2. 交易全球化、提高市场效率

通过将监管程序化的方式，降低监管成本与难度，打破监管机构之间、国家之间的壁垒，使资产在不同国家和地区之间的交易更加便捷，基于区块链的跨国证券交易、甚至去中心化市场的合规证券交易将成为非常普遍的市场选择。因为这些通证可以在世界范围内销售和交易（只要符合规定），资产的定价将更加公平，价格发现机制更有效率，因此对投资人具有吸引力。

3. 降低成本、拓展金融服务能力

传统的 IPO 发行费用和时间成本极高，占到募资额的 4%~7%（根据普华永道 PWC 的数据统计）。而采用 STO 的方式，减少中介的参与，成本将大大降低。

STO 将扩大中小企业融资渠道。仅在美国，每年就创建了超过 65 万家公司，但是华尔街、硅谷和天使投资者没有为创业公司提供足够的资金。因此，受监管且符合要求的 STO 可以帮助中小型企业获得新的融资渠道。

4. 金融创新的巨大空间

通证化的证券提供的可编程监管和交易逻辑，或为证券的设计开拓出新的道路，证券及其衍生品未来将会被更形式化和数学的语言重新定义与拓展。

从经济学的理论来审视，可编程的证券是一种对有限理性（Bounded Rationality）的扩张，它将允许我们构建以前不可能执行的契约特性，从而更接近完全契约（Complete Contract）的新经济形态。

公司治理：公司治理结构表现为一系列契约的集合，当契约以通证的形

式存在时，持有公司发行的通证化的证券的投资者名义上应该是公司的"股东"。公司治理结构将以可编程的形式存在，为治理形式的创新留下了空间。比如，创设公司治理通证，持有股票的时间越长，获得的选票就越多，相当于创始人在产品上市时创造了一种拥有 10 倍投票权的股票。

新的金融产品形态：除了现有金融产品的各类形态（ABS、MBS、各类权证等，不管多复杂）都可以通证化之外，新的金融产品形态一定会被创造出来，比如持有通证化的证券的投票权和股息权被分拆出来进行抵押，去偿还房屋的贷款（资产拆分和信贷交叉）。信贷在多个维度上实现扩张。

增强资产流动性：比如一个封闭期为 10 年的私募基金，投资人只能在 10 年后才能收回自己的投资，但如果将基金通证化，那么投资人可以随时买卖基金份额，实现资产的流动。

14.4 STO 发行与交易

STO 的产业链涉及四个主要主体：项目方，发行解决方案机构，交易所，周边服务机构。

其中，交易所的政策准入门槛最高，需要取得政府监管机构颁发的证券交易所的牌照（比如美国的另类交易 ATS 牌照）。发行服务商和周边服务提供商则围绕项目方提供技术、合规、流动性等服务，为通证的发行与交易提供保障。

14.4.1 发行解决方案

STO 需要特定的发行技术解决方案（协议层面的解决方案）以支持法律合规的服务。由于证券类通证对投资者有要求，因此在发行和交易通证时，需要约束在合规的投资者之间或者其他条件的限制中。

在传统金融领域，合规的实施是通过交易所、结算公司和证券公司配合完成的。但在去中心化的区块链公链世界，一旦通证发行到投资者手中，合规要求就难以执行，因此需要在智能合约中嵌入可执行的合规指令，相当于将监管和合规要求进行了程序化。因此，需要协议层面的技术解决方案和技术服务机构帮助项目方完成此项工作。

目前主要的发行解决方案包括：

ERC1400 协议：基于以太坊实现的通证发行协议，结合证券相关的业务场景，主打监管功能，方便用户以合法合规方式在以太坊网络发行证券。

ST20 协议：Polymath 公司推出的对标以太坊 ERC-20 的 ST-20 标准，以更模块化的方式实现了证券通证发行的流程。

R-Token 协议：Harbor 项目是可以让传统投资机构无缝接入区块链的一个开源平台，基于 Harbor 平台 R-Token 协议的一套标准化流程，可以保障标的企业将传统投资在合规条件下按部就班地转移至区块链平台。

SRC20 协议：Swarm 项目利用 SRC20 协议对现实世界资产进行通证化。通证化的现实世界资产变成在 Swarm 区块链平台上易于管理、治理和交易的"虚拟资产"。

DS Token 协议：Securitize 项目推出的 DS Token 在兼容 ST20 和 R-Token 的基础上，还充分考虑了证券类通证的证券属性。

1. ERC1400 协议

ERC1400 协议是基于以太坊实现的通证发行协议，允许提供证券交易的各方根据一系列条件授予或拒绝交易，比如：

被转移的证券是否受到锁定期的限制。

发送方和接收方是否已通过客户识别（KYC）流程。

发行人是否获得认证。

通证合约是否强制执行最大数量的投资者或限制单个投资者持有的百分比。

部分可替代性是 ERC1400 协议的主要组成部分。这是指同一实体发出的一个 ERC1400 协议可能与另一个 ERC1400 协议不可完全相互替代，因为通证可能具有不同的属性。另一个 ERC1400 协议的部分可替代性功能是支持通证的拆分和组合，类似现实世界中股票的分拆与合并。

2. Polymath 项目

Polymath 项目成立于 2017 年，是一个帮助资产实现证券化通证的平台。它提供证券通证的底层协议（ST20），允许个人和机构投资者完成合格投资者认证，允许合格投资人在符合政府监管规定的前提下参与 STO。

在 Polymath 的平台上汇集了五类参与者：项目方、客户识别（KYC）服务商、法律顾问、技术开发者以及投资者。Polymath 的 ST20 协议致力于助力完全合规的证券通证的发行，该协议将金融监管的需求嵌入到通证的设计中，实现区块链上发行和交易证券通证的无缝体验。

ST20 实现了通证发行的合格投资者认证及随后的通证交易合规验证。在投资者可以购买通证之前，必须进入白名单。白名单建立的过程可以由通证发行者认可的任何方式执行，最终结果将是添加到智能合约中的以太坊地址列表。白名单包含能够合规持有通证的所有投资者的以太坊地址，并用于确认是否可以发生通证交易的投资者列表。

每次通证交易，智能合约需要确认三点：

1）买方和卖方都在其内部白名单中。

2）卖方不受证券法规定的销售限制。

3）买方不受证券法规定的购买限制。

3. Swarm 项目

Swarm 项目出现于 2014 年，是一个去中心化的证券通证的发行平台和 STO 市场。Swarm 平台在 2018 年 1 月正式上线，在它的平台（Swarm Invest）上，可以用 SWM（Swarm 的平台通证）、BTC 和 ETH 等虚拟货币投资已经被通证化的实物资产，得到使用 SRC20 协议发放的通证，获得资产的所有权、管理权（管理权通过 SecureVote 平台投票实现）、收益权。

SRC20 协议定义了证券类通证必须遵循的一套规则，并使开发人员能根据资产的特性构建应用。Swarm 生态系统中构建的应用程序可以相互通信，并使用 SWM 付费。投资平台、资产管理工具和交易所都可以使用 SRC20 协议构建。

4. Harbor 项目

Harbor 是一个基于以太坊区块链的开源平台，致力于打造去中心化的合规协议（R-token 合规协议），实现项目方在符合证券、税务以及其他监管条例的要求下发行证券化通证。其标准化流程包括 KYC/AML 等合规服务、税务、信息披露等。

R-Token 协议是一种用于证券类通证完全合规交易的开源标准，实现在以太坊链上的 KYC/AML、税务等监管服务。R-Token 协议是一种 ERC-20（基于以太坊开展 ICO 使用的协议）通证的智能合约，主要用于在通证交易时核对监管要求及执行交易。符合要求即交易成功，不符合要求则退回。R-Token 协议针对的合规场景包括两种：

1）投资者层级的合规，即投资者适当性问题，包括：①投资者什么情况下可以发送通证；②投资者什么情况下可以接受通证。

2）通证层级的合规，比如 Reg D 规定的通证交易的锁仓时间，或者一个合格投资人可以持有通证数量的上限等。

5. Securitize 项目

Securitize 项目成立于 2018 年 1 月，是从风投机构 SPICE VC 分拆出的新公司。Securitize 致力于成为合规的证券类通证发行和提供流动性的平台。Securitize 打造一个数字化证券服务（Digital Security service，DS service）平台，使第三方开发者可以提供各类应用。不同应用之间的交互通过 DS Protocol 管理。最开始在以太坊网络中开展工作，未来可能会迁移至其他网络。

DS Token 是在 ERC-20 协议的基础之上叠加了 DS Protocol 的新协议。DS Token 可以检查账户的交易状态，防止违规交易出现。此外还充分考虑了证券属性，比如分红、投票和交易等情形，使证券通证具有传统证券的特性。

DS Service 的内容包括：

信任服务：管理不同的利益相关者。

注册服务：链上的投资人信息。

合规服务：对 DS Token 实施具体的合规要求。

交流服务：对相关的投资者提供交流平台。

6. Securrency 项目

Securrency 项目成立于 2015 年，将自己定位为合规科技（Reg-Tech）公司，致力于提供更为流畅的证券通证发行合规服务。该公司的平台包括几个产品：

Securrency：帮助发币方实现监管合规，实现通证化证券的交易或转移。

RegTex：提供 KYC/AML 等监管合规、信息披露、投资者资质认证和税务缴纳等服务。

SmartContraX：区块链智能合约开发服务。

InfinXchange：提供支付、交易、资产定价和其他交易行为等标准界面。

2018 年 7 月，Securrency 宣布与 Sharepost 公司达成合作，通过 Sharepost 公司的平台和 ATS 交易系统，使合规的证券类通证可以在其平台上发行并交易。

14.4.2　STO 交易所

目前公布了证券通证计划的交易所众多，大致可以分为两类：第一类是新兴的数字资产交易所，比如 Coinbase 公司；第二类是传统证券交易所，比如伦敦证券交易所（LSE）。

1. 数字资产交易所

Coinbase 公司成立于 2012 年 2 月，是位于美国的老牌加密货币交易所。公司通过收购传统金融机构持有经纪业务、另类交易系统和投资顾问牌照。

Open Finance Network （OFN）成立于 2014 年，致力于成为美国第一个完全合规的证券通证交易、清算和结算平台。OFN 将采用中心化的订单匹配系统和去中心化交易方式。OFN 已经上线，但是仅有注册和 KYC 功能，交易功能还没有开放，也没有具体的开放时间，非合格投资者只能买卖通过 Reg A 和 Reg CF 规定发行的通证。2018 年 5 月 1 日，证券通证发行服务商 Securitize 和 OFN 达成合作，在 Securitize 上发行的证券类通证将在 OFN 平台上交易。随后，发行服务商 Harbor 也与 OFN 达成了伙伴关系。公开信息未查到 OFN 持有的相关证券服务牌照信息。

tZERO 公司成立于 2016 年，tZERO 是美国电商巨头 Overstock 的子公司，致力于打造全世界第一个合规的证券通证交易所。2018 年 6 月 19 日，tZERO 宣布与 BOX Digital Market（BOX 是一个持有另类交易系统 ATS 牌照的期权交易所）成立合资公司。在该项合作中，BOX 负责提供交易执行和合规方面的支持，tZERO 提供交易系统技术、资金和管理。tZERO 在 2018 年 10 月 12 日完成了自己的 STO。根据其公开文件，tZERO 通过 Reg D 506(c)+Reg S 条款发行，投资者全部是合格投资者，并且完成了 KYC/AML。此外，与 BOX 的交易还在等待 SEC 审批中。tZERO 拥有两家在 SEC 注册并且是 FINRA 成员机构的公司：清算和交易执行商 SpeedRoute LLC 以及 ATS 系统 PRO Securities LLC。

Sharepost 成立于 2009 年，是美国一家从事线上一级传统股权市场交易的平台。该交易平台拥有 5 万名合格投资人，历史成交总额超过 40 亿美元。2018 年 6 月 20 日，Sharepost 完成了 1 500 万美元的 C 轮融资，Sharepost 将使用此次募集的资金打造其 ATS 系统和进行在亚洲的扩张，并将业务线拓展至证券类通证和应用类通证的交易平台。

Orderbook 成立于 2017 年，是由区块链技术服务商 Ambisafe 推出的去中心化交易所。2018 年 3 月，Orderbook 公布将发行一种特定的通证 RAP 自动完成投资者认证过程。通过交叉验证当地的法律法规与 RAP 持币者个人信息数据库的契合度，保障 STO 及其他加密货币相关交易的合规。

Templum 致力于成为证券类通证的发行市场和二级市场交易市场。Templum 通过 2018 年 1 月收购 Liquid M 从而持有另类交易系统（ATS）牌照。与其他解决方案一样，Templum 内置 AML/KYC 认证服务，以保障该平台符合监管规定。

2. 传统证券交易所

纽约证券交易所（NYSE）的母公司洲际交易所集团 ICE 于 2018 年 8 月份宣布了一个名为 Bakkt 的加密 ATS 平台，股东还包括微软和星巴克等国际巨头。

纳斯达克（NASDAQ）2015 年 12 月 30 日宣布，发行人能够使用其纳斯达克 Linq 区块链技术进行私人证券交易，并能够使用纳斯达克 Linq 数字化代表所有权记录，相比以往可以缩短结算时间并消除纸质证券。2018 年 10 月，媒体报道美国纳斯达克交易所正策划推出通证化证券平台，为此，纳斯达克正与区块链技术企业 Symbiont 进行谈判，旨在达成相关合作。

伦敦证券交易所（LSE）和英国金融行为监管局（FCA）正在与创业公司 Nivaura 合作，希望发行完全合规的证券类通证。通证将基于以太坊发行，2018 年 9 月，某家科技公司作为首个"小白鼠"测试发行流程，且伴随着为期一年的锁定期，之后可能会对创业公司和中小型公司开放证券通证发行服务。

SIX Digital Exchange（SDX）隶属于瑞士交易所（欧洲最大的交易所之一）。SDX 宣称将会是世界上第一个提供端对端资产通证化服务的平台，包括通证的发行和交易。该交易所将受到瑞士国家银行的支持和瑞士金融市场监督管理局（FINMA）的监管。2018 年 7 月，SIX 宣布正在为证券类通证开发集合交易、结算和托管的基础设施，整个项目将分阶段进行，首个服务在 2019 年中推出。

14.4.3　周边服务机构

除了为项目的发行和二级市场交易服务的机构外，还有围绕着 STO 发行和交易做周边服务的机构，比如流动性服务、投行服务等。

Bancor：Bancor 提供流动性模型，将多个通证连接到一个资金池，即使在低交易量环境下也可以实现价格发现并确保流动性。在证券方面，该模型提供了实现流动性的替代方法，增加了将证券转移到区块链的好处。

AirSwap：AirSwap 是一个分布式的交易所，可以在全球范围内进行交易，将各个实体连接到各个市场。在证券通证的背景下，流动性的增加可以创造出更稳定、波动性更小的需求环境。

Slice：Slice 是一家面向跨境投资者的商业房地产投资平台。它的职能类似优质地产证券的承销商、发行商和配售代理。Slice 融合了 Bancor 协议和内嵌的去中心化交易所，保障在 Slice 平台上发行的商业房地产支持的通证的高流动性。Slice 的投资人可以选择从产生现金流的房地产取得稳定的季度分红，也可以选择从高收益附加值项目取得较高额但时间不规律的股息。

14.5　STO 案例解析

tZERO 是美国十大网上零售商之一 Overstock 旗下的区块链子公司，它的前身是 Medici，成立于 2014 年 12 月，是区块链和金融科技的商业应用公司，在 2016 年 10 月改名为 tZERO 公司。从名字看，公司的目的是实现资本市场的 "T+0" 交易$^{\ominus}$。

tZERO 通证发行的目的是打造资本市场的分布式账本平台，构建证券型通证的交易系统。其融资历程如下（见图 14-1）：

```
tZERO 发行融资情况
▶ 名称 tZERO preferred（TZROP）
▶ 类型：ERC-20 代币
▶ 筹资上限：$2.5 亿
▶ 实际筹资总额：$1.34 亿
▶ 预定代币价格 $10
▶ 实际代币平均价格：$5.1
▶ 预售日期：2017.12.18
▶ 筹资完成时间：2018.8.6
▶ 代币总供应量（Total Supply）：
  26 228 711TZROP
▶ 合格投资者数量：1 079 名
▶ 完成以太坊上的 token 发行和
  生成时间：2018.10.12
▶ 超额配售选择权
  （Green Shoe Option）$5 000 万
```

```
2018.10.12
通过 tZERO Token 合同将 Token 存入 tZERO 托管钱包
```

```
Token 发送包含个人信息 Hash 的唯一地址
```

```
代币将锁定在 tZERO 钱包里 90 天，在 90 天后，可将代币提到数字化证券经纪商账户或者个人钱包
```

```
2019.1.10 之后
若证券型代币交易平台完成，则在此平台上通过指定经纪商进行交易
```

```
2019.8.6 之后
代币可在指定的交易平台上卖给非合格投资者
```

资料来源：https://www.8btc.com/article/294459

图 14-1　tZERO 的发行融资过程

$\ominus$ 美国资本市场仍采用 "T+3" 交易结算制度，存在裸卖空和结算交割风险。

在 2017 年年底， tZERO 以 ICO 的形式发起融资。加密货币行业及传统行业的领军者在 12 个小时内做出了 1 亿美元的投资承诺。

在 2018 年 3 月，tZERO 的 ICO 未通过 SEC 的审查。tZERO 的融资从 ICO 转换到 STO，向证监会申请豁免注册条例 Reg D 和 Reg S 来代替传统的证券注册流程。

2018 年 8 月，tZERO 以 STO 模式完成募资，以发行代币 tZERO preferred（TZROP）的方式募集 1.34 亿美元，融资对象为合格的美国投资者。

tZERO 发行的通证，从名称 "tZERO preferred" 可以看出，其本质上是一种优先股，通证持有人不参与公司管理，只获取股息收入。以每个季度为周期，tZERO 通证持有人将获得 10% 调整后的总收入，就是白皮书（实质为招股说明书）上所指的毛利润，通过派发股息，为投资者提供清晰的投资回报，同时鼓励持有人暂时锁定通证获取股息，以维持价格稳定。

tZERO 的合规实践：

tZERO 是首个发行的优先股证券型通证（Preferred Stock Security Tokens），且符合美国所在州和联邦的证券法。

tZERO 对其所有投资者进行了 KYC/AML 核实，并根据 Regulation D506(c) 和 S 条例获得注册登记豁免，可针对全球公民发行。其中，对于境内投资对象，必须是具有合格投资资质的美国公民；在离岸交易中是针对非美国公民的投资者，不允许包括美国公民。

tZERO 的融资用途包括：公司的未来发展及证券通证交易系统；战略收购和投资；扩充技术、技术设施及相关人员；产品与服务的市场拓展；游说相关区块链技术和证券型通证的议员及监管机构。

tZERO 的技术系统规划及针对问题如下：

1）Digital Locate Receipt (DLR) 技术平台：DLR 是 SHO 传统证券卖空规则 Locate 的数字化版本，主要是为其客户提供一种自动执行传统 SHO 规则 Locate 过程的技术解决方案，以满足操作和法规要求。通过区块链记录所有的交易来消除裸卖空导致的价格和配置的低效率，从事合规高效的证券借贷活动[⊖]。

2）提供专有路由技术服务：为超过 125 家经纪商提供连接、市场准入、智能订单路由和算法交易解决方案。

3）提高交易基础设施性能：目前每天处理 1 500 万至 1 800 万份传统订单，未来预计每日处理超过 1 亿份订单。

4）支持 ATS 全时交易：允许 24 小时交易，在其他证券交易系统关闭时提供流动性。

5）智能投顾：运行先进的金融模型，并创建适应性动态投资组合，为客户提供智能投顾服务。

tZERO 是华尔街进入区块链领域以及利用区块链改变传统金融的一个证券通证化的尝试，基本上按照传统金融的思路进行。投资人管理完全是线下进行，然后再集中上链，未能充分利用区块链来进行 KYC、AML、合格投资人确认等，是一个遗憾。智能合约只实现了 tZERO 通证的发行和流通功能，通证的应用，如股息分配功能，并未实现，依然需要依靠链下的中心化操作，未能真正体现智能合约自动执行的优势。

tZERO 为在美国 STO 探索了一条可行的最佳实践路径，如图 14-2 所示。

图 14-2　tZero 为美国 STO 探索的最佳实践路径

14.6 STO 的监管与未来

基于区块链公链的 STO 对金融监管带来极大的挑战：

国家和法律边界：在区块链公链上，发行人的注册地址、发行地点、交易地点可以完全不同，给跨区域监管带来很大困难。

流动性泡沫风险：当资产的流动性增强，资产的价格往往会出现流动性溢价的情况，从而衍生出资产价格泡沫，增加了巨大的波动性和不确定性。

技术安全漏洞：任何技术都不会绝对安全，当 KYC/AML 流程或者通证底层协议被修改或者利用，投资者将面临巨大的损失。

总结而言，证券化的通证是 ICO 在法律与合规基础上的延续。区块链、DAO 基础上创新的 ICO 融资和激励方式的探索仍将继续下去。对通证经济而言，深入研究如何区分证券型通证、应用型通证（货币型通证）、资产型通证和治理型通证在不同场景下的用途和使用方式，并综合各种类型通证来实现共识机制和激励机制，是未来通证经济理论完善和应用的重要课题。

而通证化的证券则潜藏了一个大的机遇，现有的证券类型资产可能会选择区块链作为资产的底层支撑技术工具，也即实现现实社会的资产上链。这一方面为区块链技术的落地提供了一个巨大的应用场景，另一方面也为传统金融行业注入了新的活力，传统金融的监管、产品和市场结构将被颠覆。

从资产上链的角度去理解 STO，从 70 万亿美元的股票资产，到 100 万亿美元的债权资产，再到兆级的金融衍生品资产，区块链作为一个显著更优的资产承载方式，将会迁移越来越多的合适资产，这将是一个波澜壮阔的资产数字化过程。

Chapter Fifteen

第 15 章

———

资产上链

15.1　AMT 的含义与要求

资产上链（Asset Mapping Token，AMT）是指将物理世界的链下资产映射到区块链上资产的过程。AMT 是迈向数字社会的必备过程，越多资产上链，链上产品和交易行为越丰富，数字社会的实现就越近。

AMT 要求：真实、准确、及时、完整。AMT 是法律、技术、金融和经济的跨领域综合过程（见图 15-1）。

资产（Asset）：真实世界的链下资产的资产确权、评估、托管等法律、财务、技术准备，初期主要采用中心化信任和方案，利用现实世界现有成熟机制实现，未来逐渐向去中心化信任和方案过渡。资产的核心是现实世界的法律与制度问题。

・物理世界资产准备
・核心是法律和制度问题

・利用IoT、多链技术和智能合约将物理资产真实上链
・核心是区块链技术问题

・资产属性的抽象、分解、组合，最大化资产效用
・核心是金融和通证制度设计

图 15-1　物理世界资产上链 AMT

映射（Mapping）：链下资产到链上资产的映射方案，其中最核心的是预言机问题，即如何保证数据真实可信。基于物联网和数据上链的方案将会改变资产的评估方式；另一个相关问题是使用智能合约把现实世界与资产相关的法律和约束映射到链上。映射的核心是区块链的多链融合与智能合约技术问题。

通证（Token）：链上资产的表现形式，将物理世界的资产属性进行抽象，在数据和区块链技术的支持下进行分解、排列、组合，把资产的效用和运作效率发挥到最大。通证的核心是金融和通证经济制度设计。

15.2　Asset 的种类和上链准备

15.2.1　资产定义

根据狭义上也即财务上的定义，资产是由企业拥有或控制的、预期会给企业带来经济利益的资源。根据广义上也即法律上的定义，资产（也称财产）是指金钱、物资、房屋、土地等物质财富及与其相关联的产权。产权是一种社会工具，其重要性在于能帮助一个人形成与其他人进行交易时的合理预期（德姆塞茨《关于产权的理论》）。所以产权是一种人与人之间的关系，而非人与物之间的关系。

此处所称资产是指广义上的物质财富资产及其相关的产权。

大体上，资产有三种，即动产、不动产和知识财产（即知识产权）。

从唯一性来说，资产分为有差别资产（不可替代）和无差别资产（可替代）。从完整性来说，资产分为可分割资产和不可分割资产。

产权是所有权人依法对自己的财产享有占有、使用、收益处分的权力，是所有制关系的法律表现形式。

产权包括财产的所有权、占有权、支配权、使用权、收益权和处置权。

产权的属性主要表现在三个方面：经济实体性、可分离性、流动具有独立性。

产权的功能包括：激励功能、约束功能、资源配置功能、协调功能。

产权的约束功能：以法权形式体现所有制关系的产权，是用来巩固和规范经济中的财产关系，约束人的经济行为，维护经济秩序，保证经济顺利运行的法权工具。

15.2.2　资产选择

资产选择问题，即搞清楚什么资产适合上链，或者说什么资产是需要上链的，这是资产上链的首要问题。区块链时代，几乎所有链下资产都会被上链和通证化。但资产上链有可行性也有约束性，需要根据资产本质属性和特点加以区分。

1. 资产及其产权可以从不同的角度进行分类，一般有五种形式

1）按产权历史发展形态的不同，可以分为物权、债权、股权。

2）按产权归属和占有主体的不同，可以分为原始产权、政府产权和法人产权。

3）按产权客体流动方式的不同，可以分为固定资产和流动资产。

4）按客体形态的不同，可以分为有形资产产权和无形资产产权。

5）按产权具体实现形态的不同，可以分为所有权、占有权和处置权。

2. 资产上链的顺序

1）数字化及权益类资产优先上链：这一类资产具备数字化、标准化以及可区分度，这些都完美契合区块链资产上链的条件。再加上配合各国政府的法律法规，则资产在上链之后也符合法律认可和监管，具有很好的合规性。

2）高价值实体资产可次级上链：高价值资产具备一定的独特的可识别标识，并且对流通效率有一定的要求，因此进行资产上链是一个可行的选择。

3）低价值实体资产及非数据类资产上链难度大：低价值实体资产及非数据类资产，极度非标准化，无可区分识别标识，一方面与上链要求不是非常符合，并且从流通价值上考虑，价值跟流通没有正相关的关系。

15.2.3　资产确权

资产确权是资产上链之前的法律准备，包括明晰产权、资产隔离、资产托管。

1. 明晰产权

资产产权包括使用权、收益权、处置权和转让权。明晰产权就是通过产权界定，确定产权所有人及相应的产权规则。

通过法律制度等强制惩罚一切破坏现有产权关系的行为，并借用由此产生的威慑力量来实现对产权的保护。

2. 资产隔离

资产隔离是指在传统金融中，资产证券化产品实现基础资产的风险和资产所有人的其他资产风险隔离的技术手段。

根据不同国家的法律限制，资产隔离采用两种方式：一是"真实出售"，即原资产所有人将资产出售给 SPV；二是"资产信托"，即发起人将资产信托给 SPV。两种方式各有优劣。

3. 资产托管

资产托管是指资产所有权人通过签订契约合同的形式，将资产有偿托管给专业的托管公司，由托管公司进行综合的资产监督与管理，并最终实现资产上链的一种经营方式。

资产托管人依据有关法律法规，与委托人签订委托资产托管合同，安全保管委托投资的资产，履行托管人相关职责。金融资产托管业务一般由具备资格的金融机构承担。

资产托管是实现链下链上资产一致性的法律和制度保证。

15.2.4　资产画像

资产画像解决链下资产的产权属性标定和价值评估问题，资产画像包括法律画像、财务画像以及数据与技术画像。

1. 法律画像

法律画像描述现实世界资产的法律信息和状态，是上链资产真实可信的法律信息，由律师完成。包括资产或产权的法律状态、属性标定、资产隔离的方式、资产托管的法律关系等。

2. 财务画像

财务画像描述资产现实世界的财务数据，是资产评估的基础。包括传统会计报表内容，由合格会计师出具。

在区块链世界，可以包括完整的资产及其内部和外部交易账本。

3. 数据与技术画像

通过数据对标的资产进行完整描述，数据与技术画像是区块链世界资产未来的主要表达方式。

15.3　Mapping 的实现和难点

15.3.1　Mapping 的实现

1. 资产身份映射

在链上为资产生成与之映射的唯一数字化凭证，作为资产的标识，与该标识相关联，需要定义资产的可读名称，解决资产的链上搜索与寻址问题。

生成资产标识的过程需要考虑资产的基本特性：是否无差别资产、是否可分割资产。不同的基本特性对资产标识的属性和技术要求不同。

2. 产权属性映射

在资产身份的基础上，将资产关联的产权属性映射上链，产权属性映射是通证设计的技术基础。产权属性不同，需要与资产相关的数据支持，这些数据也需要实时上链。

产权包括财产的所有权、占有权、支配权、使用权、收益权和处置权。产权的属性主要表现在三个方面：经济实体性、可分离性、流动具有独立性。

3. 约束与规则映射

使用智能合约将资产相关的约束和规则映射上链，例如证券型代币发行（Security Token Offer，STO）中的相关监管规则等。

以法权形式体现所有制关系的产权，是用来巩固和规范经济中的财产关系、约束人的经济行为、维护经济秩序、保证经济顺利运行的法权工具。

15.3.2　Mapping 的难点

1. 底层多链与融合

"一条公链打天下"的方案不能满足规模庞大的资产上链的性能、容量、安全性和多样化需求。未来一定是公链、联盟链多链融合发展的世界，资产上链的底层有多种公链或者联盟链供选择，底层区块链技术的安全性需要认证机制，不安全的底层技术对上链资产的影响是致命性的。在目前的跨链技术和链网技术水平下，链上资产的跨链流通与操作仍存在技术问题需要解决。

2. 预言机（Oracle）问题

资产上链需要将现实中的各类信息进行详细的记录，将现实中的事物和状态的变化与链上同步，也需要将链上交易信息映射到链下资产，目前这个过程仍然是中心化的信任机制，不能满足区块链的要求。物联网（IoT）技术某种程度上可以逐渐部分替代中心化信任机制，但仍不能解决预言机的真实可信和中心化问题。

3. 智能化问题

链上资产被赋予可编程性，利用区块链去中心化和分布式技术，使得生活中的众多应用场景不需要第三方服务技术便可以解决。理论上智能合约可以实现资产的智能化操作，提高资产流通效率。但智能合约本身可能成为中心化的风险点。

15.4 Token 的设计、发行与交易

15.4.1 Token 的种类与价值逻辑

1. 应用通证（Utility Token）

经济体或者 DAO 组织内部的流通货币通证（Currency Token），是通证经济的核心，其发行机制及基于发行机制的共识形成机制和激励机制设计是通证经济的关键。

价值逻辑与货币逻辑相似，主要体现在流通价值和网络价值上，随着经济体 GDP 的预期变化而波动。

2. 收益通证（Security Token）

对应某种基础资产或者组织的收益权，对应现实世界的股票、债券或者

股债混合的衍生产品。

价值逻辑与现实社会的证券产品类似，随着收益预期变化而波动。

3. 资产通证（Asset Token）

对应某种资产的所有权，该资产本身不产生收益。

资产具有保值增值的功能，价格变化与该资产的供需力量变化有关。

4. 治理通证（Governance Token）

治理通证代表通证的治理属性（政治属性），其他三类通证代表通证的经济属性。

价值逻辑与治理通证的具体内涵有关。

15.4.2　链上资产托管与金融创新

1. 链上资产按照对应属性分类

现金类资产：这些资产是法定货币中的现金。

股权类资产：股票资产的通证化，可以按照所有者的持有比例分配利润以及投票权等。

债券类资产：持有者在经过一段固定的时间阶段之后获得固定的收益。

不动产类资产：不动产资产的通证化有两种表现方式，一是类似股权类资产，将不动产分为较小份额；二是将它带来的房租收入通证化。

大宗商品类资产：大宗商品是集合资金用于购买一种罕有的物料或服务，一是所有权通证化，二是持有者将它租给他人，租金通证化。

衍生品资产：期货期权等基于基础资产的简单类衍生产品，可以直接对应通证。

2. 链上资产托管后可以进行更深度的金融创新

Token 提供的可编程监管和交易逻辑，或为证券的设计开拓出新的道路，证券及其衍生品未来将会被更形式化和数学的语言重新定义与拓展。基于 Token 的金融创新将会对传统金融行业产生巨大影响，在本书第 14 章中已经有所描述，此处再次强调如下：

公司治理：公司治理结构表现为一系列契约的集合，当契约以通证的形式存在时，持有公司发行的证券类通证的投资者名义上应该是公司的"股东"。公司治理结构将以可编程的形式存在，为治理形式的创新留下了空间。比如，创设公司治理通证，持有股票的时间越长，获得的选票就越多，相当于创始人在产品上市时创造了一种拥有 10 倍投票权的股票。

新的金融产品形态：除了现有金融产品的各类形态（ABS、MBS、各类权证等，不管多复杂）都可以通证化之外，新的金融产品形态一定会被创造出来，比如持有证券通证的投票权和股息权被分拆出来进行抵押，去偿还房屋的贷款（资产拆分和信贷交叉）。信贷在多个维度上实现扩张。

增强资产流动性：比如一个封闭期为 10 年的私募基金，投资人只能在 10 年后才能收回自己的投资，但如果将基金通证化，那么投资人可以随时买卖基金份额，实现资产的流动。

15.4.3 智能合约与金融监管

金融监管规则可以在资产类型、投资者类型、买方管辖权、卖方管辖权和券商管辖权等多个维度上发生变化，每个维度都有众多的监管组合和管理交易的多个监管机构。监管合规性通常需要通过一系列独立的交易实体记录，来验证交易的所有权和合规性，因而保持合规性增加了交易的延迟和成本，分割了市场，降低了流动性。

基于 Token 的合规将通过智能合约代码化呈现，从而使金融监管从一个个割裂的平台审批变成写入程序的自动化行为。监管要素将被系统化地硬连接到金融体系结构中，市场参与者的合规成本也因为规模化和自动化而大幅降低。

基于 Token 也可以实现智能化的金融创新风控：

产品底层资产可追溯，将可以避免 2008 年次贷危机中无法追踪 CDO 底层产品的情况。

产品形成过程可追溯，产品无论包装多少层，都可以完整拆分其结构进行风险分析。

产品管理人历史可追溯，产品涉及的任何管理方都可以追踪其历史表现、评判能力和道德风险。

15.5　现有资产上链项目案例——TRU

15.5.1　TrustToken（TRU）简介

TrustToken 项目于 2017 年 12 月 15 日发布白皮书，并随后陆续上线运行。TrustToken 平台的目标是设计一套法律上可实施的协议，服务对象是基于区块链的现实世界资产的所有权和控制权，它将现实世界资产连接到区块链世界。

在稳定币领域，TrustToken 已经成功推出 TrueUSD，在开发类似稳定币（TrustJPY 等）方面有技术储备。但在资产上链领域，TrustToken 项目在资产映射、资产评估、应对各国法律、恶意攻击、稳定性以及中心化方面考虑并不完善，并没有解决资产上链所面临的关键问题。

资产上链过程的开启人是让渡人（Grantor），是资产的原始拥有者，必须是现实世界经过 KYC/AML 认证的人。资产上链步骤如下：

首先，让渡人创建智能合约，从信托市场雇用一个受托人（Fiduciary），并与受托人签订信托合同。

其次，让渡人把加密货币、法币、个人资产转入信托，然后受托人把让渡人的所有权契约、银行账户声明及其他文档上载到信托库（TrustVault）里。

最后，让渡人执行智能合约生成资产通证。每种通证资产会发行它自己的新币（例如 TrueGold、RealEstateCoin）。

在这个过程中，受托人负责将现实世界中的法定所有权转换成信托财产。受托人既是智能合约的代理人，又是现实世界的法人代表。他们根据信托合同管理财产，并执行必要的监督责任。在智能信托中，信托合同约束受托人遵守智能合约的规定（见图 15-2）。

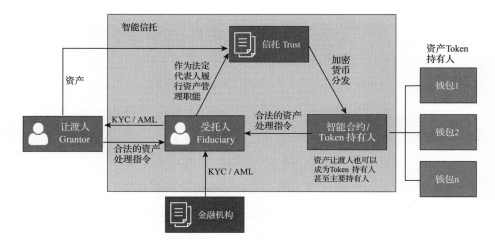

图 15-2　TrustToken 资产上链过程描述

15.5.2　TrustToken 平台构成[○]

1. 智能信托（SmartTrust）

智能信托用来指明对区块链上智能合约的所有权和控制权，类似于现实世界中的律师。智能信托有三个关键属性：

给区块链上的智能合约指明资产所有权。

从法律上约束受托人遵守智能合约或加密钱包说明。

用金融法律条文保护资产所有权，并执行犯罪惩罚。

智能信托可以规定资产的控制方式和所有权方式。如果资产是可分割的，通证持有者可以授权受托人处理他们对应比例的资产；如果资产是不可分割的，比如说房屋，那么通证持有者可以投票决定卖掉房屋分享收益。

2. 信托市场（TrustMarket）

信托市场上存在多个角色，主要包括客户（Client）、受托人（Fiduciary）、审计人（Auditor）、调解人（Mediator）、诉讼律师（Litigator）、抵押资产提供者（Collateral Provider）、证据库（Attestation Oracle），通过角色之间的

○ TokenGazer 深度研究：Trust Token——大规模资产上链尚需时日，高昂估值市场状况背离. 知乎. 原文网址：https://zhuanlan.zhihu.com/p/40853359。

互动，市场得以运转。客户雇用专业的受托人来管理信托账户中的资产，受托人根据智能合约的规定进行操作，受托人是智能合约中资产通证的持有者。市场中的服务提供者如审计人、调解人、诉讼律师、抵押资产提供者等，大都是为了预防受托人的不诚信行为。其中调解人和诉讼律师由 TrustToken 公司或其认证的合作机构提供。证据库用来提供客户和受托人的信息，如专业资格、犯罪记录等。

3. 信托协议（TrustProtocol）

信托协议是一种规定智能合约如何管理受托人的协议。信托协议定义了什么是可信赖行为、如何回报可信赖行为以及如何惩罚及减少不诚信行为。

客户可以向受托人发送服务请求（Service Request），并支付 TRU 作为报酬。受托人将履约证明文档上载，然后由审计人进行审计。客户确认工作完成后，客户和受托人相互评价。

如果审计人根据信托库里的证据发现了受托人的不诚信行为，则智能合约将纠纷提交给调解人，调解人核查信托库里的证据并确定受托人是否诚信。然后将案件递交给诉讼律师。调解程序可能会触发现实世界的惩罚，如民事诉讼或犯罪指控。

4. 信托库（TrustVault）

信托库存储加密过的以下信息，对信息有处理权限：

客户、受托人、智能合约之间的通信记录。

资产信息和记录。

银行账户信息。

在线的 App 信息。

服务参与方主动分享的其他信息。

5. TrustToken（TRU）

TRU 是平台的激励层，用来回馈可信行为。TRU 用在两个地方：

权益证明时需要使用 TRU 做抵押。

受托人的服务费要用 TRU 支付。

15.5.3　TrustToken 激励机制

TrustToken 平台采用权益证明激励机制。由于权益人（Staker）在受托人身上抵押了 TRU，因此他们有动力认真验证受托人。权益人提供了有价值的服务，他们可以根据市场价收取报酬。而受托人的报酬根据资产和管理需要而变化，如果资产较多或者需要较多管理，那么受托人会收取较多的费用。TRU 通过三种核心功能给资产通证的可信交易提供激励机制。

质量评价：TrustToken 平台的权益证明（Staking）系统类似于穆迪债券调查的升级版。通证化资产的持有者不能出售未经信托签名的资产，由于由 TRU 抵押到资产上，在鼓励遵守游戏规则方面，TrustToken 平台要比穆迪评级好。

金钱背书：穆迪以公司名誉背书来给债券评级，而权益人以金钱背书来担保资产的质量。从风险承担上看，权益人的实质性投入更大，因而认真履约的动力更强。

赚取报酬：权益人锁定 TRU 作为资产抵押物，如果资产通证持有者实施欺诈，那么权益人需要负责。为了回报权益人的这种劳动，资产通证持有者需要按月支付给权益人报酬。报酬的存在对评级系统有激励作用。

TrustToken 平台将资产分为两类：高流通资产（货币通证）和低流通资产（资产通证）。对于通证化的货币，权益证明报酬产生于链上交易（比如说从以太坊的一个钱包转到另一个钱包）或 TRU 抵押利息。对于通证化的资产，TRU 持有者可以获得一定比例的权益证明报酬。

TRU 赋予持有者对资产进行权益证明的权利，但 TRU 持有者不是必须参与权益证明。TRU 的价值在于，持有者可以通过提供权益证明服务获取报酬。权益人通过通证稀释来获取报酬。也就是说，通证智能合约会每个月印制新的通证来支付权益证明和其他服务费用，通过每月固定数量的增发来稀释已有通证。

15.5.4　TrustToken 面临的问题

1. 法律问题

TrustToken 平台试图在尽量遵守现实世界法律的前提下解决资产上链问

题，平台中的很多设计来自现实金融世界的模型。它从一开始就遵守 KYC/AML（反洗钱）和证券法律。TrustToken 的目标是打破管辖区域限制实现资产流动，但白皮书提出了"开放型法律标准"来尊重每个管辖区域的法律，这似乎又限制了资产流动。

2. 恶意攻击

由于权益人进行权益证明时需要抵押相当于通证化资产 5% 的 TRU 资产，因此对于大额资产，只有 TRU 寡头才有能力进行权益证明，这将降低普通持有者的话语权，降低系统的去中心化程度。如果在一开始 TRU 就集中在少数人手里可能有如下风险：

少数人恶意持有 TRU 且拒绝对外出租，这样要么降低市场流动性，要么造成 TRU 价格剧烈波动，可能造成系统崩溃。

少数人因持有大量的 TRU 而垄断了权益证明话语权，这样直接造成中心化，导致资产评估体系失灵，大量欺诈性资产进入区块链。

另外，由于权益人对资产通证进行评级，且权益人的报酬来自资产通证稀释，因此存在权益人与受托人合谋欺诈的可能性。

3. 中心化

交易过程一定会出现纠纷，平台设计了调解人、诉讼律师等法律角色，但如何评价调解人和律师的可信赖度？白皮书指出调解人、律师由 TrustToken 公司指定专业的机构担任，TrustToken 公司充当了"隐形政府"。

15.6　AMT 的好处与现实挑战

结合区块链最突出的特点——不可篡改、不可伪造不可抵赖、分布式账本、智能合约等，资产上链将会有以下几个好处。

1. 消除信任问题，降低沟通成本

区块链的本质是通过技术来解决信任问题。信任问题一旦解决，陌生人之间的交易就会变得更为容易，整个资产流通系统的效率随之增加，不需要

周边熟人介绍或者第三方中介平台进行"牵线搭桥"。区块链上的每个节点都保存了数据副本，单个节点试图修改链上资产信息的行为可被有效防范，从而可以确保链上资产信息的真实有效性，降低信任风险。

2. 去中介化，降低交易成本

传统的资产交易过程涉及的环节非常复杂。除了需要政府等权威部门进行资产认证或背书外，还需要结算系统来进行结算，需要银行来处理资金转账，政府相关部门进行资产交割转让，等等。用户在这个过程中付出了较大的成本。通过区块链的方法，整个交易流程完全在链上完成，所有数据都同步在全网各个节点上，实时更新交换数据，使得整个过程更加清晰透明，无须外部第三方机构的介入，不仅成本大幅度降低，效率也显著提高。

3. 提高资产流通效率

传统资产交易流通平台相互孤立、各自为营，这就导致了整体的用户规模受限，从而导致资产流通的效率低。在区块链领域也会出现同样的问题，目前各主链之间也相互独立，但可以通过跨链技术实现各链之间相互连通，各链用户和流通资产相互共享，进而提升整体的资产流通效率。

4. 防止资产"双花"

区块链的跨链技术，可以有效地将各个主流区块链平台连接起来，各链之间的信息实时同步，有效解决各链之间的价值孤岛问题，并且可以有效避免用户同一个资产分别在不同的链上进行上链交易的弊端，有效监测和杜绝同一资产在多条链上的双花问题。

区块链技术本身的优势能给资产带来新的活力，但是资产本身有着不一样的属性，所以就算结合了区块链技术，没有找到正确的上链方法，也无法真正解决现实所面临的痛点，注定难以成功。资产上链面临的现实挑战如下。

1. 资产映射的准确性

资产上链的核心问题在于资产上链时映射的准确性。由于大部分资产都是非标准化的，并且都是实体，其数字化过程相对较难。如何保证链上资产标志跟链下资产唯一且准确对应，是当下迫切需要解决的问题。另外也需要对链下资产进行一定的控制，防止资产伪造事件的发生。

2. 链上链下一致性

保持链上链下信息的一致性以及实时同步信息非常关键。但是目前来看，绝大多数的资产在现有技术手段下还不能满足这样的实时性要求。

3. 合法合规性

各国政府对资产权利的规定是有严格要求的。因此在上链过程中，如何保证智能合约或者上链流程符合对应国家法律，是各项目都需要切实落地的事情。资产上链面临的法律、税收的风险不可忽视。

现实世界资产的通证化是一个极具挑战性的问题，需要超越技术的创新解决方案。在某些情况下，这将需要法律改革；在另一些情况下，则需要将现有法规、新的业务结构和新的数字通证系统巧妙组合。

15.7　AMT、稳定币、STO 与通证经济

资产上链（AMT）的含义包括了稳定币和 STO（见图 15-3）：

稳定币实际上是法币现金资产的上链发行通证。

STO 实际上是股权类资产的上链发行通证。

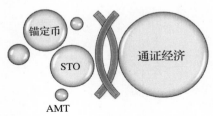

图 15-3　AMT 涵盖稳定币与 STO，推动通证经济发展

稳定币为资产上链提供了定价标准，现实世界的资产通过法币定价，资产上链发行通过稳定币定价。STO 是 AMT 最容易进行的部分，STO 的进展为 AMT 奠定技术基础。AMT 将进一步推进通证经济的完善，多元化的资产上链方案将为通证经济提供更多的现实案例。

第 5 篇

PART FIVE

区块链助力
国家治理能力现代化

Chapter Sixteen

第16章

数据资产化时代的生产关系确权

16.1 第四次产业革命与服务型社会来临

以区块链、云计算、人工智能、大数据、物联网为代表的第四次产业革命正在深入发展。中国社会经过改革开放30年的高速发展，已经开启了向服务型经济和服务型社会的转型过程。第四次产业革命与服务型社会转型的深度融合推进了自主经济的发展。

16.1.1 服务型社会的来临

随着产业规模及结构升级，各种生产要素包括资本、技术、劳动力等必然要从农业流向工业，进而再向服务业转移。而服务的扩大达到了一定的规模和程度，即一国的服务业在国民生产总值中的产值和就业人口中的比例均超过50%并不断增加，就表明该国进入了经济服务化阶段。

2012年，服务业成为中国经济的第一大产业。2015年，服务业在我国经济总量中的比重首次超过50%，标志着我国进入了服务型经济时代。经济服务化趋势表现为以下三方面的特征。

首先是产业结构服务化。表现为服务产业的大规模发展导致产业结构的转变，服务产业在经济体系中的地位不断上升并成为产业结构的主体。

其次是生产型产业的服务化。表现为农业、工业等生产型产业（非服务型产业）内部服务性活动的发展与重要性增加，从而改变了这些产业的单纯生产特点，形成"生产—服务型"体系，反映了服务活动在经济领域的广泛渗透。

第三是服务型经济的形成。经济服务化发展的结果，是形成以服务活动为主导经济活动类型的服务型经济。服务型经济与产品型经济的区别在于：服务型经济的主要经济部门是提供各种服务的部门，而非制造和加工产品的部门；服务型经济的主要产品是大规模的服务，而非大规模的商品；服务型经济中大部分劳动力集中在服务部门，而非制造和加工的部门；服务型经济的大部分产值由服务行业而非商品生产部门创造。这四个方面揭示了服务活动在服务型经济中的主体地位。事实上，服务活动在服务型经济中更具有主导性的广泛的经济社会功能，服务业已经成为经济增长的引擎，成为推动传统产业的新发展并引致产业体系整体升级的重要动力。

从国际经验看，服务业为主的时候是一个经济增长速度下行的阶段。与先行国家相比，我们是在网络与数字时代迈进这个阶段的。第四次产业革命改变了服务业的本质：服务业的低效率性质发生改变，增长空间极大扩张，新的服务形态和商业模式丰富多样。清华公共管理学院院长江小涓教授领导的团队撰写的《网络时代的服务型经济：中国迈进发展新阶段》[⊖]，对这个问题进行了深入研究。

所谓服务型社会，是指所有部门或行业，所有生产或消费的运行、管理与经营等均在服务的标准下以服务为理念、以服务为手段、以服务为形式、以服务为目的方能取得成功的这样一种社会类型[⊜]。这种社会类型要求任何一个行为主体必须要以服务为理念进行经济社会行动，他们对社会或客户提供劳务品的支撑形式是服务，任何一个行为主体对社会或客户提供劳务品的工作方式是服务，任何一个行为主体对社会或客户提供劳务品的评价尺度也是服务，任何一个行为主体对社会或客户提供劳务品的成功关键还是服务。在这里，服务成为衡量当代社会的运行标准，服务贯穿于整个社会运行之中。

16.1.2　自主经济革命的诞生

第四次产业革命正在引领基于数据智能的产业和社会应用。一个基于数

⊖ 江小涓. 网络时代的服务型经济：中国迈进发展新阶段. 中国社会科学出版社，2018 年。
⊖ 江小涓. 网络时代的服务型经济：中国迈进发展新阶段. 中国社会科学出版社，2018 年。
⊜ 孙希有. 服务型社会的来临. 中国社会科学出版社，2010 年。

据运营的平行经济正在开始形成，与人类主导的经济活动相互补充，极大地丰富了人类社会经济内容与构成。以"收益递增理论"著称的经济学家布赖恩·阿瑟（Brian Arthur）曾提出了一个论点来描述这种现象，并称之为"自主经济（The Autonomy Economy）"。

数据智能的实现需要通过如下步骤（见图 16-1）：

1）收集数据。

2）利用前面的数据作为参考来处理数据。

3）基于提炼的数据采取行动。

4）接收反馈数据，从结果中学习，然后全部保存进记忆中。

这个过程是一个持续收集数据、处理数据、采取行动然后接收反馈的循环，经历这一过程越多，就会变得越智能。这其中两个关键的基础要素是尽可能多地接触到数据，以及形成无懈可击的模式识别技能。

如果技术要复制智能并将其开发成数字化商品卖给开放市场的话，那就得采用相同的模式。利用物联

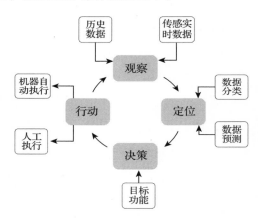

图 16-1　数据智能的一个简单循环

网、数据智能、区块链技术的发展，自主经济离我们比大多数人所想的都要更近。

1. 物联网（IoT）

数据的大规模制造是数字时代的主要衍生品，这已经成为一种普遍认知，以至于大家开始谈"数据是新的石油"。当前收集到的大部分数据都是通过应用获取的，如百度通过搜索结果收集数据，微信通过用户的社交档案收集数据，淘宝也基于用户的消费习惯来收集数据。基本套路是做应用出来给消费者使用，然后基于他们的活动收集数据。

然而，要想拥有迅速决策能力，必须能接触到实时数据。得益于传感器技术的一些重大创新，比如测量温度、位置、速度、加速度、深度、压力、

血液成分、空气质量、颜色、照片扫描、语音扫描、生物计量、电子以及磁
场的传感器等，可以从环境里、机器内甚至在人体内获得实时数据。物联网
其实是人类感官的数字形式。

2. 数据智能（AI）

数据是智能的燃料，人工智能则是吸收数据的引擎，将其与之前数据进
行交叉引用，分类整理，做出判断，在现实世界触发行动。最近的进展来自
用于深度学习的神经网络，神经网络是模仿人类大脑（尤其是通过比较已知
信息进行模式识别及信息分类）的算法为核心的机器学习子集。深度学习是
一种基于相关概念或者决策树分层的神经网络，某个问题的答案会导致更深
层次的相关问题，直到数据被正确地识别出来。得益于丰富的数据和智能算法，
智能计算的商品化已具备可能性。

3. 区块链技术（Block Chain）

人类智能的协作性很强，意味着社会性的知识库是人类智能与其他智能
互动的结果。两个智能系统之间的障碍阻碍了发展速度，因为它抑制了连接
的建立。连接越多，智能系统就会变得越智能。为了让社会的连接最大化，
所有系统都需要能够方便地彼此交互，从而让数据和价值在社会自由流动。

区块链技术作为数据确权与共享的基础设施，能让任何系统接收输入并
发送输出给任何其他系统，并且提供不可抵赖的、安全的、实时操作的数据
传输，在必要时可以提供保密选项。

16.2　GDPR 与数据安全管理办法

欧盟议会于 2016 年 4 月 14 日通过的《通用数据保护条例》（General
Data Protection Regulations，简称 GDPR）[注]，于 2018 年 5 月 25 日在欧盟成员
国内正式生效实施。该条例被称为史上最严格的数据法规，它不仅对个人数
据权力保护做出了详细说明，还对违规行为制定了严格的处罚措施。这些处
罚是以行政罚款的形式出现的，可以对任何类型的违反 GDPR 的行为进行处

○ The European Unions. General Data Protection Regulations，www.gdpr.international。

罚，包括纯粹程序性的违规行为。其罚款范围是 1 000 万~2 000 万欧元，或企业全球年营业额的 2%~4%。

GDPR 的设立缘由：

1）为欧盟公民提供更多使用自己的个人资料的权力。

2）加强数字服务提供者与他们所服务的人之间的信任。

3）为企业提供明确的法律框架，通过在欧盟单一市场上制定统一的法律来消除任何区域差异。

事实上，GDPR 的适用范围极为广泛，任何收集、传输、保留或处理涉及欧盟所有成员国内的个人信息的机构组织均受该条例的约束。比如，即使一个主体不属于欧盟成员国的公司，只要满足下列两个条件之一就会受到 GDPR 的管辖：

1）为了向欧盟境内可识别的自然人提供商品和服务（包括免费服务）而收集、处理他们的信息。

2）为了监控欧盟境内可识别的自然人的活动而收集、处理他们的信息。

因此，GDPR 的影响是全球性的。GDPR 开启了全世界对数据隐私保护问题的关注。在 GDPR 的示范作用下，美国加州同年推出《加州消费者隐私法案》（简称 CCPA）。

2019 年 5 月 28 日，国家互联网信息办公室发布《数据安全管理办法（征求意见稿）》（以下简称《管理办法》）。《管理办法》声明国家坚持保障数据安全与发展并重，鼓励研发数据安全保护技术，积极推进数据资源开发利用，保障数据依法有序自由流动。

《管理办法》重点内容如下。

1. 明确监管主体，施行备案制管理

根据《管理办法》，在中华人民共和国境内利用网络开展数据收集、存储、传输、处理、使用等活动，以及数据安全的保护和监督管理，均在此办法的监管范围。

《管理办法》又进一步明确了统一监管主体，即国家网信部门统筹协调、指导监督个人信息和重要数据安全保护工作，地（市）及以上网信部门依据

职责指导监督本行政区内个人信息和重要数据安全保护工作。

在监管方式上，《管理办法》指出，网络运营者以经营为目的收集重要数据或个人敏感信息的，应向所在地网信部门备案。备案内容包括收集使用的目的、规模、方式、范围、类型、期限等。

2. 建立个人信息收集使用规则，提出安全责任人制度

根据《管理办法》，网络运营者只要收集使用个人信息，应分别制定并公开收集使用规则，收集使用规则可以包含在隐私政策中，也可以其他形式提供给用户。并规定仅当用户知悉收集使用规则并明确同意后，网络运营者方可收集个人信息。

从收集使用规则的内容看，增加了对数据安全责任人的要求，并提到应分别制定并公开收集使用规则。根据《管理办法》，网络运营者以经营为目的收集重要数据或个人敏感信息的，应当明确数据安全责任人，并规定了安全责任人的具体要求和职责。

3. 约束默认授权、功能捆绑相关行为，要求停止"定推"后删除用户数据

《管理办法》规定网络运营者不得以改善服务质量、提升用户体验、定向推送信息、研发新产品等为由，以默认授权、功能捆绑等形式强迫、误导个人信息主体同意其收集个人信息。

同时还对"定向推送"做出了明确规定，要求网络运营者利用用户数据和算法推送新闻信息、商业广告等，应当以明显方式标明"定推"字样，为用户提供停止接收定向推送信息的功能；用户选择停止接收定向推送信息时，应当停止推送，并删除已经收集的设备识别码等用户数据和个人信息。

4. 提出数据爬取要求，规定"合成"内容要求

《管理办法》对数据爬取和"合成"信息进行了首次规定。根据《管理办法》，网络运营者采取自动化手段访问收集网站数据，不得妨碍网站正常运行；此类行为严重影响网站运行，如自动化访问收集流量超过网站日均流量 1/3，网站要求停止自动化访问收集时，应当停止。

对于"合成"信息，则要求网络运营者利用大数据、人工智能等技术自动合成新闻、博文、帖子、评论等信息，应以明显方式标明"合成"字样；不得以谋取利益或损害他人利益为目的自动合成信息。

《管理办法》的出台具备重要意义：第一，可以有效遏制目前市场上多数从事数据活动的机构盗用、滥用数据现象；第二，可以有效促成数据活动机构加强数据采集规范的研究，并为最终形成社会统一的数据采集标准提供基础；第三，为一些从事存储、传输的技术研究机构提供了一定的市场空间；第四，为市场上从事数据活动的机构提供了一个相对公平、公开的竞争环境。

GDPR 和《管理办法》的出台和实施，标志着数据的收集与使用经过最初的野蛮发展之后，开始进入规范发展阶段。

16.3　数据生产要素化与自主权数据管理

党的十九届四中全会通过了《中共中央关于坚持和完善中国特色社会主义制度、推进国家治理体系和治理能力现代化若干重大问题的决定》，其中第六部分第（二）条提出"健全劳动、资本、土地、知识、技术、管理、数据等生产要素由市场评价贡献、按贡献决定报酬的机制"。这是七大生产要素概念的首次提出。

16.3.1　数据生产要素化的意义与影响

"按要素贡献分配"是我国改革开放进程中的重大分配制度理论进展，其理论的演化过程如图 16-2 所示。

1997 年，党的十五大提出了"把按劳分配和按生产要素分配结合起来"，"允许和鼓励资本、技术等生产要素参与收益分配"——"按生产要素分配"这一概念被首次提出，并明确了"技术"是生产要素之一。

2002 年，党的十六大提出了"确立劳动、资本、技术和管理等生产要素按贡献参与分配的原则"——"按要素贡献分配"这一概念被首次提出，强调了是按"贡献"分配而非按"投入"分配，并在生产要素中增加了"管理"。

2007 年，党的十七大进一步提出了"健全劳动、资本、技术、管理等生产要素按贡献参与分配的制度"——完成了从"确立原则"到"健全制度"的变化。

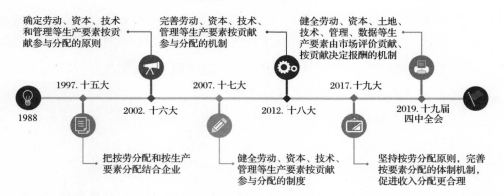

"按要素贡献分配"提法的演化

图片来源：云说管控．原文网址：https://mp.weixin.qq.com/s?src=11&timestamp=15948709
97&ver=2463&signature=XDILju9fW0stXyWlMlOPP2k1dlAP*mqNYnkDU*V*BQKEFt
Y2VHCnjBNKtnhoGFCbxrwV7eChE-jf2AA4gPoS8jfVroT3K-f5ldjlpfg*0ytOLaD5z00p3I
egJ7ahKQ75&new=1

图 16-2　按要素贡献分配理论的进展

2012 年，党的十八大提出"完善劳动、资本、技术、管理等要素按贡献参与分配的初次分配机制"——完成了从"健全制度"到"完善制度"的进阶。

2017 年，党的十九大提出"坚持按劳分配原则，完善按要素分配的体制机制，促进收入分配更合理、更有序"——再度强调了"按要素分配"和"完善体制机制"。

2019 年 11 月，党的十九届四中全会提出"健全劳动、资本、土地、知识、技术、管理、数据等生产要素由市场评价贡献、按贡献决定报酬的机制"——生产要素由之前的劳动、资本、技术、管理"四项"变为"七项"，增加了土地、知识和数据，且对"按贡献分配"做了进一步的阐释："由市场评价贡献、按贡献决定报酬"，即对"贡献"的测度是"市场法"而非"成本法"，是看"产出"而非看"投入"，是看"功劳"而非看"苦劳"，凸显了"让市场在资源配置中发挥决定性作用"。

关于按要素贡献分配，其理论探讨虽然已经有数十年时间，但目前仍处在实践探索的初期，远未形成一种成熟的分配机制，原因就在于各要素的贡献难以真正做到精准量化，只能粗略估算。理论探讨迟迟不能落地，急需新的革命性的突破。

数据成为生产要素对于"要素分配理论"具有重要意义。

一方面，在新的数字经济和数字社会时代，数据本身就是生产资料。谁占有数据，就能够基于数据提供衍生服务，创造价值，提高生产力。没有数据，即便空有算力和算法，也"巧妇难为无米之炊"。

另一方面，数据要素是对上述劳动、土地、资本、管理、技术、知识六大要素的数字化，能够随时记录任一要素发生的变化，应用大数据技术和相关算法做出决策，通过改变六大要素的优化组合，就能创造出更多的生产力。同时，有了实时的数据，就完全可以对任一要素的贡献进行精准计算，这样才能使"要素贡献理论"真正落地。

16.3.2 数据确权是要素市场化的要求

市场经济要求生产要素商品化，以商品形式在市场上通过市场交易实现流动和配置，从而形成各种生产要素市场。市场在资源配置中起决定性作用，前提是要形成统一、开放、竞争、有序的市场体系。

数据作为时代与科技发展带来的最新的生产要素，在市场化方面具有先天的优势。但是，在数据进入市场之前，需要形成清晰界定所有、占有、支配、使用、收益、处置等产权权能的完整技术和制度安排。

数据确权是数据要素市场化的前提条件。数据确权是保障市场秩序的基础。各种类型的数据产权得到清晰界定、顺畅流转和严格保护，这是规范市场主体生产经营行为、优化资源配置、降低市场交易成本、形成良好市场秩序的重要保障。建立健全数据产权制度可以有效激发市场主体活力和创造力，稳定社会预期，增加经济发展的持久动力。

16.3.3 区块链自主权数据管理模型

区块链技术具有不可伪造抵赖、不可篡改、智能合约和分布式记账等技术特性，在实现数据确权与自主权管理方面具有优势。

区块链自主权数据管理模型的基本内容如下：

基于数字身份对数据进行确权，并将数字身份延伸到智能合约、IoT 等非实体"用户"，让一切都可以用数字身份来表达，并成为一种基础治理能力。

数字身份不是简单的身份标识，而是用户账户数据（属性）与交易数据（行为）的集合。

自主权数据管理模型功能包括：数据确权（多方主权）、数据安全定义、数据共享与流转、数据有条件授权、数据隐私保护、数据防篡改、数据审计监督等。

自主权数据管理帮助用户掌控自己的数据，并在自己同意的情况下在可信实体之间分享数据。同时，企业需要进行用户身份的识别和验证，在遵守用户隐私规定的条件下建立起完整的用户数据库。

数据加密的环节是自主权数据管理的基础。只有有了加密的手段，使得所有人需要保护隐私、需要保护商业机密、需要保护竞争利益以及需要满足政府监管要求的时候，有所有人共同认可的加密手段，使得数据交易不是把裸数据卖掉，而是数据使用权的分享和交易，是在加密状态下进行的数据交易，才能使得数据隐私及产权利益得以保护。

16.4　区块链自主权数据管理的应用

数据确权及自主权化管理是数据资产化时代或者说数据要素化时代的基础问题，因此应用场景极为广泛。本节以政务大数据场景和个人医疗健康数据场景为例，说明区块链自主权数据管理的应用。

16.4.1　云计算时代的政府业务数据确权

国发〔2015〕5 号文《国务院关于促进云计算创新发展培育信息产业新业态的意见》指出，充分发挥云计算对数据资源的集聚作用，实现数据资源的融合共享，推动大数据挖掘、分析、应用和服务。政务云建设进入一个新的阶段，称为"政务云 2.0 阶段"。政务云 2.0 阶段在 IaaS 基础设施资源整合与共享的基础上，将会实现 IaaS/PaaS 深度融合，借助云计算技术推动政府大数据的开发与利用，实现跨系统的信息共享与业务协同，推进应用创新。

政务云 2.0 的特征是以数据为核心、以 IaaS/PaaS 深度融合为支撑、以新架构的云应用创新为代表。在政务云 2.0 阶段，应用对业务连续性和数据安全可靠性保障提出了更高要求。

政务大数据已经成为提升政府治理能力、重构公共服务体系的新动力、新途径。2015 年发布的《促进大数据发展行动纲要》提出建立"用数据说话、用数据决策、用数据管理、用数据创新"的管理机制；2016 年发布的《"十三五"国家信息化规划》指出"加快推进跨部门、跨层级数据资源共享共用"；2017 年发布的《新一代人工智能发展规划》进一步要求加强政务数据资源的整合、开发适于政府服务与决策的人工智能平台。相关行业部门、地方政府也出台了一系列推进政务大数据发展和应用的政策文件，鼓励相应的实践探索。

云计算和大数据推动政务云的协调发展。云计算为政务云提供了技术实现手段。政务云可以推动政府大数据的数据资源整合，为大数据分析提供数据基础。大数据可以为政务云的建设及政务决策提供预测和数据支持。政务云和大数据分析都可看作是云平台上的应用。云计算其实就是资源的整合和虚拟，整合可以大致分为计算能力、存储能力和网络的整合。

国家政务大数据应用还处于起步阶段，尤其是在政务数据的采集、开放共享和跨领域应用方面仍有许多问题亟待解决。在非云计算时代，各个政府部门自建 IT 信息化系统，政府部门业务数据权属与 IT 系统的物理权属管理的安全责任是统一的。每个政府部门为自己的 IT 系统物理安全与业务数据安全负责；在云计算时代，IT 系统的物理权属和安全责任归属统一的云计算中心或者大数据中心，但是各部门的业务数据权属及安全责任仍归部门管理，IT 系统的物理权属和业务系统的数据权属的安全责任是分离的。权属分离导致责任不清，这是目前政务数据上云和大数据中心数据收集的最大障碍（见图 16-3 ）。

如何确保云计算时代业务数据权属的安全责任，是云计算时代带来的新问题。区块链对数据的确权，以及基于确权的共享能力，将是云计算时代数据权属安全责任的重要解决方案。

各个部门自建IT系统，数据权属　　　　　　　IT系统的物理权属和安全责任归属统一
与IT系统的物理权属管理的安全　　　　　　　的云计算中心；但是各部门的业务数据
责任是统一的　　　　　　　　　　　　　　　权属及安全责任仍归部门管理；IT系统
　　　　　　　　　　　　　　　　　　　　　的物理权属和业务系统的数据权属的安
　　　　　　　　　　　　　　　　　　　　　全责任是分离的

图 16-3　业务数据权属分离是政务云的新问题

基于区块链自主权数据管理，为每个业务部门建立数字身份，基于数字身份为业务部门的数据签名及加密，通过软件和算法确保业务部门数据不可抵赖和不可篡改，解决了云计算时代业务部门的数据权属问题。

区块链自主权管理在政务数据领域的实施，将会极大推动政务数据上云及政务大数据中心的建设。

16.4.2　医疗健康数据的自主权管理

2018 年 7 月 12 日，为加强健康医疗大数据服务管理，促进"互联网 + 医疗健康"发展，充分发挥健康医疗大数据作为国家重要基础性战略资源的作用，根据相关法律法规，国家卫生健康委员会发布了《国家健康医疗大数据标准、安全和服务管理办法（试行）》。

从区块链技术的特征可以看出，医疗行业会成为受益最大的行业之一，因为该技术能够解决困扰医疗领域多年的痛点：医疗健康数据的隐私性与安全性。

首先，病人的医疗记录和个人隐私信息在任何时候都是需要被保密的。这需要医疗机构具有安全到足以令人信任的保密机制，尤其涉及特殊敏感的治疗记录，如艾滋病、乙型肝炎、癌症或是整容、心理疾病等。而所有这些医疗记录和信息如果只是被单纯放进机构运营的信息数据库里，已不再是稳妥可行的选择。因为在互联网时代，由于网络安全等问题，"泄密"与"爆料"变得简单到不需要花费任何代价。例如：

2015 年 2 月，美国第二大医疗保险服务商遭到入侵，超过 8 000 万患者和雇员的个人信息被盗，被誉为史上最大医疗信息泄露事件。

2016 年 7 月，加州大学洛杉矶分校健康服务系统由于用户数据没有加密，450 万份档案资料被泄露。

其次，健康人群的身体数据也是现代社会的重要隐私情报。特别是像指纹或虹膜这种"身体密码"，它们不同于身高体重、血糖血压之类的传统数据，是绝对不能泄露的，如果这些涉及唯一性的资料出现大规模泄露，将会引发金融灾难。此外，随着基因检测的发展，现在只要几百元和一点唾液，检测机构就能生成一份检测报告，包括个人基因数据、健康风险、遗传性疾病、药物指南等，所有的个人隐私信息均被保存在该检测机构的数据库中。这种毫无保障的中心化数据库里存储的用户健康信息，一旦出现泄露，很难想象会带来多少不可控事件。

区块链技术可以为医疗行业提供一个可行的"数据隐私"解决方案，这是一个能做到完全透明却又能尊重用户隐私的方案。

1. 电子病历（Eletronic Medical Records，EMR）

区块链在医疗领域最主要的应用是：个人医疗数据的自主权管理。

EMR 的广泛使用给医疗领域带来非常大的便利，使得数据的存储复制非常简单。但存在如下缺陷：

首先，在现有体系下，患者的个人健康数据是由不同的医院或企业来进行管理的，患者的个人数据是分散的，数据难以交互，互操作性差，难以协调管理。

其次，患者的个人健康数据是有价值的，本质上归患者所有，但是管理数据的企业往往因为经济利益将这些数据占为己有，患者无法掌控和管理自己的个人医疗数据，无法对自己的数据进行访问控制、权限设定。

最后，医疗数据的安全性和有效性完全依赖于企业，一旦企业的数据库遭受破坏，医疗数据就会损失，难以恢复，且企业很可能会为自身利益泄露医疗数据，对患者隐私造成危害。

基于区块链自主权管理医疗病历，就有了个人医疗的完整历史数据，看病也好，健康规划也好，就有历史数据可供使用，对精准治疗和疾病预防有宝贵价值。而且这个数据真正的掌握者是患者自己，并不是某家医院或第三方机构，这对于消除医疗信息摩擦，包括信息不完善、信息风险和信息无法访问等，以及保护数据的隐私性和安全性有重要意义。

2. 健康管理

基于区块链技术搭建的健康管理平台，可以在智能家居/办公环境中运作，让用户能够安全地跟踪并收集个人健康数据。这些数据多来自联网的可穿戴设备和其他家庭监控设备。在该应用场景下，智能合约将被用于医疗健康识别中，如遇紧急情况，还能触发潜在紧急健康状况的警报，并将适当的信息传递给临床医生和家庭成员。

3. DNA 钱包

基因和医疗数据基于区块链自主权管理，将形成一个 DNA 钱包。这使得医疗健康服务商能够安全地分享和统计病人数据，帮助药企更有效率地研发药物。服务商在使用个人数据时要征得个人同意授权，并为个人提供相应补偿或回报。

4. 医疗支付与理赔

医疗服务生态系统还不够完善，不能让消费者享有经济主体的主动权。消费者可能并不知道一些医疗服务的成本是多少，或者他们应该花费多少。基于区块链的自主权数据管理，在数据智能分析的帮助下，可以帮助患者在接受治疗前提前确定自付费用金额，也能提供预付款等服务，避免造成患者意料之外的成本，医疗机构也能减少未收款项坏账。

医疗健康数据的区块链自主权管理可以显著地促进医疗信息的共享，创造安全、可信和便捷的医疗记录，具有高度的完整性和可信性。区块链保证了数据的有效性和安全性，使得医院、保险公司和实验室能够实现连接并且及时无缝分享信息，而无须担心信息被泄露或者被篡改。通过在区块链上编写智能合约，可以对患者数据进行访问控制，保证患者对自己数据的所有权，在一定程度上保护患者隐私。区块链可为医疗行业带来的另一大变革是促进医疗服务向以患者为中心转变，在物联网及认知分析等技术的协同作用下，全新的远程医疗护理、按需服务和精准医疗将成为可能。

基于医疗健康数据自主权管理的精准医疗和按需服务场景与流程举例如图 16-4 所示。

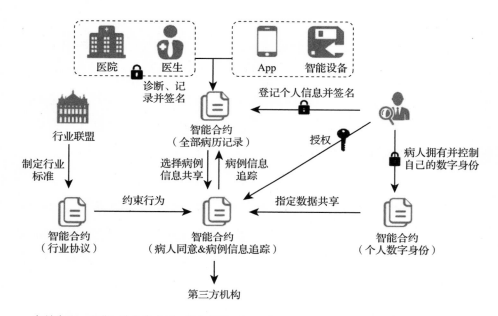

资料来源：汤衡 . 爱健康金融 . 原文网址：https://mp.weixin.qq.com/s?src=11&timestamp=15948 71488&ver=2463&signature=DJI5bBs-*Dbrksz2ardX2TD-me4jviSU0Ab6oKV-rv*akkrK*uOQ 293dTpZhEf7FHGhsFy1lL-oCirHqg9ZsAUElE5Phk0LR0xlw9wPQJFszzXpfCs1GSqRokFeN YI1-&new=1

图 16-4　基于医疗健康数据自主权管理的精准医疗服务

场景一：药物适配

药企在后台管理系统提交自身要售卖的药品、服务，向系统发出分析请求。系统收到后抽取其相应受众可能具备的病理特征，再据此向目标客户群（系统初步判断）发出授权请求，用户同意并授权药企后，系统将目标用户的病理特征与授权群体中的病理特征（已脱敏）进行比对，并将对比结果及相似度反馈至药企。药企查阅后可选择相似度达 60% 以上的筛选条件作为门槛，向目标客户推送定制化服务。

场景二：保险定制

保险商在后台管理系统提交自身要售卖的服务，并向用户群体发出授权请求。

用户同意且保险商支付费用后，系统评估授权群体患有某种疾病风险的概率，并将相关结果反馈至保险商，其查阅后可根据用户群体患有某种疾病的概率进行智能定价，并将不同的定制化服务推送至用户。

Chapter Seventeen

第17章

——

供应链创新 —— 迈向产业命运共同体

17.1 供应链创新与应用

17.1.1 供应链创新的政策背景

2016 年 3 月 5 日，十二届全国人大四次会议上的《政府工作报告》中，提出要"重塑产业链、供应链、价值链"。

2017 年 8 月，商务部办公厅、财政部办公厅发布《关于开展供应链体系建设工作的通知》，在全国 17 个城市开展供应链体系建设试点。

2017 年 10 月 13 日，国务院发布《国务院办公厅关于积极推进供应链创新与应用的指导意见》（国办发〔2017〕84 号）。

2018 年 4 月 17 日，商务部等八部门联合发布《关于开展供应链创新与应用试点的通知》。

2019 年 2 月 14 日，中共中央办公厅、国务院办公厅印发了《关于加强金融服务民营企业的若干意见》。其中第十二条——供应链金融获得了单独一条展示，足见中央的重视及对供应链金融未来的看好。

2019 年 7 月 6 日，中国银保监会发布了《关于推动供应链金融服务实体经济的指导意见》(银保监办发〔2019〕155 号)，要求银行保险机构应依托供应链核心企业，基于核心企业与上下游链条企业之间的真实交易，整合物流、信息流、资金流等各类信息，为供应链上下游链条企业提供融资、结算、现金管理等一揽子综合金融服务。

2019 年 10 月 30 日，银保监会正式下发《关于加强商业保理企业监督管理的通知》（简称 "205 号文"）。205 号文共包括六个领域，要求规范商业保理企业经营行为，加强监督管理，压实监管责任，防范化解风险，促进商业保理行业健康发展。为商业保理开展供应链金融业务提供了规范性指导。

17.1.2　供应链的内容与分类

供应链创新与应用指基于现代信息技术对供应链中的物流、商流、信息流和资金流进行设计、规划、控制和优化，将单一、分散的订单管理、采购执行、报关退税、物流管理、资金融通、数据管理、贸易商务、结算等进行一体化整合的服务。

供应链创新与应用涉及的利益方包括生产商、中间商（物流）、零售商、客户（见图 17-1）。

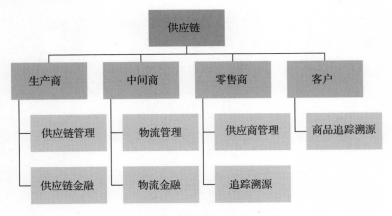

图 17-1　供应链创新与应用的相关方

供应链创新与应用的业务分类和相关的利益方如下：

供应链管理：生产制造企业、供应链（物流）管理企业。

供应链金融：供应链上核心企业及核心企业的上下游企业。

商品追踪溯源：零售商、客户。

其中供应链管理发展比较早，在生产制造型企业和供应链（物流）管理企业中比较成熟。

生产制造企业的供应链管理应用如图 17-2 所示。

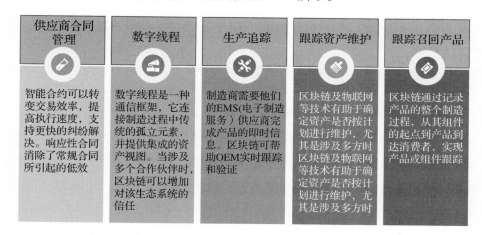

图 17-2　生产制造企业的供应链管理应用

供应链（物流）管理企业的供应链管理应用如图 17-3 所示。

图 17-3　供应链管理企业的供应链管理应用

供应链金融和商品溯源虽然出现较早，但真正的蓬勃发展是在近几年政策及技术的推动下进行的。

17.1.3　区块链在供应链领域的应用

在供应链创新与应用领域有几个难点：第一是产业上下游多方的协同和信任问题；第二是产业链里面的数据安全和隐私保护问题；第三是多方协同后的价值分配问题。这些恰恰都是区块链技术的价值所在[一]。如果说供应链是产业的线下连接器，那么区块链就是产业的线上连接器，区块链让产业的价值传递更加安全、便捷与可信。

在数字化时代，数据将成为整个时代发展的核心，供应链的平台化战略

○一 Anne Josephine Flanagan. Inclusive Deployment of Blockchain for Supply Chains，World Economic Forum White paper, 2019.09。

及智能化策略都建立在数据集中、数据分享、数据整合的基础之上。企业同时掌握大量核心数据和关键技术，以金融科技为强大支持，打造智慧供应链。数据智能、区块链、云计算等数字科技将会成为数字化供应链重要的工具和利器。

目前供应链领域面临两个最大的问题：

1）信息流、商流、物流和资金流分离。资金流在几百家银行体系里面，信息流在各自孤立的系统里面，商流存在合同里面，物流则更加分散。企业和金融机构需要独立处理四方面的信息，很难融合在一起。

2）供应链上供应商和经销商特别多，协作关系难以轻易确定。很多企业的供应商和经销商有几百上千家，而且有大有小，有国内的有国外的。供应链先天就是众多企业互不同属、互相博弈的一种互相协作的关系，没有一个中心化的系统。

区块链构建多方信任和数据协同方面的特性，可以帮助供应链多方协作（见图 17-4）。

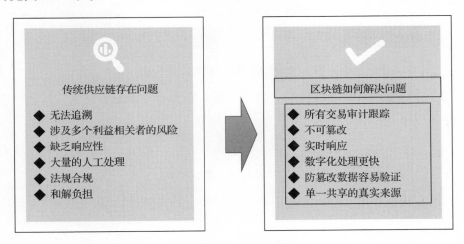

图 17-4　区块链对供应链创新与应用的作用

17.2　供应链金融——产业纵向整合

17.2.1　供应链管理到供应链金融

供应链金融起源于供应链管理。供应链金融是金融机构围绕核心企业在对整条供应链进行信用评估及商业交易监管的基础上，面向供应链核心企业和中小企业之间的资金管理提供的一整套财务融资解决方案。在供应链金融模式下，银行跳出单个企业的局限，站在产业供应链的全局，向所有成员企业进行融资安排，通过中小企业与核心企业的资信捆绑来提供授信。供应链金融涵盖传统授信业务、贸易融资、电子化金融工具等（见图17-5）。

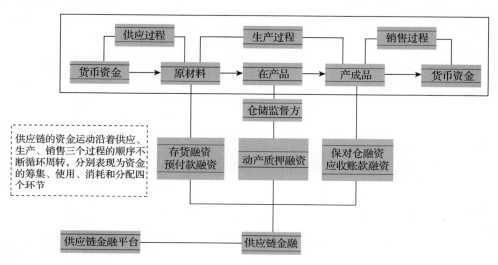

图 17-5　从供应链管理到供应链金融

供应链金融是金融机构开展的一项金融服务业务，业务开展依据是供应链的资金往来。

在整条供应链的信用评估中，核心企业的信用被赋予很大的权重，核心企业的信用风险是整体供应链信用风险的主要来源。

供应链核心企业与其他链中企业之间的交易需要被监督，确保不会向虚假业务进行融资。

供应链金融是一种财务融资，企业向金融机构的抵押物不是固定资产，而是应收账款、预付款和存货等流动资产。

供应链金融起源于深圳。1998 年，深发展银行（现平安银行）在广东地区首创货物质押业务；2002 年，深发展银行提出系统发展供应链金融理念并推广贸易融资产品组合；2005 年，深发展银行提出要建设最专业的供应链金融服务商。据统计，仅 2005 年，深发展银行供应链金融模式就为该银行创造了 2 500 亿元的授信额度,而不良贷款率仅有 0.57%,对公司业务利润贡献率占比 25%。

经过十多年的发展,银行开展供应链金融的方式也在不断扩展:

线下"1+N"模式:供应链金融模式统称为"1+N",银行依据核心企业"1"的信用支撑,完成对一众中小微企业"N"的融资授信支持。线下供应链金融存在的风险主要有二:一是银行对存货数量的真实性不好把控,很难去核实重复抵押的行为;二是经营过程中的操作风险难以控制。

线上"1+N"模式:传统的线下供应链金融搬到了线上,让核心企业"1"的数据与银行完成对接,从而可以让银行随时能获取核心企业和产业链上下游企业的仓储、付款等各种真实的经营信息。线上供应链金融能够保证多方在线协同,提高作业效率。但其仍然是以银行融资为核心,资金往来被默认摆在首位。

线上"N+N"模式:第三方服务平台的搭建颠覆了过往以融资为核心的供应链模式,转为以企业的交易过程为核心。基于中小企业的订单、运单、收单、融资、仓储等经营性行为信息,同时引入物流、第三方信息等,搭建服务平台,为企业提供配套服务。在这个系统中,核心企业起到了增信的作用,使得各种交易数据更加可信。

供应链金融的发展意义重大。现代企业的竞争是供应链和供应链的竞争。一个供应链的建立或优化,无论是纵向的上下游的整合,或者是平台级的撮合,抑或信息中介模式的聚合,其实质都是要为特定行业链条带来效率的提高、价值的提升。而随着经济形态的逐步演化以及现代服务业的深度发展,在业务实践中,供应链的外延有扩大化的趋势,不再局限于传统的生产制造业,扩展到新兴的现代服务业。

截至 2019 年年末,我国供应链金融市场规模预计为 2 万亿元,远低于应收账款和存货规模(合计约 15 万亿元),供应链金融市场仍处于发展初期。

17.2.2 供应链金融的业务开展

1. 供应链金融的业务类型

根据供应链金融业务的开展方式，供应链金融分为应收融资、库存融资与预付款融资（见图 17-6 ）。

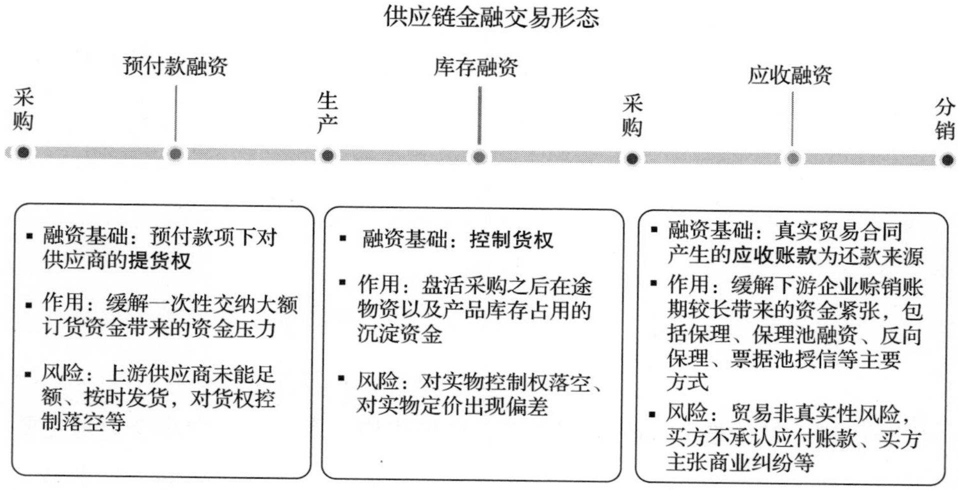

供应链金融交易形态

	预付款融资		库存融资		应收融资	
采购		生产		采购		分销

- 融资基础：预付款项下对供应商的提货权
- 作用：缓解一次性交纳大额订货资金带来的资金压力
- 风险：上游供应商未能足额、按时发货，对货权控制落空等

- 融资基础：控制货权
- 作用：盘活采购之后在途物资以及产品库存占用的沉淀资金
- 风险：对实物控制权落空、对实物定价出现偏差

- 融资基础：真实贸易合同产生的应收账款为还款来源
- 作用：缓解下游企业赊销账期较长带来的资金紧张，包括保理、保理池融资、反向保理、票据池授信等主要方式
- 风险：贸易非真实性风险，买方不承认应付账款、买方主张商业纠纷等

图 17-6　供应链金融的业务类型

应收融资是国外供应链金融的主要融资模式，相对其他两种融资方式，金融机构不需承担企业产品的市场销售风险。核心企业的配合程度决定了应收融资的规模，因此在模式设计上要给核心企业带来好处才能持续进行。应收融资是标准化程度最高的供应链金融产品：

应收账款为直接还款来源，相对于库存和预付款融资，不涉及货物的发出，流程和时间风险更容易确定。

业务仅需要围绕核心企业信用开展，无须针对中小企业授信和风控。

业务开展只需确定核心企业即可，获客成本低。

可以直接对接核心企业 ERP，数据采集、确认以及风控电子化程度高。

库存（仓单质押）融资与线下实体物流的联系更为紧密，也需要与供应链管理嵌入更加紧密才能快速分销质押的存货，所以银行等金融机构对这类业务的开展力度较差，从业者多为电商平台和物流机构。整体而言，库存融资操作难度大、监管企业职责边界不清为业务开展带来难度。但对标准化的大宗商品模式较为成熟，较易开展。库存融资的核心业务能力要求：

对存货价值的准确度量确定融资金额。

存货质押期间控制物流减少人为操作风险。

对质押存货的分销变现能力。

预付款融资（保兑仓）是国内供应链金融业务的主要模式，这主要是因为下游融资帮助核心企业实现销售，加速现金回笼，优化财务报表，得到核心企业的大力配合和支持。预付类产品实际上是将企业间的商业信用转换为银行信用，如果出现违约，则立刻对贷款人（下游经销商）的征信产生影响，对贷款人约束力更强。

2. 供应链金融的参与主体

供应链金融的主要参与主体为：核心企业、金融机构、中小企业、第三方服务机构。其中核心企业是资产方，金融机构是资金方，中小企业是主要的受益方但是在业务开展过程中最微不足道，第三方服务机构分为信息服务商与物流服务商，未来将发挥越来越重要的作用。

核心企业是指在供应链中规模较大、实力较强，能够对整个供应链的物流和资金流产生较大影响的企业。供应链作为一个有机整体，中小企业的融资瓶颈会给核心企业造成供应或经销渠道的不稳定。核心企业依靠自身优势地位和良好信用，通过担保、回购和承诺等方式帮助上下游中小企业进行融资，维持供应链稳定性，有利于自身发展壮大。

核心企业一般是各自行业的龙头企业，拥有的深厚行业背景、资源和上下游关系。核心企业在供应链金融业务中的主要价值在于对上下游企业的增信。核心企业开展供应链金融业务具有先天优势，但核心企业大概率会局限在自身供应链里面，即便成立或收购保理和小贷公司，也受到资本性和区域性的限制，开展自身行业生态之外的供应链金融业务难度较大。

中小企业在生产经营中受经营周期的影响，预付账款、存货、应收账款等流动资产占用大量的资金。而在供应链金融模式中，可以通过货权质押、应收账款转让等方式从银行取得融资，把企业资产盘活，将有限的资金用于业务扩张，从而减少资金占用，提高资金利用效率。国家政策大力支持供应链金融，目标也是解决中小企业"融资难、融资贵"的痼疾。

金融机构在供应链金融中为中小企业提供融资支持，通过与核心企业以及第三方服务机构合作，在供应链的各个环节，根据预付账款、存货、应收账款等动产进行"量体裁衣"，设计相应的供应链金融模式。金融机构提供供应链金融服务的模式，决定了供应链金融业务的融资成本和融资期限。目前参与供应链金融的金融机构有商业银行、保理公司、小贷公司以及信托公司或 P2P 等第三方资产管理机构。

商业银行是供应链金融的主要参与者。2018 年数据显示，全球 50 家最大的银行中有 46 家开展了供应链金融业务。银行基于商户管理、结算管理和传统的信贷数据的积累，可以实现与核心企业错位的合作和竞争。银行开展供应链金融业务最明显的优势是资金、支付结算手段、客户资源和金融专业性（包括识别、计量、管理风险）。相对于核心企业，银行可以实现跨行业展业。银行供应链金融解决方案倾向于做供应链中相对业务量明确、资信较好、标准化程度高、上下游业务量大的企业，如汽车行业、电子行业等。

但是，银行自身没有仓储管理能力，更多采取跟物流仓储公司合作的方式。在涉及现货质押的业务中，把货物放到合作仓库中，由物流企业负责管理物流信息，运输过程信息，采集货物签收情况、货运、入库出库情况等。多数行业的供应链没有数据标准，采用自己的 ERP、经销商管理系统和数据规则，个性化服务要求高，工作量大，导致银行对于行业覆盖的深度和广度有一定局限性。部分银行通过自建供应链金融平台的方式开展业务，自建平台有利于银行把控客户资源、增强核心业务能力，但是自建平台的成本和局限性也较高。

保理公司、小贷公司开展供应链金融业务的主要障碍是资金成本，难以提供与银行有竞争力的资金，因此只能在银行覆盖不到的领域开展业务。第三方资产管理公司收购供应链金融有关的资产，包装成理财产品对外销售，但第三方资产管理公司的风险控制能力不强，产品容易出现信用风险，实际上，

2019 年出现的"诺亚财富踩雷承兴国际事件"已经暴露了这一点。

第三方服务机构包括两种：一是业务支持性机构，二是第三方供应链金融服务平台。业务支持性机构是供应链金融的主要协调者，一方面为中小企业提供物流、仓储服务，另一方面为银行等金融机构提供货押监管服务，搭建银企间合作的桥梁。对于参与供应链金融的物流企业而言，供应链金融为其开辟了新的增值业务，带来新的利润增长点，为物流企业业务的规范和扩大带来更多的机遇。

3. 第三方供应链金融服务平台

相对于银行自建平台，第三方供应链金融服务平台具备多种优势：

供应链金融需要的是集业务、技术、金融为一身的解决方案，而银行内部分工明确。

每家企业和供应链都具备独特性，系统、数据、资金需求方式各异，银行通常希望产品是标准的。

第三方平台贴合市场、机动灵活，而银行构架复杂，审批流程长、反应速度慢，产品创新的速度也有限。

第三方平台的合作方不仅仅是银行和核心企业，还包括供应商、经销商、交易平台、贸易服务商等；协作方面可以与标准化服务提供商、风控机构、认证机构、数据公司等合作；为所有参与方构建开放式、合作共赢的模式，所有参与主体都可以在平台系统上找到自己的位置，做到资源的互通和整合。

目前常见的第三方供应链金融平台，按照来源划分有五种：电商平台、供应链（物流）管理平台、ERP 软件平台、行业资讯平台、P2P/ABS 发行平台。

1）电商平台（如淘宝、京东、苏宁等）利用平台上的交易流水与记录，进行风险评测，确认信用额度，进而发放贷款，除了赚取生态圈上下游供应商的金融利润，也保证了生态圈健康发展。在整个模式中，电商是整个交易的核心，除了掌握数据了解各企业征信，也能牢牢把控上下游的企业。

阿里小微信贷利用其天然优势，即阿里巴巴、淘宝、支付宝等电子商务平台上客户积累的信用数据及行为数据，引入网络数据模型和在线资信调查模式，将客户在电子商务网络平台上的行为数据映射为企业和个人信用评级。

京东供应链金融主要包括京保贝／京小贷和银行放贷两个渠道，前者是用京东自有资金给供应商放贷，利率比银行略低；后者是由京东将有贷款需求的供应商推荐给合作银行，由银行放贷。

2）供应链（物流）管理平台。在传统供应链金融模式中，物流公司是参与者也是非常重要的第三方支持机构；在"互联网＋"时代，物流公司凭其在行业上下游的深厚关系转身从事电商，进而延伸至供应链金融业务。典型的上市公司有怡亚通、瑞茂通等。瑞茂通主要基于煤炭物流从事供应链金融服务，是典型的传统强周期行业向供应链金融转型的公司。怡亚通也在打造供应链金融平台，公司旗下的 380 平台已成为国内第一快消品供应链平台。

3）ERP 软件云平台。很多软件公司提供的 ERP 软件理论上能够知晓公司的运营和财务情况，有助于了解公司信息。若供应链上更多的公司使用该软件，则可以通过公司间的数据进行交叉验证，有助于供应链金融的扩展。因此，各类数据软件公司也参与到供应链金融中来。本质是通过掌握公司的运营数据，建立公司征信数据，对公司的信用情况进行评级，从而有利于控制放贷风险。典型案例：用友、金蝶云等。

4）行业资讯平台。这类公司的主营业务一般是提供行业资讯服务、信息、数据及网络推广，类似于行业门户网站。由于拥有大量线下的行业客户资源，再加上本身所处行业体量较大，而所在传统业务发展又面临瓶颈，为了寻求新的增长点，供应链金融就成为一个比较好的出路。这种企业多是建立了第三方 B2B 电商平台，发展路径一般是通过资讯聚集人气，然后通过交易进行金融服务。典型案例：找钢网。

5）P2P／ABS 云平台。中小微企业由于信用体系不完整，导致其直接向商业银行贷款手续烦琐、信用额度小等。随着互联网的发展，市场诞生了第三方 P2P 平台。目前国内 P2P 平台的资产来源包括线下小额贷款公司（自营或合作）、担保公司、信托公司、融资租赁公司等，其借款人质量、风控模型、风险点各不相同，但大部分是传统民间借贷业务的线上化，缺乏贷款方的征信信息及平台风控的手段。供应链金融由于有核心企业背书，为 P2P 平台提供了更大的安全性。同时，由于第三方 P2P 平台作为信息中介的特质，并未增加中间环节，事实上也为融资企业降低了融资成本。以供应链金融服务平台道口贷为例，由于中间环节的减少以及有核心企业承诺兑付，供应链上的中小微企业融资成本可以低至 10%。

随着 P2P 行业监管趋严，无法跟进供应链金融市场发展。商业保理和供应链金融 ABS 产品给出了新的方向，新的供应链金融 ABS 云平台兴起，典型案例：联易融。

17.2.3　供应链金融的问题与机会

1. 行业发展的挑战与矛盾

供应链金融诞生至今，"一直是种子选手，但从未成为明星"，各种理论研究难以落地成为业务实践。每一个参与主体都面临着自身的困境：金融机构是利益关联方，但无法成为驱动者；核心企业可以成为驱动者，但没有足够的利益刺激；中小企业是最大受益者，但影响力微不足道。

资金与能力的不匹配，限制了供应链金融产品供给。从核心业务能力来看，供应链上的核心企业、以电商为代表的线上交易平台以及物流企业在细分业务能力上有商业银行所不具备的优势；从资金供给角度而言，商业银行具备着其他资金方所不具备的规模和成本优势。但是各自的优势却没有办法相互融合。

2. 核心企业魔咒

核心企业，是供应链金融中最为重要的角色，因此它们的话语权和议价能力都空前强大。几乎所有的供应链金融服务机构都遭遇过一种尴尬：与核心企业达成合作，核心企业很快就会看到供应链金融的好处，觉得"为什么这个事情不能自己干？"于是解除合作，自建团队，亲自操盘。核心企业的"魔咒"，桎梏了供应链金融的发展。而破解这个魔咒也颇为困难。供应链金融服务机构只能通过不断提高大数据、人工智能等技术能力，用这些新技术作为"底牌"，才有和核心企业议价的能力。

事实上，核心企业经营自己的供应链金融，几乎是个不可抗拒的趋势——

随着市场的教育，核心企业将意识到供应链金融是个"双赢"的金融利器。美国的供应链金融产生于 19 世纪末，前期由银行主导，后期核心企业登上历史舞台，一直持续至今。

3. 交易欺诈与资金挪用

据统计，除了经营风险之外，供应链金融业务 90% 左右的风险来源于客户欺诈。客户欺诈的表现形式多种多样，典型的有三类：

1）套汇套利行为，是利用汇率或利率的波动，通过虚构贸易、物流而赚取汇差和利差的行为，除此之外还可以骗取出口退税非法收益。

2）重复或虚假仓单，是指借款企业与仓储企业或相关人员恶意串通，以虚假开立或者重复开立的方式，就同一货物开立多张仓单，以供借款企业重复质押给不同金融机构获取大量仓单质押贷款，并从中牟取暴利。

3）自保自融，在从事供应链融资过程中由亲属、朋友或者紧密关联人为借款企业进行担保，或者由同一人或关联人实际控制的物流仓储进行货物质押监管套取资金的行为。2012 年的上海钢贸事件和 2014 年的青岛港事件，便是企业通过欺诈手段，相互勾结，重复质押资产，欺骗银行骗取贷款的事件，造成了恶劣的社会影响，并阻碍了供应链金融的发展。

4. 风险管理

金融风险的种类很多，主要包括市场风险、信用风险、操作风险及流动性风险。相对于前三种风险，流动性风险对于供应链金融平台来说是最不可控、最需要担心的。流动性风险主要是指金融参与者由于资产流动性降低而导致的可能损失的风险。当金融参与者无法通过变现资产来偿付债务时，流动性风险就会发生。大多数供应链金融业务往往把重点放在信用风险的控制上，而忽视流动性风险。

供应链金融依托核心企业的信用，不论是对上游供应商的最终付款责任，或是对下游经销商的担保责任或调节销售，皆是以核心企业的信用为杠杆衍生出来的授信。在供应链金融领域，风险的源头要追溯到核心企业的偿付能力。供应链融资使用交易信用替代主体信用，降低了对中小企业融资的信用风险，但增大了供应链的整体信用风险。

供应链金融的风险是产业供应链风险和金融风险的叠加,具有传导性和动态性。供应链上的企业相互依存、相互作用,共同在供应链金融创新活动中获得相应的利益和发展,一家企业的经营状况有时会对链上的其他企业产生影响。因此,一家企业的风险向供应链的上下游环节以及周边传导,最终给供应链金融服务者及相应的合作方造成损失。

供应链金融风险会随着供应链的网络规模和程度、融资模式的创新、运营状况的交替以及外部环境变化等因素不断地变动,造成了供应链金融风险的高度复杂性,给金融机构的风控带来了极大的挑战。

5. 法律问题

供应链金融的参与主体众多,既包括银行、核心企业、上下游中小企业以及物流、担保、保险等中介组织,还包括监管机构。参与主体的复杂性,决定了法律适用的复杂性和不确定性。

供应链金融属于金融创新,传统的监管法律难以适应金融创新的发展,潜在的监管风险难以避免。具体而言,供应链金融融资风险主要集中在动产担保物权方面,在涉及质权所有权的原始分配和质权所有权的流动带来的再分配时,可能引发所有权的矛盾和纠纷。相比国外,我国在抵押权、担保物权等方面,对供应链金融的相关法律概念界定、纠纷处理等方面还不明朗,这将阻碍供应链金融的进一步发展。

6. 生态角色分工与缺失

供应链金融的成功实施需要生态中多种形态主体的充分沟通和协同,这些主体除了上面提到的相关业务参与方外,还包括至关重要的三类主体:

1)平台服务商:负责搜集、汇总和整合供应链运营中发生的结构化数据以及其他非结构化数据。

2)风险管理者:根据平台服务商提供的信息和数据进行分析,定制金融产品,服务于特定的产业主体。

3)流动性提供者:具体提供流动性或资金的做市商主体,也是最终的风险承担者。

供应链金融仍处于发展的初级阶段，上述主体及专业化分工还未出现。

7. ABS/ABN 带来的机会

2016 年，证券市场首单供应链金融 ABS 产品发行，之后以每年一倍的速度增长，2019 年当年的新增供应链金融 ABS 发行超过 2 000 亿元。

在国内资管新规的影响下，供应链金融 ABS 是非标债权转标准化债券、打破金融机构非标展业限制的一大重要途径。监管层对供应链金融 ABS 业务的鼓励，让 ABS 市场成为供应链金融业务的新蓝海。

目前，供应链金融 ABS 产品涉及的行业主要为房地产行业，主要以保利、万科、碧桂园等主体信用和偿付能力均较强的大型房企为主。已发行的供应链金融 ABS 产品中，房地产行业占据半壁江山，发行规模占比超过 70%。此外，以小米、京东及滴滴等互联网企业为代表的新型经济企业也参与其中，利用自身的核心企业信用为其上下游制造业企业提供新的融资渠道，促进整个上下游产业链健康有序发展（见图 17-7）。

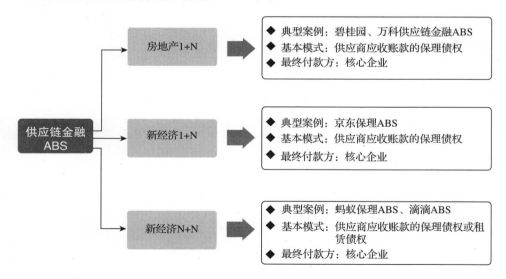

图 17-7　供应链金融 ABS 的业务分类

17.2.4　数字供应链金融平台及其案例

1. 打造数字供应链金融解决方案

发展供应链金融要立足产业，充分运用区块链、大数据、物联网、云计算等新兴技术手段重构产业，将中小企业有机地融入产业网络体系中，形成能够共赢和共同发展的产业生态，确立起有效的产业规则和信用，金融才有发展的空间。在产业秩序和产业竞争力尚未形成的状况下，空谈供应链金融，只会走样变形。金融要真正服务实体经济，放弃短期获取暴利，用金融推动产业发展，实现金融和产业的双向循环和进步。有些金融机构认为，只要有资金，建一个电商平台，就能将产业组织特别是中小企业圈养进来，开展借贷，然后利用平台从事资本运作，以求一本万利，这是一种典型的投机思维。由于缺乏真正产业服务的理念，终究会产生新的金融危机和灾难。

数字供应链金融解决方案是指综合区块链、大数据、AI、云计算、物联网以及量化金融打造数字供应链金融共享开放平台，通过交易数据上链实现底层资产穿透、基于中央结算的风险防控、基于知识图谱构建风险传导模型、综合一二级市场进行风控定价及风险预测等功能，基于数字技术规范供应链金融发展，从根源上防范系统性风险。

供应链金融是一项高操作性的业务，单证、文件传递、出账、赎货、应收账款确认等环节具有劳动密集型特征。基于区块链的供应链金融，通过区块链技术将各个相关方链入一个大平台，通过高度冗余的确权数据存储，实现数据的横向共享，进而实现核心企业的信任传递。基于物权法、电子合同法和电子签名法的约束，借助核心企业信用额度提升中小企业的融资效率，降低中小企业的融资成本。

区块链为供应链提供了交易状态实时、可靠的视图，有效提升了交易透明度，这将大大方便中介机构基于常用的发票、库存资产等金融工具进行放款。针对库存抵押融资，抵押资产的价值将实时更新。记录每次数据更改的身份信息，可以进行可靠的审计跟踪。基于金融机构和核心企业打造一个联盟链平台，提供给供应链上的所有企业，利用区块链多方签名和不可篡改的特点，使得债权转让得到多方共识，降低操作难度。进而在区块链链上实现债务凭证的流转。

2. 围绕核心企业开展业务

供应链金融的本质是信用融资，重点是在产业链条中发现高质量的信用，核心在于区隔不同的现金流，并锁定风险可以识别的现金流，实质是帮助企业盘活流动资产、提高生产效率。

在发展初期，资金渠道决定供应链金融上限规模，而在中长期，行业因素决定供应链金融整体格局。围绕核心企业开展供应链金融需要：①行业分析；②选择核心企业。选择客单价和毛利率高的产业链，选择信用级别高的核心企业。

由于每个产业的供应链模式，盈利模式，资金需求的强弱、周期都是不同的，因此，供应链金融应用于不同的行业，必然催生出不同的行业特征，这将促使供应链金融平台向更垂直细分、更精准、更专业的方向发展。

供应链金融各参与主体需要根据不同行业、不同企业的具体需求来为其量身定做金融服务，提供更加灵活和个性化的供应链融资产品。各供应链金融参与主体只有不断深耕各自所经营的一条或几条产业链，在充分了解行业属性和特征的基础上，结合自身的专业分析与研判能力，才能为各垂直细分供应链上的企业提供个性化的供应链金融产品与服务。

根据供应链的功能模式、市场中介功能和客户需求功能，主要可以把供应链分为以下三种：

1）有效性供应链，一般是指以较低的成本将原材料转化为半成品或者产成品以及解决供应链中的物流等问题。其核心在于成本优势。这类供应链主要集中在传统行业，如钢铁、石油、化工、橡胶、煤炭、金属等行业。

2）反应性供应链，一般是把产品分配到满足用户需求的市场，对未预知的需求能够做出快速反应。其核心在于速度优先。这类供应链主要集中在五金配件、汽配、鲜花、食材等领域。

3）创新性供应链，顾名思义，其核心在于客户需求优先。这类供应链主要集中在服装、家纺、皮革、家具、创意产业、文化产业（电商、互联网）等领域。

通过初步的行业资料搜集、走访等研究，弄清楚整个供应链条中处于主导地位的核心企业是什么，具体来讲又可分为三类：

1）以生产商为核心的。即从议价能力上看具有上游优势，而这种优势的建立一般是资源垄断型的。如钢铁、煤炭等。

2）以中间商为核心的。行业上游相对比较分散，因此对中间贸易商具有很强的依赖性。

3）以零售商为核心的。下游优势一般是掌握了客户资源。

需要注意的是，供应链条的核心一般处于动态调整过程中，不是僵化、一成不变的。

3. 数字供应链金融平台案例

下面从核心企业、银行、第三方平台的供应链金融平台案例来看数字供应链金融平台的建设与应用[⊖]。

案例 1：中企云链——云信

中企云链凭借其丰富的大型企业集团合作资源，致力于为企业集团旗下以核心企业为中心的供应链上的中小企业提供融资服务。其基本思路为：基于银行对核心企业的授信，平台根据授信额度，发行用以在核心企业产业链上游供应商充当结算工具的信用凭证。

在中企云链平台上，核心企业基于银行授信发行"云信"，并将云信作为结算工具支付给上游中小企业，中小企业接收到云信后，可以选择持有到期，由核心企业偿付，也可以选择立即将云信"贴现"进行融资，核心企业及合作资金方都可作为资金提供方。或者也可以直接将云信转让给其更上一级的供应商，完成债务结算。

云信相当于在中企云链金融平台上流转的电子付款承诺函，核心企业（主要是合作的大型央企）将优质企业信用转化为可流转、可拆分、具有流通和贴现功能的云信，为企业间的贸易往来结算提供了一种新的方式。

云信的流转，实质上是核心企业信用基于供应链真实贸易背景的多级流转。利用云信在多级供应商之间进行贸易结算，由于链条上的中小企业可直接将云信转让给上游完成付款，避免为偿付货款向金融机构融资，故而整体来看，可以降低中小企业融资需求总量；对于单个中小企业而言，当其需要

⊖ 中国信通院可信区块链推进计划.区块链与供应链金融白皮书（1.0 版），2018 年 10 月。

将云信"贴现"进行融资的时候，则能够实现核心企业信用评级支撑下的更低的融资成本。并且，其通过专业化团队集中解决中小企业小额高频的审单问题，目前供应商在云链平台提交融资贴现申请，平均两小时能够到账（见图 17-8 ）。

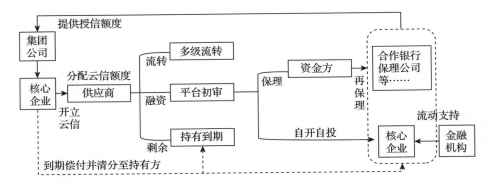

图 17-8　中企云链平台示意图

云信的开立、拆分、流转、融资和持有是全程可追溯的，能完整体现供应链过程中的交易数据，帮助资金端更加高效精准地评估风险。

案例 2：平安银行好链 SAS

2017 年，平安银行在保理云平台基础上上线供应链应收账款服务平台（SAS）。平安银行 SAS 平台的基本思路与中企云链一致，核心企业发行能够在其供应链体系内作为结算凭证的"SAS 账单"。不同的是，平安银行不仅提供融资双方对接的平台服务，其自身也是重要的放贷资金来源。

在 SAS 平台上，具有优质商业信用的核心企业对赊销贸易下的到期付款责任进行确认，各级供应商可将确认后的应收账款转让给上一级供应商以抵偿债务，或转让给银行等机构受让方获取融资，加速资金周转。

SAS 账单，是核心企业根据 SAS 平台运营规则签发的、记载基础贸易合同项下买卖双方之间债权债务关系及转让信息的电子化详情单。

平安银行 SAS 平台基于区块链技术架构，首先解决了供应链金融中资金供给方最关心的问题——贸易真实性。在中小企业发起融资需求时，合同发票等贸易产生的原始文件需上传至 SAS 平台上，在国家税务局发票库等数据库中核实并登记上链，以作为核实贸易背景的依据。区块链在此起到的作用是解决了债权层层转移时的信息真实记录、防篡改的问题，降低了融资放贷的风控成本（见图 17-9）。

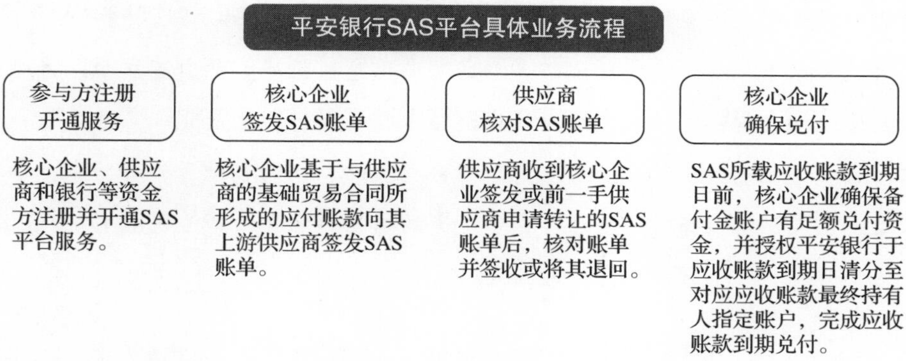

图 17-9　平安银行 SAS 平台示意图

SAS 账单本质上可以理解为是基于区块链签发的可信债权凭证，通过高效流转的区块链资产交易系统，完成凭证的快速、安全转移，将信用逐级传导。从而加速上游中小企业的应收账款变现，在核心企业信用支持下实现低成本的便捷融资。

案例 3：TCL 共赢链

TCL 共赢链是 TCL 自建的供应链金融服务平台。这种模式的本质在于，核心企业所在的集团企业同时扮演融资服务方及资金供给方的角色，以服务自身主业及关联产业为目的，向其旗下产业及业务关联的企业及个人，如供应链上的上下游企业、子公司及分支机构、终端消费者和自身员工等，提供投融资、支付结算等综合服务。

共赢链基于"自金融"理念，致力于使核心企业认识到自身主导供应链金融的价值，向核心企业集团提供以基于区块链的应收账款流转平台为核心的解决方案。具体方案与平安银行 SAS 类似，即将核心企业的应付账款，即供应商的应收账款数据化、电子化，发行应收账款凭证"链单"，核心企业对该凭证做最终兑付。应收账款凭证可在多级供应商之间拆分流转，成为其供应链体系内的结算工具。核心企业主导的供应链金融体系下，其全资或者控股的保理公司承担基于该凭证的融资服务。

共赢链将区块链应用到供应链中的资金流和信息流中，发挥了区块链数据不可篡改、资产登记结算方面的功能。信息流方面，共赢链将区块链存证这一功能封装成企业级应用。从核心企业与供应商签订合同开始上链，将物流、仓单、发票、对账等相关信息完整上链，形成贸易信息数据库。资金流方面，将应收账款债权标准化和电子化，运用区块链技术将其发行为资产凭证"链单"。链单由核心企业进行承兑，具备支付、拆分、流转、回购和融资五种功能，帮助核心企业在银票、商票体系之外创建全新的结算和融资工具（见图17-10）。

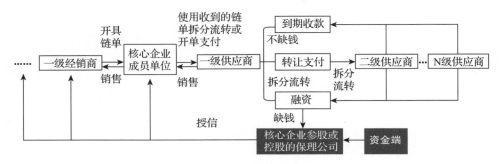

图 17-10 TCL 链单流转示意图

共赢链还计划为集团企业客户搭建低成本的、银行安全级别的个人银行账户体系，打通企业员工个人的金融服务，与供应链金融打通，形成闭环，全面实现企业的自金融（见图17-11）。

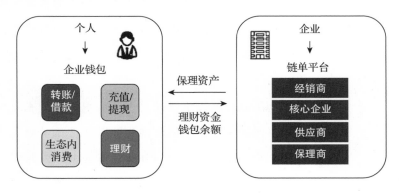

图 17-11 TCL 的企业自金融闭环

17.3 商品溯源——重建商业信用

商品溯源是指追踪记录商品从生产到零售的全部环节，它的实现需要产业链上下游各方共同参与。商品溯源属于一种多环节协同的综合性商业行为，集合了物联网技术、防伪技术、信息系统与溯源机制。

17.3.1　传统商业信用机制

商业信用机制是人们在商品交换过程中形成的主观上诚实守信和客观上按约偿付相统一的经济运行方式，它是市场经济运行的前提与基础，是市场微观主体经济活动的启动器和润滑剂。因此，商业信用机制深深根植于现代市场经济发展规律之中。

传统的商业信用机制建立是在产业链上人与人的商业互信基础上的。但是在传统商业信用机制中，信息不对称的存在导致"假、冒、伪、劣"时有发生。虽然有政府监管以及事后纠错机制，但效率低下，当事件发生后，往往已经造成了很严重的社会后果。因此，在传统产业链条中，每一环节都制定了严格的质量审核或者代理监督机制，来保证商业信任链条的完整。

在产品销售环节，区域代理制，是指生产企业在一定的市场范围内选择多家批发企业代理分销自己的产品。其具体做法是：在省级市场下分为多个区域，除一级市场的大商场直接从分公司进货外，每个区域设两家或两家以上的一级批发商。在该区域内，一级批发商除直接面对一级市场的部分小零售商外，还对所辖的二级市场设两家或两家以上的二级批发商，除二级市场的大商场可直接从一级批发商进货外，二级市场的二级批发商分别负责二级市场的部分小零售商和各自管辖的三级市场。三级市场一般只有零售商，直接从二级批发商进货。对于一个区域市场，同时设有两个或两个以上的同级批发商，有的厂家严格划分每个批发商的销售区域。还有些厂家不仅对一级市场的大零售商直接供货，还对部分经济发达地区的二级市场大零售商直接供货。

区域代理制能够使供应端触角直接延伸至细分市场。在国内市场条块分割严重、用户需求差异化明显的情况下，实施区域代理制可以使供应商在短时间内与区域合作伙伴制定出有针对性的区域市场推广计划。在划定区域内，区域代理商拥有对产品绝对的控制权，因此实施区域代理制要求厂商有一定的渠道监控和掌控能力，不然，漏单、窜货等不正当的竞争手段将在渠道体系中蔓延开来，不利于整条供应链的稳定发展。

　　"窜货"是指在区域代理销售制度下，代理商跨区域销售的一种商业行为。这种行为会造成相关品牌产品市场价格混乱、经销商间恶性竞争、消耗公司资源的问题，还会对品牌形象造成较大的冲击。窜货的表现如下：

　　恶性窜货：经销商为了牟取非正常利润，蓄意向非辖区倾销货物。更为恶劣的窜货现象是经销商将假冒伪劣商品与正品混同销售，掠夺市场份额。

　　自然性窜货：一般发生在辖区临界处或物流过程，非供销商恶意所为；或者由于不同地方运输成本不同，客户自己提货，成本较低，有窜货空间。

　　良性窜货：经销商流通性很强，货物经常流向非目标市场，或者甲乙两地供求关系不平衡，货物可能在两地销售走量流转。

　　区域窜货现象的发生，就是因为对管理过程中的各个环节的"链"缺乏有机的控制，才导致某些经销商有空可钻。商品溯源系统可以完美地解决窜货问题：杜绝恶性窜货，发现并鼓励良性窜货，基于数据智能分析调整区域配额。

　　在供应链发展日臻完善的今天，"渠道扁平化"趋势让区域代理制颇为尴尬。在数字化时代，区域代理制是一个相对落后的渠道手段。数字化与物流行业的发展将催生新的市场运营理论和销售渠道体系。

17.3.2　区块链商品溯源及其分类

　　传统的防伪溯源，是通过防伪码数据和商品实现一一对应。但这种防伪码是由商家提前编辑好的，容易被大规模仿制。造假者只需获得一个真品的防伪码，就可以复制出很多，导致消费者即便购买到假冒伪劣产品，扫码显示还是正品。

　　基于区块链的数字防伪技术，商品信息一经"上链"不可篡改，这就形成了商品上下游产业链的可追溯性，解决了信息不对称的问题。通过区块链技术，消费者等利益相关方能够看到商品从原材料开始，一路来到消费者手上，期间全部流程产生的电子数据信息，保障了产品质量可追溯，品质安全有保障（见图 17-12 ）。

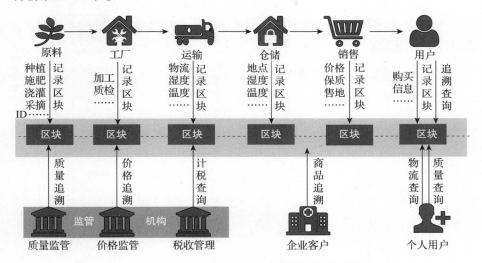

图 17-12　区块链商品追溯应用场景示意图

基于区块链技术的商品防伪，同时具备溯源、防恶性窜货、数据分析等多样化功能，由此实现的商品质量管理模式创新，能够强化商品生产信息互通与共享，提高企业管理效率，降低销售成本，甚至引导供给端生产企业优化产能。

防止假冒产品：跟踪最终产品每个部分的来源，因此所有相关方都可以看到审计跟踪，确保商品的真实性并减少了假冒商品。

库存和偷窃跟踪：从供应商到零售商的端到端可见性确保了涉及多个供应商的透明度和真实性。

退货跟踪：区块链系统可以帮助零售商确保将退回的货物追溯到供应商，以及更好地管理退货的合同。

商品再交易市场：对于可以再次或者多次使用的商品，基于区块链组织商品的再交易市场，链上数据提供商品的全生命周期溯源。

针对商品本身的特性，商品溯源可以分为强溯源和弱溯源。

强溯源，是指针对高价值且具有特异性的物品进行上链溯源。比如钻石、名画、定制奢侈品等。将高值特异性物品进行 360 度全息摄影，提取物品特征值，并哈希上链以实现防伪溯源功能。物品特征值的选择要求"难以造假，易于验证"。高价值特异性商品溯源防伪，可提高产品信用，降低交易成本，属于区块链商品溯源的强需求。

弱溯源，是指针对非特异性商品，在区块链上以端到端的方式记录供应链数据，从而跟踪库存或打击假货。为此，每个零售实体的每个环节都要参与进来，从工厂、分销商、发货商、仓库一直到店铺，这样每个环节都不存在数据缺口。非特异商品区块链溯源经济效用不强，具有经济外部性。在食品药品安全领域，政府监管将经济外部性内部化，将对区块链商品溯源的弱需求转换为强需求；在其他非政府监管领域，经济外部性较强，对区块链防伪溯源的需求较弱。

17.3.3　区块链商品溯源案例

1. 强溯源案例

基于区块链的商品溯源对钻石这样的高值特异商品具有重要意义。据行业数据披露，钻石等产品终端售价的 80% 被流通环节消耗，大多为房租等非增值性消耗。基于区块链的商品溯源体系将重建商业信用机制，压缩流通环节消耗，将节约出来的成本分配给消费者和剩余产业链环节。

戴比尔斯（De Beers，全球最大的钻石开采公司）钻石溯源系统。2018 年 1 月起，戴比尔斯采用了 Tracer 系统，利用这一技术实现"从矿场到消费者"的全价值链对钻石商品进行防伪溯源。

IBM 在 2018 年春季公布了 TrustChain 钻石认证计划，与一系列黄金和钻石企业包括矿商和零售商以及第三方检测实验室合作，目的是"为消费者提供信任链"。此前，整个流程中的每个阶段都有自己的跟踪和验证系统，大多数工作是在纸上或是早已过时的软件上面完成。通过 TrustChain，所有信息都可以在一个在线平台获得，包括钻石的重量和特征、黄金的提炼、珠宝的库存单位和价格以及最终的零售商等。

2. 食品药品溯源

近十年来，从苏丹红鸭蛋、三聚氰胺奶粉、地沟油，到镉大米、毒胶囊、长生疫苗，中国食品药品安全问题层出不穷，消费者对食品药品安全的信任已然降至冰点。在这种形势下，食品药品安全迫切需要引入科学有效的监管机制，而溯源正是最为重要的手段之一。实际上，早在 20 年前，我国已经着手建立可追溯管理体系，但直至今日仍未能实现全面有效的食品追溯。这是因为现代食品的种养殖生产环节繁复，加工程序多、配料多，流通进销渠道复杂，出现食品安全问题的概率大大增加，相应的追溯和问责的难度也不断上升。

案例 1：沃尔玛与 IBM 合作可信食品计划

IBM 推出的一个新的食品供应链区块链工具，可以追踪食品的供应链路径。IBM Food Trust™ 使用区块链技术在食品供应链中创造前所未有的可见性和问责制。它通过食品系统数据的许可，永久和共享记录连接种植者、加工商、分销商和零售商每一个生产环节的信息。

沃尔玛基于 Food Trust 把绿叶蔬菜放在区块链上，以保证实时的、端到端的、从农场到餐桌的产品跟踪并加速食品安全问题的识别、研究和反馈。沃尔玛中国区块链试点项目能够在 2.2 秒的时间内有效追踪所有绿叶蔬菜的源头。而此前，这一过程需要花费 6~7 天。

案例 2：家乐福 Auvergne 鸡

零售业巨头家乐福首次在法国使用区块链技术进行商品溯源，标志性的产品是家乐福 Auvergne 鸡。消费者通过扫码能够找出每只鸡的饲养地点和方式、农民的名字、使用的饲料、是否使用过抗生素治疗等信息。从农场到商店的鸡肉的整个过程都将被跟踪记录。目前为止，家乐福已经推出了八种应用区块链溯源技术的产品，如鸡蛋、奶酪、牛奶、橙子、西红柿、鲑鱼和碎牛肉。其创新的系统设计保证了消费者完整的产品可追溯性。

案例 3：疫苗电子追溯系统

2019 年 6 月 29 日，十三届全国人大常委会第十一次会议表决通过了《中华人民共和国疫苗管理法》（简称《疫苗法》），于2019年12月1日开始施行。

《疫苗法》第十条规定国家将实行疫苗全程电子追溯制度。国务院药品监督管理部门制定统一的疫苗追溯标准和规范，建立全国疫苗电子追溯协同平台，整合疫苗生产、流通和预防接种全过程追溯信息，实现疫苗可追溯。疫苗上市许可持有人应当建立疫苗电子追溯系统，与全国疫苗电子追溯协同平台相衔接，实现生产、流通和预防接种全过程最小包装单位疫苗可追溯、可核查。疾病预防控制机构、接种单位应当依法如实记录疫苗流通、预防接种等情况，并按照规定向全国疫苗电子追溯协同平台提供追溯信息。

在《疫苗法》的要求下，疫苗将全程使用冷链运输，并对运输过程中的实时温度、湿度等信息全程追溯，以确保疫苗的合规、有效使用，并能在发生问题后迅速定位责任人与事故原因。区块链技术结合物联网技术，将在疫苗全过程溯源中发挥重要作用（见图17-13）。

图17-13　"区块链＋物联网"实现疫苗全过程追踪

17.3.4　区块链溯源面临的问题

区块链技术为溯源、防伪场景提供了有力的工具。但区块链追踪实体货物的一个巨大障碍在于如何从源头上确保数据的真实性。常见的解决方案有：

更多地利用 NFC、RFID 等物联网相关技术，以技术录入替代人工录入。

在有法律效力的供货合同里对数据上传行为进行明确的规范，让供应商对自己所上传信息的真实性承担相应的法律责任。

发动供应链上关键环节关键利益各方的能动性，建立适合的互证机制。

在防伪打击假货层面，区块链溯源只是一种手段、一种工具，如果没有政府监管部门、检测检验部门等相关部门的监管机制配合，一切都是空谈。这就需要强有力的监督机制与惩罚措施配合。一旦发现商家上传的数据存在造假，必将通过法律手段严惩不贷，同时利用区块链溯源配合相关部门及时进行问题商品的精准召回，这样才能实现有效的防伪溯源，提升整个产业链的执行效率。

并不是非要使用区块链技术才能实现这样的货物追踪方式，但通过将相关环境信息上传至区块链，可以根据运输过程中可能发生的环境变化自动执行智能合约，比如疫苗运输过程中的环境数据超标将导致疫苗失效。这意味着基于区块链技术方案的自主权与问责制度将要比手动、劳动密集型流程更可靠也更具效率。

由于物联网设备会长期存在于生产、运输等外部环境且无人看管，因此其必然面临着数据遭到篡改、甚至物理结构遭到破坏等风险的威胁。因此，区块链商品溯源方案不仅需要保证所收集到的数据经过严格的安全加密，同时也要确保所使用的设备足以抵御恶劣的天气以及居心不良者的攻击。

第 18 章

数字政务 —— 从行政管理到社会诚信治理

18.1 数字政务与社会信用体系建设

18.1.1 数字政务的内涵与外延

2015 年是数字政务（或称为"数字政府"）建设政策指导的分水岭。

在 2015 年之前，国家发布的政策更加强调"电子政务"，也即是政务的标准化、数据化、网络化，着重强调将信息上网、将业务上网以及政府内网和外网的集约化管理。电子政务是电子化的政府机关的信息服务和信息处理系统，通过计算机通信、互联网等技术对政府进行电子信息化改造，从而提高政务管理工作的效率以及政府部门依法行政的水平。

自 2015 年发布《国务院关于积极推进"互联网 +"行动的指导意见》以来，电子政务明显向数字政务阶段演化。数字政务是指通过数字化、数据化、智能化、智慧化的现代信息技术，促进实体政府虚拟化，形成的一种新型政府形态，包含政府办公自动化、政府实时信息发布、公民随机网上查询政府信息等。

2015 年以后国家发布的与数字政务有关的政策见表 18–1 。

数字政务的显著标志是在各种政务服务环节大量运用了区块链、人工智能、大数据、云计算、物联网等新兴技术，帮助政府更好地提供政务服务，切实改善服务质量，提高社会整体运作效率。通过推动技术创新切实在政务场景应用落地，促使政府行政过程服务化、智慧化、系统化、精准化，实现全社会公共利益最大化。这里体现的是国家施政理念从原有的行政管理向社会治理的转变，国家治理体系和治理能力向现代化方向迈进（见图 18-1）。

表 18-1　数字政务领域的国家政策

时间	政策名称	内容要点
2015	《国务院关于积极推进"互联网 +"行动的指导意见》	创新政府网络化管理和服务，首次提出鼓励政府和互联网企业合作建立信用信息共享平台，打通政府部门、企事业单位之间的数据壁垒，利用大数据分析手段，提升各级政府的社会治理能力
2015	《促进大数据发展行动纲要》	加快政府数据开放共享，推动资源整合，提升治理能力
2017	政府工作报告	加快国务院部门和地方政府信息系统互联互通，形成全国统一政府服务平台
2017	十九大报告	加强应用基础研究，拓展实施国家重大科技项目，突出关键共性技术、前沿引领技术、现代工程技术、颠覆性技术创新，为建设科技强国、质量强国、航天强国、网络强国、交通强国、数字中国、智慧社会提供有力支撑
2017	《政务信息系统整合共享实施方案》	各地区、各部门整合分散的政务服务系统和资源，于 12 月底前普遍建成一体化网上政务服务平台，从政策上引导"互联网 + 政务服务"一体化深入发展，平台首现一站通
2018	关于加快推进全国一体化在线政务服务平台建设的指导意见	深化"放管服"改革，深入推进"互联网 + 政务服务"，使更多事项在网上办理，必须到现场办的也要力争做到"只进一扇门""最多跑一次"
2019 年 4 月 26 日	《国务院关于在线政务服务的若干规定》	推动实现政务服务事项全国标准统一、全流程网上办理，促进政务服务跨地区、跨部门、跨层级数据共享和业务协同，并依托一体化在线平台推进政务服务线上线下深度融合

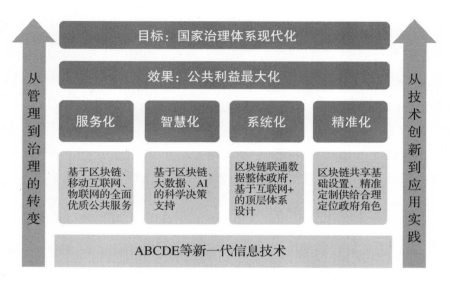

图 18-1　数字政务的特征

在全球第四次产业革命和中国服务型社会转型的大背景下，数字政务体系建设将是点燃新一轮改革创新的核心引擎。

18.1.2　协同理论下的数据共享建设

政府信息资源共享始终是数字政务建设的主要内容，其宗旨要求政府以服务对象为中心，实现各级各类政府跨部门、跨领域、跨平台之间完整及时的信息流转和业务的协同共享⊖。

把企业管理领域的协同商务思想引入公共管理领域，就产生了"协同政务"概念。协同政务是指在信息化的背景下，政府部门之间利用信息技术手段进行跨部门业务协作，最终通过改变行政管理方式方法实现政府资源得到最充分利用的新型政府工作模式。将公共和私人利益相关者聚集在同一系统中，协调各方的利益、权力，平衡各方的资源。政务协同关注的焦点是后端的数据汇聚，推动前端的系统整合，最后实现系统的流程优化，提升公共服务效率。

从系统协同的类型讲，系统的协同的方式包括：数据的集成，应用系统的集成，以及业务流程的集成。

⊖ 肖炯恩等.基于区块链的政务系统协同创新应用研究.管理现代化，2018(5)。

为了消除数据孤岛，完成多维度的数据汇聚，实现政务系统的协同，各级政府曾经进行过如下的技术尝试：①利用邮件或文件传输协议上传数据；②通过数据库中间件进行数据集成；③基于数据接口网页端服务；④数据服务总线方式。但以上四种数据共享形式协同面临的问题，归纳起来包含三个方面：

1）数据的安全性与数据篡改问题。存在业务人员、系统管理员、数据库管理人员多方串通对系统数据进行篡改的隐患。

2）数据汇聚平台的扩展性问题。当有新的主体机构或系统需要提交数据到共享平台时，需要进行复杂的适配工作。

3）数据汇聚后，数据是否在规定范围内使用以及是否被非法使用。这对数据管理部门的管理方法和工具提出了更高的要求。

18.1.3 社会信用体系建设的数字政务要求

中国社会信用体系建设是政府职能从行政管理走向社会诚信治理的里程碑。

社会信用体系也称国家信用管理体系或国家信用体系。社会信用体系是以相对完善的法律、法规体系为基础，以建立和完善信用信息共享机制为核心，以信用服务市场的培育和形成为动力，以信用服务行业主体竞争力的不断提高为支撑，以政府强有力的监管体系为保障的国家社会治理机制。社会信用体系的建立和完善是我国社会主义市场经济不断走向成熟的重要标志之一。

2019 年 7 月 18 日《国务院办公厅关于加快推进社会信用体系建设，构建以信用为基础的新型监管机制的指导意见》指出，党中央、国务院高度重视社会信用体系建设。习近平总书记强调，要建立和完善守信联合激励和失信联合惩戒制度，加快推进社会诚信建设，充分运用信用激励和约束手段，建立跨地区、跨部门、跨领域联合激励与惩戒机制，推动信用信息公开和共享，着力解决当前危害公共利益和公共安全、人民群众反映强烈、对经济社会发展造成重大负面影响的重点领域失信问题，加大对诚实守信主体的激励和对严重失信主体的惩戒力度，形成褒扬诚信、惩戒失信的制度机制和社会风尚。

李克强总理在国务院常务会议专题研究信用监管工作时强调，加强信用监管是基础，是健全市场体系的关键，可以有效提升监管效能、维护公平竞争、降低市场交易成本。

在国家发改委和中国人民银行的牵头下，由国家信用体系建设联席会议各成员单位编制完成的《社会信用体系建设规划纲要（2014–2020年）》提出：全国社会信用体系建设将按照"一套组织体系、两个顶层设计、三大关键举措、四大重点领域、五大推进载体"全面展开。其中四大重点领域是指加快推进政务诚信、商务诚信、社会诚信、司法公信建设（见图18–2）。

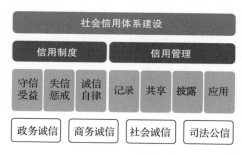

图18-2　社会信用体系建设框架

社会信用体系建设的核心作用在于：记录社会主体信用状况，揭示社会主体信用优劣，警示社会主体信用风险，并整合全社会力量褒扬诚信、惩戒失信，可以充分调动市场自身的力量净化环境，降低发展成本，降低发展风险，弘扬诚信文化。

在社会信用体系建设理念的指导下，数字政务将以信用为基础的新型监管机制为重点内容，建设创新事前环节信用监管、加强事中环节信用监管、完善事后环节信用监管、强化信用监管的全生命周期的信用监管机制。

18.1.4　区块链解决数字政务核心痛点

《中国电子政务年鉴（2015）》明确指出，信息孤岛和分散建设是阻碍中国数字政务深入发展的两大瓶颈。由于缺乏统一标准规定如何实现数据跨区域、跨部门的共享、保护、开放，以及像行政壁垒、各自为政等额外因素，导致我国各级政府在跨部门、跨地区的信息共享方面的进展非常缓慢。

数字政府的目标，主要在于推进政务信息系统整合，破除"信息孤岛"，打造统一安全的政务云平台、数据资源整合的大数据平台、一体化的网上政务服务平台，构建形成大平台共享、大数据慧治、大系统共治的顶层架构，实现数字技术和政务服务深度融合。

　　数字政务需求与区块链技术的信用互联、分布式数据协同等技术特征极为契合。在数字政府领域运用区块链技术，能够支撑数字政府底层数据及业务流程的共享层面的问题，包括数据确权、数据分享、数据安全等。

　　区块链作为新型可信互联技术手段，在数据交互中有利于提升工作效率，并将整体降低信息系统运营成本、减少运营负担。据埃森哲统计，区块链的应用将为数字政务降低 30%~50% 的成本，并在运营上节约 50% 的成本。

　　参与区块链系统的主要逻辑实体可以抽象为各部门业务中心、联盟节点、其他节点和信息中心数据库。其中，联盟节点主要为财政、税务、民政、卫生、教育、公安等政府行政管理部门或服务机构的业务信息中心组成。各业务信息中心负责由各业务领域产生和管理的信息（见图 18-3 ）。

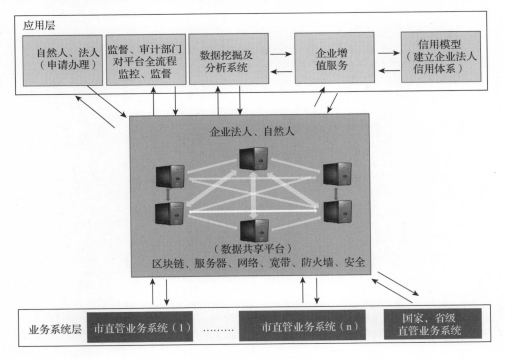

图 18-3　基于区块链的协同创新平台架构

　　区块链允许政府部门对访问方和访问数据进行自主授权，对数据调用行为进行记录，出现数据泄露事件时能够准确追责，大幅降低了数字政务数据共享的安全风险，提高了执法效率。

18.2 基于信用治理的数字政务架构

经过十余年电子政务时代的发展，政府各个部门基本都完成了自身的信息化建设。但是之前的信息化建设基本都是面向业务流程的信息化，每个部门的业务流程千差万别，缺乏统一的顶层架构设计，导致各个部门的信息无法互通，数据无法协同。

在数字政务时代，社会信用体系建设为数字政务的建设指明了方向。社会信用体系建设要求数字政务基于面向主体（自然人、法人、产权）的理念打通不同部门的数据，并基于主体数据优化业务流程。

基于信用治理的数字政务顶层架构设计如图 18-4 所示 。按照不同的职能和数据依赖关系，架构自下而上分为五层：

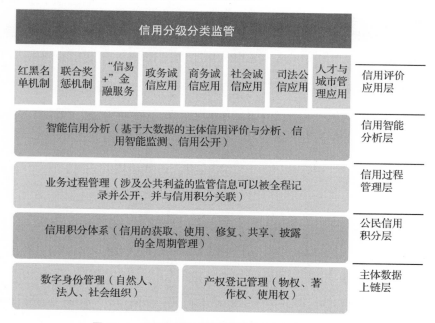

图 18-4 基于信用治理的数字政务顶层架构设计

1）主体数据上链层：利用区块链技术打通不同部门的主体数据，汇集构建面向主体的数据集合,并实现主体的自主权数据管理。各类主体包括自然人、法人、社会组织、不动产权、知识产权、物权（如汽车等实物资产）。在区块链上为各类主体创建数字身份。

2）公民信用积分层：为推进社会信用体系建设，引导社会公民规范、道德、守信，很多城市创建了全新的信用积分体系，比如厦门的"白鹭分"、福州的"茉莉分"等。信用积分体系在常规的法律和行政手段之外创建了道德规范层面的奖惩措施，是社会信用治理领域的创新。公民信用积分层实现了信用积分的全生命周期管理。

3）信用过程管理层：基于区块链技术不可伪造抵赖、不可篡改的特性，将涉及法律规范和公共利益的业务办理过程全程记录。创新事前环节、加强事中环节、完善事后环节的全生命周期信用监管机制。

4）信用智能分析层：基于大数据，综合主体数据、公民信用积分、信用过程管理的事后综合评价，对主体进行信用评价与分析、信用智能监测与信用公开。

5）信用评价应用层：基于信用智能分析的结果，进行信用分级分类监管，包括信用红黑名单机制、联合奖惩机制等，实现守信者一路通畅、失信者寸步难行，打造社会信用治理体系建设的完整闭环。

18.3　区块链数字身份管理

18.3.1　行政相对人数字身份及其应用

行政相对人是指行政管理法律关系中与行政主体相对应的另一方当事人，即行政主体的行政行为影响其权益的个人或组织。在制定法上"行政相对人"一般称"公民、法人和其他组织"。因此行政相对人的数字身份包括两类：

1）自然人数字身份系统，为政府及公民提供可信身份数据和公共服务认证接口；基于公民身份信息的 eID 服务平台，如图 18-5 所示。

2）法人及社会组织数字身份系统，与企业和事业法人行为相关的工商（民政）登记信息、信用信息、经营信息以及司法信息等。

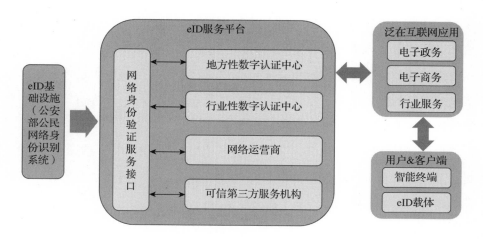

图 18-5　基于公民身份信息的 eID 服务平台

基于区块链技术实现行政相对人的数字身份管理以及基于数字身份的自主权数据管理，在数字政务领域将有非常多的具体应用落地场景。下面就几项典型场景进行详细说明。

1. 实现身份信息共享

数字身份系统通过和政务、便民、公共服务、养老助残、医疗、人社、教育、民政、住建等业务系统进行数据共享和联动，实现高效协作的政务联动协同管理，建立各个政务部门的工作衔接机制。平台实现互联互通，办公数据化，监管全覆盖，真实数据不可篡改，促进政务工作公开、透明、规范运行，并以高效协作的方式推进各部门政务服务迈上一个新的台阶。

2. 实现跨部门无纸化审批

跨部门的事务审批通常是通过纸质出函方式，基于人工审批加复函的方式完成各种事务的审批工作。通过系统审批资料电子化和区块链分布式存储化，加入工作人员和审批人员的区块链电子签名技术，完成电子档案的区块链存储和数据共享，实现跨部门的无纸化审批流程，大大提高工作效率，也便于增强各部门的联动能力。

3. "零跑腿"便民服务升级

将数字身份控制权从中心服务器移交给个人，让个人拥有对数字身份的控制权，以个人主体为对象，围绕数据、业务、安全三个维度，构建个人主体相关数据及其关系的数据集合，打造"个人数据空间"。在此基础上，各个政务系统可以访问区块链中可信的个人数字空间，结合人脸识别、电话实名制认证、电子身份证等，实现政务服务的"零跑腿"，转变政府服务模式，变条件审批为信任审批，变被动服务为主动服务。

以协同理论为指导，建立以区块链为核心的数据共享平台，以数字身份这一应用场景为例，目前经过梳理已经可以在 20 多项政务业务场景中实现公民办理事务的"零跑腿"（见表 18-2）。

表 18-2　基于区块链数据共享系统的"零跑腿"事项清单

序号	事项名称	所属部门	序号	事项名称	所属部门
1	出具参保证明	社保	11	基本医疗保险个人账户查询	社保
2	出具领取基本养老金证明	社保	12	社保关系转成登记（养老缴费凭证打印）	社保
3	申请高龄老人津贴	民政	13	社保关系转成登记（医疗转移缴费凭证打印）	社保
4	老年人优待申请	民政	14	社保关系转成登记（失业转移缴费凭证打印）	社保
5	残疾人职业技能培训报名	残联	15	白内障复明证明	残联
6	残疾人生活津贴	残联	16	国家《流动人口婚育证明》办理	卫计
7	志愿者招募	团委	17	《独生子女父母光荣证》核发	卫计
8	开具个人所得税纳税证明	地税	18	计划生育情况审核	卫计
9	职工基本养老保险待遇领取资格认证	社保	19	生育保险参保职工计生情况确认	卫计
10	领取工伤保险长期待遇人员资格认证	社保	20	下岗失业人员免费技能培训报名登记	人社

4. 公民和机构的诚信管理

区块链系统登记个人信息的同时，也把个人的征信情况记录了下来，这些信息在网络上对所有端口开放，在办理涉及个人的商业往来、借贷等事项时，通过区块链系统可以随时查询到个人和机构的全部诚信记录，可以避免许多纠纷事件，促进和谐社会发展。

18.3.2　不动产数字身份管理及其应用

2019 年 3 月 11 日，国务院发布《国务院办公厅关于压缩不动产登记办理时间的通知》，强调以推进国家治理体系和治理能力现代化为目标，以为企业和群众"办好一件事"为标准，大力促进部门信息共享，打破"信息孤岛"。基于数据共享交换平台，让信息多跑路、群众少跑腿，建立部门间信息共享集成机制，加强部门协作和信息互联互通，进行全流程优化，压缩办理时间，切实解决不动产登记耗时长、办理难问题。构建便捷高效、便民利民的"互联网＋不动产登记"工作体系。

区块链技术在不动产数字身份管理及其应用领域的作用如下：

1）简化产权登记与交易流程：传统产权登记与交易受制于中介机构、登记机构的审查以及资金交易环节的影响，流程较为烦琐；区块链帮助资金与交易过程直接对接，减少登记机构的审查、确认过程，从而简化产权登记与交易流程。

2）防止产权交易欺诈，提升交易透明度：传统产权登记机构缺乏登记机构间的数据共享，产权交易过程中透明度低，伪造、篡改产权难以避免；区块链可以提高产权交易透明度，加强对产权交易环节的有效保护，防止交易欺诈的产生。

"区块链＋不动产"全生命周期服务解决方案以区块链为技术支撑，基于不动产登记信息数据创建不动产数字身份，实现不动产交易中心、房地产管理局、税务局等多个部门数据互通，跨部门实现数据共享与安全；记录不动产业务过程中与外部进行数据交换的过程，包括预售、网签、登簿、挂牌、评估、交易、抵押、变更、公证等全生命周期运营数据；为涉及不动产信息的政府部门、金融机构、社会组织提供信息查询、验证、业务办理等存证与验证服务，最终形成一套以时间为轴的全融合账本。实现不动产登记业务管理部门数据打通、数据实时准确、数据共享、安全确权、不可篡改、可追溯、优化流程、提高效率、业务融合的成长性不动产全生命周期服务平台（见图 18-6）。

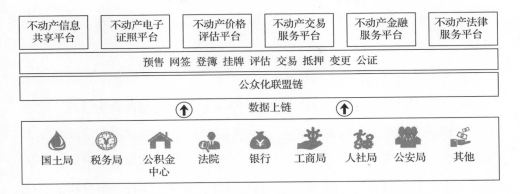

图 18-6　"区块链 + 不动产"全生命周期服务平台

基于区块链技术实现不动产数字身份管理以及基于数字身份的自主权数据管理，典型场景说明如下。

1. 不动产产权登记与交易

不动产登记存在的问题包括：信息共享与更新机制缺乏，基础数据一致性、准确性、权威性欠缺，房屋登记纳税监管存在漏洞，居民办事跑路多，以及房屋交易过程"阴阳合同"无法彻底解决。房地产交易市场在交易期间和交易后的流程中，存在缺乏透明度、手续烦琐、欺诈风险、公共记录出错等问题。

房产欺诈对全球房产所有者都已经造成风险。根据美国土地产权协会的数据，所有交易过程中房产的产权有 25% 存在瑕疵。任何瑕疵在其被修正之前，都会导致其财产所有权转让行为是非法的。这意味着业主通常要缴纳高额法律费用，以确保其财产的真实性和准确性。据报道，2015 年美国与房产欺诈相关的损失平均为约 103 000 美元。

基于区块链的不动产数字身份管理可实现对土地所有权、房契、留置权等信息的记录和追踪，并确保相关文件的准确性和可核查性。从具体的操作上看，区块链技术在房屋产权保护上的应用，可以减少产权搜索的时间，实现产权信息共享，避免房产交易过程中的欺诈行为，提高房地产行业的运行效率。

中国银行（香港）有限公司（BOCHK）在 2018 年中期表示，已经使用区块链平台处理 85% 的房地产评估。过去，银行和房地产评估师必须交换传真和电子邮件，以生成和交付实物证书。现在，这个过程可以在几秒钟内在区块链上完成。

2. 不动产租赁与物业管理

物业管理非常复杂，涉及许多利益相关者，包括房东、物业经理、租户和供应商。大多数房产租赁目前要么通过线下人工书面文件进行管理，要么通过多个互不兼容的软件程序进行管理。基于区块链数字身份，可以实现从房屋历史信息追溯到签署租赁协议、到管理现金流量、到提交维护请求的整个物业管理流程以安全透明的方式进行。

18.3.3 知识产权及物权数字身份应用

1. 知识产权数字身份应用

2019 年 11 月 24 日，中共中央办公厅、国务院办公厅联合发布《关于强化知识产权保护的意见》（以下简称《意见》）。

《意见》是第一个以中共中央办公厅、国务院办公厅名义出台的知识产权保护工作纲领性文件，将以前所未有的力度推动我国知识产权保护能力和保护水平全面提升。《意见》明确，地方各级党委和政府要落实知识产权保护属地责任，各地区各部门要加大对知识产权保护资金投入力度，并将知识产权保护绩效纳入地方党委和政府绩效考核和营商环境评价体系。《意见》提出，要不断改革完善知识产权保护体系，综合运用法律、行政、经济、技术、社会治理手段强化保护，促进保护能力和水平整体提升。

基于区块链技术为知识产权创建数字身份，将延伸知识产权整体保护的形式，明确知识产权的绝对归属。传统知识产权登记从成品环节开始，对成品之前的诸多环节缺少保护。区块链技术可以帮助知识产权实现成品之前环节上链，记录知识产权的形成过程，进而为知识产权鉴权提供更加丰富的依据。

基于区块链的知识产权数字身份管理将贯穿知识产权的形成、鉴权、验证、转让、仲裁、司法执行的全过程（见图 18-7）。

图 18-7　知识产权的数字身份管理

传统的版权登记流程至少需要一个半月时间，与数字内容创作和流通短平快的特性不相匹配。利用数字身份管理，将文化产业链条中的各环节加以整合，加速流通，能够有效缩短价值创造周期。通过区块链技术对作品进行鉴权，证明文字、视频、音频等作品的存在，保证权属的真实、唯一性。作品在区块链上被确权，后续交易进行实时记录，实现文娱产业全生命周期管理，也可作为司法取证中的技术性保障。

2. 物权数字身份应用

为物理资产，比如车辆等实物资产，基于资产上链的理念创建数字身份，实现资产的生产、采购、维修、转让、报销等全生命周期管理，实现完整信息的真实追溯。例如，雄安"千年秀林"项目，通过雄安森林大数据系统，为每棵树基于二维码创建专属"身份证"，实现从苗圃到种植、管护、成长的可追溯的全生命周期管理。

18.4　公民信用积分体系建设

为了加快社会信用体系建设，国家颁发了《社会信用体系建设规划纲要（2014—2020 年）》（以下简称《纲要》），在《纲要》中提出进一步加快个人诚信记录建设，健全跨地区跨部门跨领域的守信联合激励和失信联合惩戒机制，使守信者受益、失信者受限，营造"守信光荣、失信可耻"的良好社会氛围。

作为社会主义核心价值观的重要内容，诚信是公民基本道德规范，是社会主义市场经济的重要基础。社会诚信是指在整个社会生活中逐渐形成的诚实守信的社会风气。社会诚信的形成不仅包括个人诚信，还包括在社会生活中被广泛认可的道德及规则。社会信用体系建设需要设计出一种能反映人们诚信道德水平的数据模型，依据标准化数据，数字化各种诚信荣誉，使用矩阵化模式对海量信用信息进行收集、转化和大数据分析，并重构为"个人的数字画像"。

调动各界力量对信用状况良好的市民实施守信激励，全面提升群众对社会信用体系建设的获得感，营造诚实守信的社会氛围，是推出信用分激励场景的初衷所在。信用积分体系在常规的法律和行政手段之外创建了道德规范层面的奖惩措施，是社会信用治理领域的创新。

2020 年 1 月 1 日正式实施的《大连市文明行为促进条例》（以下简称《条例》）及其提出的"文明行为信用积分"，是把道德要求贯彻到法治建设中、以法治承载道德理念的重要实践。

把社会主义道德要求体现到立法、执法、司法、守法之中，以法治的力量引导人们向上向善，是制定《条例》的应有之意，也是常态化、长效化推进文明城市建设的重要保障。《条例》对见义勇为、志愿服务、慈善捐赠、捐献救人以及紧急救助等行为，细化了鼓励与支持措施；《条例》将养犬扰民、车窗抛物、机动车不礼让行人、驾驶中使用电话、行人闯红灯等群众反映突出的重点不文明行为纳入其中，以形成文明行为规范；《条例》还将践行绿色、低碳、环保、健康的生活理念，从源头上减少生活垃圾的产生量，主动做好垃圾分类等文明生活行为规范写入法规。

《条例》明确规定，建立文明行为信用积分制度，将公民的文明行为信用积分纳入统一的社会信用体系，对公民文明行为给予激励。

与行政相对人的数字身份相结合，基于区块链实现信用积分的获取、使用、修复、共享、披露的全周期管理。其中信用汇总积分作为公共数据，在政府信用门户网站可公共查询；信用详细数据属于个人隐私，需要建立安全保护机制及授权查看机制。

信用积分将结合行政相对人的公、检、法、司等相关部门的遵纪守法数据，政府各部门的行政管理信息的大数据，以及在日常生活或商务场景中的履约情况，进行智能分析，形成综合信用评价。

18.5　区块链业务过程管理

区块链的不可篡改、全历史记录的特质显著增加了造假的成本，为审计、审查、业务过程管理工作提供了便利。传统审计工作会消耗大量资源在收集信息、分析数据、判断问题严重性以及形成客观公正的结论上，而时间滞后性和覆盖范围的局限性容易影响审计结果的准确性。区块链以时间戳的形式在特定时间点固化凭证，在确保信息真实、完整方面能节省大量的工作资源。结合数据智能和物联网技术，区块链在业务过程管理中具有丰富的应用场景。

18.5.1　数字发票解决方案

统计数据显示，2017 年我国电子发票开具量达 13.1 亿张，预计到 2022 年将可能高达 545.5 亿张，保持超过 100% 的年均增长速度。相对纸质发票而言，电子发票在发票开立、申报、留存和成本等多方面有着诸多优点，比如实时性、交互性、低成本和易存储等。然而，电子发票行业共享难、流转难、归集难、查验难等现象成为行业发展"绊脚石"。其中比较典型的例子就是重复报销问题。因为电子发票是以电子文件的形式存在的，具有数据复制的完全无差异性，所以电子发票很难确权，常常导致电子发票重复报销的问题。当前，这一问题主要通过管理手段辅助解决，但并不能完全杜绝此类问题的发生。

区块链技术应用于数字发票系统，具备以下几个方面的优势：

确权：确保电子发票信息在产生和存储过程中的唯一性，实现确权认证。

真实：企业或个人电子发票上的数据信息在产生和存储过程中无法伪造、不可篡改，确保数据真实。

信任：基于区块链的加密算法、共识算法等机制从技术层面上建立起不同企业、机构和个人各方之间的信任。

税务机关、第三方技术服务机构和企业共同搭建数字发票区块链平台，对数字发票的开具、流转、报销和存档全流程进行管理，实现了平台之间的数据共享和互联互通，解决了传统电子发票系统的监管困难和重复报销等问题（见图 18-8）。

税务机关、财政部门、审计部门等作为监管部门加入区块链，统一制定区块链的运行标准和合约条件，负责对系统的运行和制度进行监督。

第三方技术服务商在税务机关授权 CA 证书的情况下，加入区块链作为电子发票产生节点。作为区块链发票生产者，第三方服务商负责将开票企业接入区块链系统。在电子发票产生的过程中，第三方服务商需要使用自己的私钥对数字发票数据进行加密和签名，以保证数字发票的唯一性。

企业作为发票报销入账的发起者，通过第三方服务商系统向区块链发起报销入账请求操作。第三方服务商在区块链中查询相关电子发票信息，实现入账报销操作。

第三方服务商可向社会公众提供查验接口，以获取区块链上的发票数据。

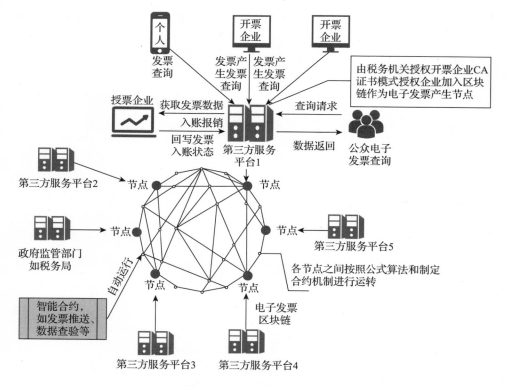

图 18-8　区块链数字发票平台

18.5.2　政府采购解决方案

2018 年，我国政府采购规模高达 35 861.4 亿元，但政府采购行业出现高速发展与信息化程度不匹配的问题值得关注。政府采购目前存在的痛点和问题如下。

首先，政府采购信息零散化和碎片化现象仍然突出。一是平台分散化，未实现财政部平台、各中央集采机构平台、各地公共资源交易平台、各专业网站平台的信息共享；二是信息碎片化，2015 年实施的《政府采购法实施条例》对信息公开内容进行了约束和规范，但是实际落实并不统一，对于信息公开的不规范尚属"民不举官不究"的状态；三是数据利用不充分，行业相关数据仍主要用于基本信息统计，针对产业、产品和交易数据的数据整合和挖掘做得不够。

其次，标准化建设不健全。当前，我国政府采购行业标准化还处于内容层面，2017 年发布的《政府采购货物和服务招标投标管理办法》（财政部令第 87 号）中对公开招标和邀请招标的招标公告、资格预审公告、结果公告的内容进行了规范。《政府采购非招标采购方式管理办法》（财政部令第 74 号）规范了非招标采购方式的相应内容。以《政府采购法实施条例》规定的合同公告为例，目前合同公告仍存在上传不及时甚至漏传、不传现象，上传的数据格式也未统一，有的是影印件，有的是电子件（其中也分 doc 和 pdf 格式）。供给侧的产品数据信息同样在各厂商间未形成共识，整合难度较大。

再次，安全性存在隐患。中国将加快加入《政府采购协定》（GPA）进程。因此，政府采购将来面向外国开放后，数据信息必将面对安全挑战。此外，法律明确保密的采购评审环节的泄密时有发生，甚至有厂商依据窃密取得信息进行投诉质疑，泄密源头无从追溯。

最后，在各类政府采购程序中，公开招标占了全国政府采购规模的70.5%（2018 年数据）。公开招标程序中，招标周期长，浪费大量资源；招标代理机构操控招标结果，导致国家财务损失；招标人串标、围标现象时有发生；投标文件约 1/3 的内容是进行投标企业的资质认证，且需要盖大量公章进行信息确认，招标单位资质和业绩造假问题无法甄别；评判专家人为影响招标结果，招标监管缺乏直接有效手段。招投标领域违规惩处措施不强，腐败现象和违规手段层出。

区块链＋政府采购服务平台充分利用区块链、人工智能、大数据技术，严格按照政府采购管理规定、流程及相关制度和实施办法，将政府采购的全生命周期数据添加进基于区块链技术的信息共享平台中存证。这样既可以实现多部门多级别间的数据共享，又可实现降低信任成本和数据可追溯，大大提高了政府采购行业信息的范围和效率。从根本上杜绝人为参与影响，最大限度保障政府采购的公开、公正，公平、透明（见图18-9）。

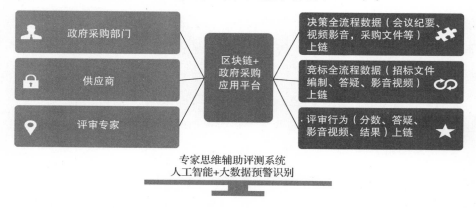

图18-9　区块链＋政府采购服务平台

针对传统招标和电子化招标存在的问题，在电子化招标平台基础上，充分利用区块链、人工智能、大数据技术，严格按照招投标法规、制度和实施办法、融入形成计算机"算法规则"，打造创新型基于区块链技术的招投标应用平台，实现如下功能：

招标行为及招标文件上链：招标决策全流程(会议纪要、视频、影像资料等)上链，监管部门随时可查；对招标文件关键条款的设置自动进行合理分析；同时增加异地专家辅助论证功能，并将论证意见上链；根据项目注册信息匹配对应招标文件模板，并对招标文件上链。

招标代理机构行为上链：将代理机构行为（包括招投标文件编制过程、答疑、开标过程代理机构工作人员视频影像资料等）数据上链，监管部门、社会监督委、投标人可以随时查阅并监督，督促招标代理依法依规操作，杜绝违规操作行为。

评标专家行为数据上链：评标专家行为（包括评标室的视频音频，专家个人视频、音频，专家个人电脑操作等）上链；评标结果上链；增加专家思维辅助评测系统，对评标专家评分的合理性进行分析。可实现评标专家公开、公平、公正开展评标工作，有效防止评委操控评标结果。

人工智能＋大数据识别围标串标：对投标文件编制源头进行识别，分析同一项目投标文件关联度和相识度；利用大数据分析投标人与投标人之间的关系，加强对围标、串标的识别和预警提示，便于监管部门严厉打击和查处。

开放金融服务接口：可接入金融机构与企业合作，可实现一次业务授信，循环额度使用，持续为投标企业业务拓展补充资本金，壮大投标企业的核心竞争力。

基于区块链技术实现政府采购全流程监管到位，最大限度地减少人为干扰和影响，杜绝串标、围标等违法、违纪情形发生，预计每年可以为国家节约 8%~10% 的财政支出。区块链技术能够实现招投标全程信息无盲点、清晰透明可追溯。同时能够帮助主管和监管机构对招标主体进行信用评级，真正意义上实现择优选择，引导良性竞争机制，形成健康有序的市场。

雄安新区已经在政府管理中引入大数据、区块链技术，对工程建设投标过程中的每一项决策进行全过程信息留档，作为证据随时可以调取查看，出现问题依法问责。

18.5.3　"区块链＋物联网"政务应用

政府利用物联网对公共资产实现统一管理，或对需要进行安全管理的有形商品（如危化品等）进行跟踪溯源。区块链技术应用在资产管理、防伪溯源领域的逻辑在于过程数据不可篡改和加盖时间戳，需要与物联网技术紧密结合。

公共资产管理系统结合区块链、物联网技术，可实现公共资产的采购、使用、升级的自动化及在线监管，提高公共资产管理的透明度，控制行政管理成本。例如公车的使用情况可在线实时查询监控，增加违规使用成本。

防伪溯源系统利用物联网技术建立起链上数字证明和链下实物商品的严格对应关系，利用区块链技术将物品流通全链条的信息输入权分散到多个机构或设备手中，大大提高造假成本，降低造假风险，实现透明公开的全流程信息管理管控。

18.5.4　人事档案及其他应用

1. 干部人事档案管理

干部人事档案是干部管理的重要基础信息，各政府单位都有档案室，建有档案管理系统，能够方便查到干部的出生、籍贯、工作履历等综合信息。违法更改个人人事档案的事件屡有发生，如修改个人出生日期、修改工作经历、修改民族、修改学历等问题。现有人事档案管理方式不能完全杜绝人事档案修改作假。

应用区块链技术，通过区块链记录每个干部的出生日期、任职履历等基础信息，形成无法篡改的个人电子档案，从技术上彻底解决传统干部档案管理中存在的问题和积弊。一旦干部档案信息经过验证并添加至区块链后，就会永久地存储起来，为干部人事档案的准确、完整提供了技术保障。

2. 民政部门：扶贫与公益慈善项目监督

利用区块链技术全程记录、顺序时间戳、不可篡改、可追溯等特性，将扶贫场景中的贫困人口识别、资金、管理、监督、政策等各个环节纳入区块链管理系统。通过将传统的人员管理方式与区块链技术应用有机结合，让扶贫基金沿着规定的用途、使用条件、时间限制等使用规范安全、透明、精准地投放使用。将传统的扶贫资金层层摊派改为针对项目、个人定向投放。

区块链上存储的数据，高可靠且不可篡改，天然适合用在社会公益场景。公益流程中的相关信息，如捐赠项目、募集明细、资金流向、受助人反馈等，均可以存放于区块链上。在满足项目参与者隐私保护及其他相关法律法规要求的前提下，有条件地进行公开公示，方便公众和社会监督，助力社会公益的健康发展。

3. 教育部门：学历信息、学术成果存证

利用区块链技术，解决现有的学生信用体系不完整、数据维度局限、缺

乏验证手段等问题，简化流程和提高运营效率，并能及时规避信息不透明和容易被篡改的问题。在区块链中记录跨地域、跨院校的学生信息，追踪学生在校园时期的行为记录，构建良性的信用生态体系。此外，通过区块链为学术成果提供不可篡改的数字化证明，可为学术纠纷提供举证依据，降低纠纷事件消耗的人力与时间成本。

18.6　智能数据分析与信用联合奖惩

智能数据与信用分析是信用联合奖惩及信用分级分类监管的基础。数字政务以区块链和大数据为重要抓手，通过区块链实现了数据共享，再借助智能数据分析能力挖掘出更多、更有价值的信息，提高政府的社会治理能力。

18.6.1　基于大数据的个人信用评价

个人信用评分，源于传统金融领域，是在建立个人信用信息数据库系统的基础上，运用数理统计学的原理，找出可能影响消费者未来信用风险、价值等的各种因素，并分配以不同权重，进而建立起特定的数学模型，并借助计算机信息技术对个人信用信息进行量化评估的方法。个人信用评分以一个分数区间来反映个人的信用状况，一般界定为分数越高风险越低或信用越好。

在数字政务或者社会信用体系建设领域，个人信用评价有更丰富的内涵。

传统金融领域的个人信用评分模型，选用了与个人信用相关的40多个变量，概括起来可分为个人基本信息、银行信用信息、个人缴费信息、个人资本状况四类变量。金融领域的信用评估体系目标是通过历史信息预测未来风险，用于未来开展金融业务，特别是信贷业务，提供决策参考。金融领域的个人信用评分重在风险防范，其评分依据的事实性、精确性和公平性要求不高。

数字政务与社会信用体系建设领域的公民个人信用评价，使用矩阵化模式对海量信用信息进行收集、转化和大数据分析，并重构为"个人的数字画像"，目的在于加大对诚实守信主体的激励和对严重失信主体的惩戒力度，形成褒扬诚信、惩戒失信的制度机制和社会风尚。政务领域的公民个人信用评价应用于信用联合奖惩，对评价依据的事实性、公正性和可解释性要求很高。任何信用评价的事实性差异都有可能导致行政复议，甚至行政诉讼。

数字政务与社会信用体系建设领域的公民个人信用评价模型的相关变量可能会达到数千个，归结起来可以分成如下六个方面：个人司法信用、个人行政信用、个人金融信用、个人职业信用、个人日常信用、公民信用积分。公民个人信用评价结果将应用于社会信用分级分类监管与应用（见图 18-10）。

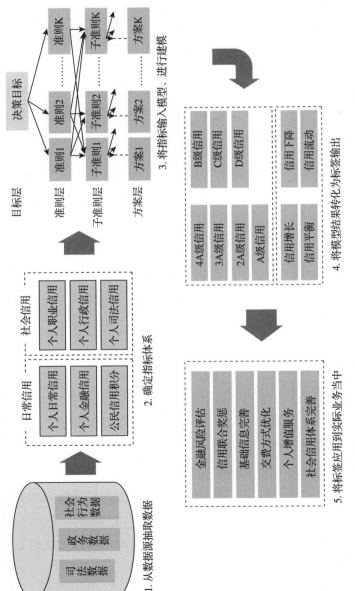

图 18-10　公民个人信用评价模型

18.6.2 中小企业信用分析与"信易贷"

2019 年 9 月 12 日，为认真贯彻落实习近平总书记在民营企业座谈会上的重要讲话精神，按照党中央、国务院关于解决中小微企业融资难融资贵问题的一系列具体部署，国家发展改革委、银保监会联合印发《关于深入开展"信易贷"支持中小微企业融资的通知》（发改财金〔2019〕1491 号，以下简称《通知》）。

《通知》从信息归集共享、信用评价体系、"信易贷"产品创新、风险处置机制、地方支持政策、管理考核激励等方面提出具体措施，破解银企信息不对称难题，督促和引导金融机构加大对中小微企业信用贷款的支持力度，缓解中小微企业融资难融资贵问题，提高金融服务实体经济质效。《通知》强调要建立"信易贷"工作专项评价机制，并从金融机构和地方政府两个维度开展评价。金融机构评价结果纳入小微企业金融服务监管考核评价指标体系，地方政府评价结果纳入城市信用状况监测。

区块链技术为"信易贷"提供了支撑技术手段。基于企业法人的区块链数字身份，整合税务、市场监管、海关、司法以及水、电、气费，社保、住房公积金缴纳等领域的企业信用信息，"自上而下"打通部门间的"信息孤岛"，降低银行信息收集成本。构建符合中小微企业特点的公共信用综合评价体系，将评价结果定期推送给金融机构，提高金融机构的风险管理能力，减少对抵质押担保的过度依赖，逐步提高中小微企业贷款中信用贷款的占比。

将"信易贷"违约风险处置机制与社会信用联合奖惩结合起来，对失信债务人开展联合惩戒，严厉打击恶意逃废债务行为，维护金融机构合法权益。充分发挥信用手段在缓解中小微企业融资难融资贵问题中的重要作用。

图 18-11 给出了基于区块链数字身份实现中小企业综合信用评价，以及通过自主权数据管理与金融机构共享数据的"信易贷"平台模型。

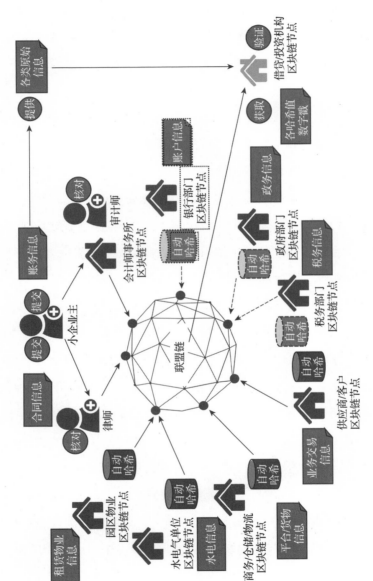

图18-11 "信易贷"区块链平台模型

18.6.3　新时代的财政综合治税应用

2015 年，服务业在我国经济总量中的比重首次超过 50%，标志着我国进入了服务型经济时代。新时代对地方政府的财政和税收管理带来了新的挑战。

如图 18-12 所示，以某地区数据为例，可以看出第三产业在经济总量中占比很高，但税收占比较低。在服务型经济时代，地方产业结构已经发生了变化，但是地方财政与税收的理念和手段没能跟进时代变化，导致地方财政和税收压力不断增加。

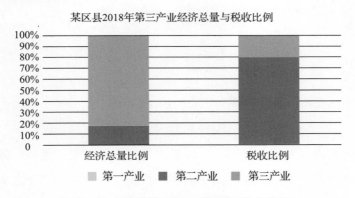

图 18-12　区域经济 GDP 与税收来源占比背离

目前，地方财源税收普遍存在的困难和问题如下：

各部门的涉税数据分散：政府下属的各个部门都存在相关的涉税数据，通过这些数据相互之间的比对可以发现偷税漏税的问题，目前需要一个平台来把分散的数据集中起来。

税源种类多：税费种类多、税源零星分散、易漏难征；纳税人与税务监管部门信息不对称导致在税务征管中涉税信息精准性差、效率低。

税源集中度高：目前的税收 80% 以上都集中在一些重点企业，没能适应产业结构的变化，拓展关注新的税源。

纳税信息不对称：财政管理部门和地方行政部门无法了解企业纳税的详细信息，获取国地税数据不及时，无法进行联合管控。

在服务型经济时代，综合利用大数据、人工智能、区块链等新一代信息技术，以税费保障平台为依托，以税源管理为核心，实现数据信息的互通共享，挖掘利用网络、第三方机构提供的涉税信息，有效解决税收漏管难征等问题；以对涉税信息的采集、分析、挖掘、比对为主线，逐步建立起以"政府领导、税务主管、部门配合、社会参与、司法保障、信息支撑"为主要内容的财源保障工作新机制。为政府提供区块链数据智能管税的综合解决方案（见图18-13）。

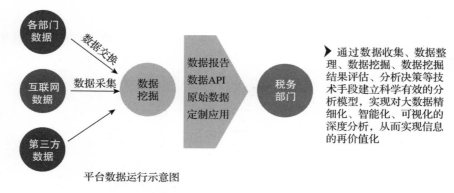

图18-13　区块链数据智能管税综合解决方案

通过建设涉税数据交换平台，以政府数字政务网络为支撑，规范涉税信息的格式和标准，协调组织相关部门实现涉税相关信息的共享。为财政部门提供按时间、按部门、按税种、按产品进行多维度统计分析、同比分析、环比分析；进行重点税源重点企业的排名、重点税源监控。利用机器学习人工智能算法来预测未来一段时间的税收收入，也可以根据近几个月预测未来几个月的收入情况。

将企业纳税情况记入企业综合信用评价信息，反馈给政务平台。实现"先税后款""先税后验""先税后证""先税后审""先税后办"功能，实现针对重点税源的纳税信用联合管控（见图18-14）。

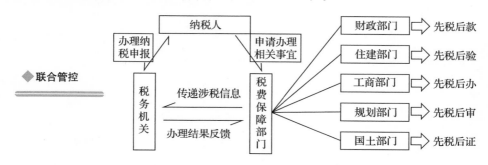

图18-14　涉税数据与信用联合管控

　　针对服务型经济时代的产业特征，通过业务大数据交叉对比，智能核算服务业的应缴税额。例如，基于公安局驾校驾驶证发放信息估算驾校的真实经营情况，进而核算驾校应缴税额；基于某些餐饮企业用电信息，对比企业同比、环比的用电数据和缴税数据，估算与核定企业当期应缴税额；对于药店行业，采集医保中心提供的药店社保刷卡数据，通过大数据和深度学习算法分析估算药店真实经营情况并核定应缴税额。

　　通过区块链平台采集政府所有部门大数据进行比对分析，构建服务型经济时代的智能税收理念和创新手段。

第 19 章

通证化改造——建设社会治理共同体

通证化改造是区块链技术赋能社会治理、提高社会运转效率的重要贡献。通证化改造有三个层面的内涵：第一，将区块链通证经济应用在社会治理领域，通过奖惩制度将群体利益与个人利益一致化，打造社会治理共同体；第二，区块链降低了交易成本，打破了原有的企业与市场的边界，将工业时代的刚性组织转换为服务型社会时代的液态组织；第三，基于资产上链（AMT）的理念和方法将物理世界资产数字化、通证化，降低资产交易的摩擦，实现共建、共治、共享的分布式基础设施建设与治理共同体。

19.1 通证经济与社区治理共同体

党的十九大报告提出，加强社区治理体系建设，推动社会治理重心向基层下移，发挥社会组织作用，实现政府治理和社会调节、居民自治良性互动。党的十九届四中全会通过的《中共中央关于坚持和完善中国特色社会主义制度、推进国家治理体系和治理能力现代化若干重大问题的决定》提出，坚持和完善共建共治共享的社会治理制度，建设人人有责、人人尽责、人人共享的社会治理共同体。

社区治理共同体既是当前我国社区管理创新的现实基础，也是完善国家治理能力现代化、创新社会建设与社会管理体制机制的重要举措。我国城市社区呈现出社区组织碎片化、社区公共性衰落、社区生活个体化三大新困境。社区治理共同体成为化解城市社区问题的有效理念。共同体以政府、社区、社会组织和居民为主体，以社会再组织化为手段，以实现社区多元主体共同治理为根本目标。社区治理共同体是国家与社会、政府与社会、国家参与社会的自治组织实现合作主义的具体实践。这不仅有利于激发社会活力，更有利于加强基层社会建设，创新社会治理体制。

早在春秋战国时期，商鞅变法做了有记录的最早的社会治理尝试。《商君书·禁使》中论述道："人主之所以禁使者，赏罚也。赏随功，罚随罪。故论功察罪，不可不审也。夫赏高罚下，而上无必知其道也，与无道同也。……故恃丞、监而治者，仅存之治也。通数者不然也。别其势，难其道，故曰：其势难匿者，虽跖不为非焉。……且夫利异而害不同者。先王所以为保也。故至治，夫妻、交友不能相为弃恶盖非，而不害于亲，民人不能相为隐。……利合而恶同者，父不能以问子，君不能以问臣。吏之与吏，利合而恶同也。夫事合而利异者，先王之所以为端也。" 基于上述理论，商鞅制定了赏罚严明的制度，并"五家为伍，十家为什"编订户口，实行连坐制。实行连坐法的目的，就是要使得人民互相保证、互相监视、互相揭发，一人有罪，五家连坐，即使是盗跖也没有办法为非作恶。

商鞅通过连坐法及相关赏罚制度实现了群体利益与个人利益一致化，这与美国 20 世纪 70 年代进行的通证经济研究有异曲同工之妙。

通证经济是在斯金纳的操作条件反射理论和条件强化原理的基础上形成并完善起来的一种行为疗法。通过某种奖励系统，使目标人群所表现的良好行为得以形成和巩固，同时使其不良行为得以消退。通证经济在污染治理、能源节约、工作绩效评价、现实社区自治、种族融合、军事训练、社区与社会制度设计等方面进行了广泛的社会实践[⊖]。通证经济的研究成果在社会治理共同体的建设中将发挥重要的指导作用。

昆明金沙社区的"小金豆构筑大平安"，本质上就是通证经济在社区治理中的具体应用（见图 19-1）。

⊖ Alan Kazdin. *The Token Economy A Review and Evaluation*. PLENUM PRESS, 1977.

- 金沙社区"警务雷达、金豆兑换、卫星布防"警民联动模式，社区志愿者可上报各类信息和案件，经核实后，上报人可获取相应的金豆。若上报案件需要紧急处置，平台工作人员可立即将案件通过"警务雷达"系统派遣给当前辖区正在巡逻的治安队员和志愿者进行处置，参与案件处置的人员也可获取金豆。

- 建立起了志愿者群防群治防控网，近800名"金豆哥"散布在社区的各个角落，有效改善了社区治安状况。

- 志愿者们积攒的金豆，可以到社区内的100多家金豆兑换商家进行消费。志愿者的金豆除了消费，还可以捐赠给社区的特殊人群。

- 社区成立了"金豆基金"，将募集的所有款项直接汇入昆明市青少年发展基金会账户。每月根据系统记录的金豆兑换明细，以现金形式将兑换金豆返还"金豆商家"，并定期公开基金用途及明细。

- 社区警情同比下降60%以上，案件同比下降40%以上，金沙社区也从之前的"脏、乱、差、案件高发"社区变成了盘龙区治安良好的平安社区。

图 19-1　昆明金沙社区社会治理实践

　　区块链技术结合通证经济，将解决通证经济运行过程中的公平性问题和成本性问题，提高通证经济建设社区治理共同体的投入产出比，加速把通证经济的成功经验在全社会进行复制。

19.2　"1099 经济"——从刚性组织到液态组织

　　"1099 经济"，其意是指企业不按照传统模式雇用员工（雇用员工在美国报税要填 W-2 表）提供服务，而选择与个人或团体以独立供应商的身份（填报 1099 表申报收入与税）合作提供服务。"1099 经济"这个概念命名突出了其中的劳工法律关系，实质为即时应需（On-Demand Service）个人服务经济，也被称为共享经济、零工经济。新经济公司 Uber、Airbnb、滴滴等皆归于此类。

　　"1099 经济"模式对公司的好处——更低的花费，更少的责任，可以迅速扩大和缩小劳动力的能力。"1099 经济"模式中，具体提供服务的个人不再是企业的员工，而是企业的独立供应商。出现严重服务质量问题的个人服务者也不用解雇，只是将他们从独立供应商群体中清除出去。企业的人员管理成本将降低 30% 以上。据统计，美国目前约 40% 的劳动力参与"1099 经济"，即利用共享经济平台提供个人服务的多岗位、非固定就业。专家预测，在 2030 年美国将有高达 80% 劳动力参与"1099 经济"。

在"1099 经济"模式中，企业内部和外部的边界逐渐模糊，企业组织液态化，"自由组合、自由流动"。企业家指挥的生产活动变少了，而交易活动变多了。大量的商业流程被流动的数据所驱动，并在企业之间展开灵活组合，新的组织边界也呈现为一种网状交融的格局，企业组织由此将进一步走向开放化、社区化。

"1099 经济"时代的人力资源管理面临着新的挑战，包括人员稳定性无法保障、人员服务质量不好控制，以及新的临时性雇佣关系面临的法律和管理滞后等问题。技术手段决定组织方式，人类改造世界的技术手段决定人类协作的组织方式。区块链技术将为"1099 经济"的组织方式提供可信技术支撑平台，同时对个人独立供应商提供服务信用评价，并提高管理运行效率。

区块链的技术特性大大降低了信任成本，着力解决信息互联网无法解决的基于信任的交易成本问题。在信息互联网时代，中心化技术降低了基于信息的交易费用；在价值（信用）互联网时代，区块链技术降低了基于信任的交易费用。区块链的低边际成本和网络效应对降低交易成本发挥重要作用。当市场交易的边际成本等于企业内部管理协调的边际成本时，就是企业与市场的界限。基于区块链技术构建围绕特定行业的服务众包平台，将打破原有企业的组织结构和组织方式，形成围绕特定行业的服务交易市场，行业分工精细化、专业化，互相监督、自由竞争，打造特定行业的分布式自治组织（见图 19-2 ）。

区块链在"众包链"场景中重点解决的是信用评价的问题。区块链联合数字身份和信用评价系统，使得服务提供者可以通过验证他们的身份和历史记录来"证书化"自己。评价质量和数量在许多在线市场都是早已固定的商

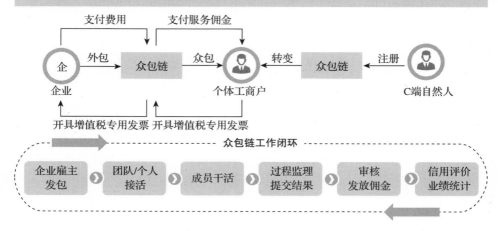

图 19-2　"众包链"赋能"1099 经济"

业催化剂，评价欺诈和干预（正面和负面评价）是所有在线市场面临的问题。区块链可以建立一个抗干扰的评价生态系统，必须有真实评价者的电子签名，并附加验证评价者的确有购买行为（和支付），评价才会被接受。并基于区块链平台提供可追溯、抗干扰的历史评价交互记录。

共享经济（如滴滴等）已经开始展现对全行业的颠覆能量。一个安全、抗干扰、基于区块链的系统可以提供更加可信的用户隐私安全和服务信用评价，有利于行业的规范发展，构建基于特定行业的社会治理共同体。

2017 年以来，60% 以上的劳动纠纷案件中，诉讼请求集中在劳动关系确认、解除劳动关系经济补偿或赔偿金给付、工资、加班工资支付等事项上。基于区块链的众包平台将在特定行业实现将劳动雇佣关系转变为商务外包关系，减少劳动纠纷，实现企业与劳动者的现代化"按劳分配"关系。

19.3　分布式基础设施建设的通证化

19.3.1　用区块链构筑分布式智能电网

传统发电站都是集中式的大型发电站，因为环保、生产成本等原因通常需要长距离输电才能送达用户，如火力发电站、核电站、水电站和大型风力发电。大电网、高压电、大机组是传统供电系统的特点。传统集中式供电系统产能效率高且便于管理，然而长距离输电配电过程中能量的耗散也非常之大，系统的容错率较低，且灵活性小。传统电网一旦出现故障，其影响范围广、修复难、损失大。

分布式电力能源系统利用自然、地理、能源分布的特点在当地小规模发电，就地供电，灵活性极高，且能积极响应用户需求，为偏远地区供电难的问题提供了解决方案。分布式电力能源系统是可以满足日常用电需求的小型电力能源与传统电力系统高度融合的产物。分布式能源增强了传统电网系统的可靠性，并且为用电用户提供了多种选择。随着太阳能发电技术、风力发电技术的不断发展，此类新能源发电成本不断降低，使得太阳能发电和风力发电目前以分布式新能源发电的形式被广泛运用于社区、家庭发电。

由于分布式智能电力能源系统的自身特点，其发展遇到了困境：首先，分布式发电源的类型繁多、发电能力不一、数量庞大并且地理分布分散，以至于人工管理、调度、维护非常困难；其次，风、光等新能源的发电量完全依仗自然条件，不可准确预测，且不稳定，再加上设备投入与维护费用，使得其利润低微甚至无法保障。这两大难题使得中心化的供电管理无法建立。

随着物联网技术的高速发展和分布式能源的普及，电力已具备成为成熟数字资产的基本条件，进而催生了社会对交互式能源（Transactive Energy）的需求。交互式能源的核心是对电力这一数字资产的流通和交易进行系统化管理，而区块链的分布式特性及其具体应用（如智能合约）对于数字资产交易效率的提升则与交互式能源的核心理念不谋而合，为交互式能源的实施落地提供了切实可行的解决方案。

区块链技术可以将能源生产商和能源消费者直接联系起来，从而简化各方的相互关系和相互影响。在这种新型的能源系统中，小型分布式电源（通常是指可再生能源的分布式电源）生产的电力将直接通过微电网供应给终端电力用户。利用区块链技术，发电量和用电量将通过智能电表计量，交易业务和支付业务将通过智能合约控制的支付形式实现（见图 19-3）。

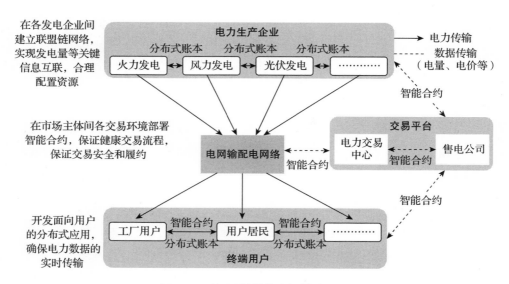

图 19-3　基于区块链的分布式智能电网

2016 年 4 月，美国能源公司 LO3 Energy 与西门子数字电网合作，建立了布鲁克林微电网——基于区块链系统的可交互电网平台 TransActive Grid。该项目是全球第一个基于区块链技术的能源市场。这个微网项目实现了社区间居民的点对点电力交易，允许用户通过智能电表实时获得发电、用电量等相关数据，并通过区块链向他人购买或销售电力能源。用户可以不需要通过公共的电力公司或中央电网就能完成电力能源交易。用户通过手机 App 在自家智能电表区块链节点上发布相应智能合约，基于合约规则，通过西门子提供的电网设备控制相应的链路连接，实现能源交易和能源供给。

2019 年 11 月 21 日，美国佛蒙特州最大的电力公司开始使用区块链平台 LO3 Energy 试点新能源市场项目，预计在未来五年内实现 100% 使用可再生能源的目标，并基于区块链技术实现点对点交易电力。

19.3.2　让私有充电桩焕发新活力

随着国家新能源发展战略的提出，新能源汽车正在加速发展，汽车行业面临巨大的变局，而区块链技术在能源领域的广泛探索，可以助力电动汽车新业态的成型。

截至 2019 年 6 月，全国新能源汽车保有量达 344 万辆，占汽车总量的

1.37%，与去年年底相比增长 31.87%。随着新能源汽车大量落地使用，充电难的问题也接踵而至。据统计，现有的电动汽车中 80% 为私家日常使用，而私家车主对充电场地和充电价格更为敏感，追求更便利的充电方式。但现有的定点公用充电桩并不能满足其日益增长的充电需求。基于此，共享私有充电桩将是未来解决电动私家车出行问题的重要手段。

现有技术下，私有充电桩共享难点重重：不同充电桩运营商之间的数据难以互通，"人"的信息不透明，监督机制缺失，无统一规范的收费标准，导致了用户和桩主不敢轻易进行交易，担心得不偿失。简单来说，私有桩无法共享的根本原因，就是交易双方无信任感导致。但区块链的出现打破了这一僵局，因为其本质上就是一个构建信任机制的"机器"，可作为解决共享充电的一个技术手段。

将不同的充电运营商通过简单的接口方式与区块链平台对联，构建充电服务平台。该服务平台存有用户和桩主的个人加密信息，交易产生前，双方均可下载解密数据，相互了解对方信用程度，保障交易的顺利开展。当交易双方充分认可且确认执行交易时，区块链将形成多方监督、不可更改的智能合约。完成交易后，区块链平台天然的支付特性可确保每一笔资金无法抵赖地划拨到指定账户（见图 19-4 ）。

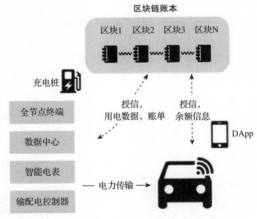

图 19-4　基于区块链的充电桩共享服务平台

区块链收集的电动汽车充电数据，可以与安装在充电桩上的智能电表进行交互，再通过智能电网的大数据平台，将充电器速率、位置和使用数据等分享给电网中庞大的客户源使用。

安装在充电桩上的智能电表区块链模块均有唯一的数字身份节点，当私家车主需要使用充电桩时，智能电表可以将该充电桩电量和地处位置实时推送给车主，用户通过移动终端可监控实时电量和充电桩使用情况。在交易发生时，智能电表区块链模块将记录中所有的电力交易数据、交易时间点和购电充电双方的个人标识以不可篡改的加密数据形式上传至电力交易监控平台，确保点对点形成交易依据，该数据可提供给交易方和监督方参考适用。

电力交易监控平台通过智能合约设定好统一标准的交易电价、交易电量和交易条件，智能合约产生后，平台将自动判别区块链网络范围内购电方和售电方的电力交易规则，随后进行电力交易或结算，确保交易合理、透明和规范。

总而言之，区块链技术不仅可以增加私有充电桩的使用率，解决电动汽车充电难的问题，还可以促进电动汽车的发展，实现节能减排与能源转型。区块链为充电桩网络的管理提供了绝妙的解决方案。充电桩网络的搭建有巨大的潜力，民营充电桩将有效地弥补集中式充电桩带来的不足，加速充电桩网络的建设。

19.3.3　共建共治共享 5G 网络设施

2019 年 6 月 6 日，工业和信息化部向中国电信、中国移动、中国联通和中国广电四家企业颁发了"第五代数字蜂窝移动通信业务"经营许可证，5G 元年正式到来。根据咨询机构的数据显示，到 2035 年 5G 将促使全球经济产出增加 4%，5G 产业规模将高达 12.4 万亿美元，并创造 2 200 万个工作岗位。也正因为如此，5G 成了世界各国竞争的"制高点"。

5G 在大幅提升"以人为中心"的移动互联网业务体验的同时，全面支持"以物为中心"的物联网业务。5G 将满足人们在居住、工作、休闲和交通等各种区域的多样化业务需求，更可以与工业设施、医疗仪器、交通工具等融合创新，有效满足工业、医疗、交通等垂直行业的多样化业务需求，实现真正的"万物互联"。

1. 5G 网络建设面临的困境

5G 的快速发展给网络建设带来了发展机遇和挑战，5G 在频谱、网络架构上与 4G 网络差异较大，传统的网络建设模式无法满足 5G 的需求。5G 建设的难点主要包括两方面。首先，5G 网络的建设成本比 4G 网络高。在带宽方面 5G 比 4G 要富裕，但是频率高也是 5G 不得不面对的现实。由于无线信号频率越高，传播损耗越大，覆盖距离越近，所以 5G 如果想要达到和 4G 同样的覆盖效果，就需要更多的基站，因此，5G 网络建设成本也随之增加。其次，5G 网络建设面临部署选址难的问题。为了给用户提供更高的通信速率，5G 网络需要缩小小区半径，这也造成了 5G 基站数量需求量大，从而导致建设成本高。正是由于 5G 基站的数量远大于 4G 基站，无论是既有网络的改造还是新建网络都需要大量的新站址资源，因此，在 5G 网络的建设中，站址选择也成为一大难题。

根据 5G 产业链研究机构估算，试商用阶段单个 5G 基站的价格约为 50 万 ~60 万元，5G 部署成熟期的单价会降至 30 万 ~40 万元。另外，5G 网络的部署还包括传输网、核心网，传输网折合到单个基站上的成本约为 5 万 ~10 万元，核心网在部署初期的造价约为 1 000 万 ~3 000 万元。5G 通信基站的密度和单机耗电是 4G 的 2~3 倍。基站多、基站贵、耗电多，5G 网络基础设施建设的总投资预估为 1.5 万亿元左右。4G 刚建了没几年，当初的投资尚未回本，又要面临 5G 网络建设的大笔支出，并且 5G 的杀手级应用还未出现，投资回报率不明。

2. 共建共享破解 5G 建网成本高的难题

通过实施跨行业共享，可以大幅提升 5G 网络建设效率。通过共享路网、电网现有的管道、电源、杆塔和光缆纤芯资源，可以大幅减少 5G 建设进场协调任务和工程量，从而显著提升 5G 建设效率，加快 5G 基站的建设布局。

随着智慧城市的建设，很多城市开始部署智慧灯杆，这些灯杆作为市政的基础设施集成了很多功能，包括照明、信息发布、Wi-Fi 覆盖、充电桩、环境检测（温度、适度、控制质量等）等，这些智慧灯杆也可用于 5G 基站的部署。一是灯杆密集，可以解决 5G 基站密集部署的问题；二是解决了 5G 基站的上挂问题。5G 网络基础设施建设应与政府相关部门进行沟通协调，在政府进行智慧灯杆规划部署时，把 5G 基站上挂的要求考虑进去，解决运营商 5G 基站选址难、进场难的问题。通过此方式共用基础设施，也可以降低 5G 网络的建设成本。

中国铁塔一直推动"通信塔"与"社会塔"的完美共享，积极储备社会杆塔资源供 4G、5G 新建站址备选。在 2017 年新建的站址中，有 1.5 万个建设需求利用了社会资源满足。例如，中国铁塔天津分公司已与公安、环保、气象、海事、交通、国土、石油等多个行业开展深度合作，社会化共享的铁塔站址近 1 500 个，在总体铁塔站址数中占比已超过 10%。

为了满足 5G 网络的需求，预计将会新增站址 300 万个。中国铁塔预计，5G 网络建设将实现共享社会资源，超过 80% 的 5G 新增站址将会利用社会资源解决。

如果其中 260 万个站址利用社会资源解决，另外 40 万个站址为新建站址，将可减少投资 2 500 亿元，节省土地 8 万亩、水泥 5 000 万吨、钢材 1 500 万吨。

海南目前已经形成"电力通信塔"共享新机制，在全省范围内联合实施高压电力通信塔项目，全省光网基站共享电力塔、乡村水塔、路灯杆、城市治安监控、城管违章监控、国土环保监测、海洋渔业监控等塔杆资源。海南将原有的基站主要由铁塔公司和电信运营商单独建设模式，改变为共享开放通信基站所需的塔杆、土地、电力等公共资源，促进光网建设主要指标达到全国先进水平。此外，海南还在全国率先探索实施通信基站与高铁电源共享模式，在海南西环高铁沿线基站使用高铁专网电源系统。

3. 资产通证化协调利益分配机制

充分利用社会资源共建 5G 网络基础设施，需要利用市场化手段解决社会资源的共治和共享机制问题。基于区块链的资产数字化、通证化，形成 5G 建设与发展利益共同体，能够高效实现 5G 网络覆盖，快速形成 5G 服务能力，增强 5G 网络和服务的市场竞争力，提升网络效益和资产运营效率，达到互利共赢。

首先，基于区块链为社会塔杆资源建立数字身份，对塔杆的所有权、使用权和收益分配权进行数字化确权。基于通证交易实现 5G 网络基础设施的治理与收益分配，将资源贡献方变成利益相关方。

其次，随着数字经济不断深入发展，行业和消费者对 5G 生活充满期待，但 5G 网络在全国范围的覆盖、应用和普及有一个渐进过程。通过网络共建共享，各个利益相关方将推动加快用户和基于 5G 的社会化应用接入 5G 网络。5G 示范效应更加凸显，加速 4G 向 5G 的迁移。

最后，资产通证化构建 5G 网络建设的多方协同治理和利益分配机制，将通过共建共享资源开放，推进 5G 网络与实体经济深度融合，加速基于数据确权的融合应用，形成政府、行业、企业、社会协同共治的新格局。

Chapter Twenty

第 20 章

数字化金融——科技赋能新金融

2019 年 10 月，建行董事长田国立先生在《新金融已成为当代金融的最重要特征》一文中首次对新金融给出明确的定义：新金融是以数据为关键生产要素、以科技为核心生产工具、以平台生态为主要生产方式的现代金融供给服务体系。新金融应具有科技、普惠和共享三个属性。科技属性是新金融最核心、最基础的属性。其他两个属性都离不开科技的赋能，未来新金融所有的业务都会随着科技的进步而不断创新发展。

金融行业在科技的推动下变得更加具备效率、更加具有能量，能够给用户带来的体验和改变更大。数字新金融不仅仅是利用了技术，本质上也促进技术在更广泛社会场景的应用和发展。区块链技术作为第四次产业革命的核心技术，金融机构和互联网科技巨头都早已经积极布局其在金融领域的应用（见图 20-1 和图 20-2）[⊖]。

图 20-1　金融机构区块链应用的布局情况

⊖ 中国科学院大学数字经济与区块链研究中心. 区块链金融产业全景及趋势报告，2018年 12 月。

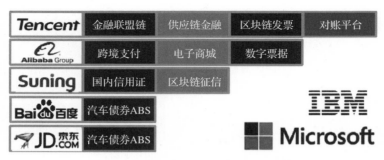

图 20-2　科技巨头区块链金融应用的布局情况

2016 年，高盛公司的研究报告[⊖]显示，区块链技术对金融行业在如下几个方面具有明显的价值提升：

降低复杂性（尤其在多方、跨境支付领域）。

提高端到端处理速度，以及资产和资金的可用性。

降低跨多个基础设施的交易对账需求。

提高交易记录的透明度和不可篡改性。

通过分布式数据管理，提高网络弹性。

降低操作风险和财务风险。

实际上，区块链不仅可以提升金融业务本身的效率，在我国突破现有国际支付结算体系限制、推进人民币国际化上也具有战略价值。

20.1　全球视角下的国家战略布局

20.1.1　现有跨境清结算体系及其问题

20 世纪 70 年代布雷顿森林体系瓦解以后，货币发行的基础变成了与国家主权、GDP、财政收入相挂钩的国家信用。美国凭借强大的军事、经济实力，通过美元垄断了全球石油贸易结算和其他大部分国际贸易结算，美元成了事实上的"全球货币"。当全球的外汇风险管理都以美元为中心展开时，美元的地位更加牢固。当前全球跨境清结算体系主要是以美元为基础展开的，具

⊖ GS Equity Research Team. Blockchain: Putting Theory into Practice. Goldman Sachs, 2016。

体的执行机构有两个：

环球同业银行金融电讯协会（SWIFT）：SWIFT 成立于 1973 年，为金融机构提供安全报文交换服务与接口软件，覆盖 200 余个国家，拥有近万家直接与间接会员，目前 SWIFT 系统每日结算额达到 5 万亿 ~6 万亿美元，全年结算额约 2 000 万亿美元。

纽约清算所银行同业支付系统（CHIPS）：CHIPS 是全球最大的私营支付清算系统之一，于 1970 年建立，由纽约清算所协会经营，主要进行跨国美元交易的清算，处理全球九成以上的国际美元交易。

美国曾借助 SWIFT 和 CHIPS 系统发动了数次金融战争。2006 年，美国财政部通过对 SWIFT 和 CHIPS 的数据库进行分析，发现欧洲商业银行与伊朗存在资金往来，美国随即以资助恐怖主义为借口，要求欧洲 100 多家银行冻结伊朗客户的资金，并威胁将为伊朗提供金融服务的银行列入黑名单。随后全球绝大部分银行断绝了和伊朗金融机构的所有业务往来，伊朗的对外金融渠道几乎被彻底切断。2014 年乌克兰危机中，美国除了联合沙特将石油价格腰斩外，更威胁将俄罗斯排除在 SWIFT 系统之外，随后俄罗斯卢布大幅贬值，经济受到严重负面影响。

在技术层面上，SWIFT 是过时的、效率低下、成本极高的支付系统。SWIFT 成立 46 年以来，技术更新缓慢，效率已经比较低下，国际电汇通常需要 3~5 个工作日才能到账，大额汇款通常需要纸质单据，难以有效处理大规模交易。同时，SWIFT 通常按结算量的万分之一收取费用，凭借垄断平台获得了巨额利润。

20.1.2　全球个人支付方式变革

由于监管机制等方面的原因，我国个人支付方式的变革已经走到了全球最前列。我国以支付宝、微信支付为代表的移动支付已经全球覆盖 14 亿人。2018 年中国移动支付规模约 39 万亿美元，而美国则仅为 1800 亿美元，差距达到数百倍。我国的银联、阿里支付、微信支付的规模、技术和运营实践等在全世界均居于前列。在"双十一"期间经受了超过每秒50万笔的支付速度的考验，一般支付速度已经是美国同业可比速度的四倍。

在欧美、日韩、东南亚等全球数十个国家和地区的线下商户门店，支付宝、微信支付的范围几乎可以涵盖餐饮、超市、便利店、主题乐园、休闲等各类吃喝玩乐消费场景。

我国的电子支付系统已经在全球领先。阿里支付的跨境区块链系统已经在马来西亚、印度尼西亚和巴基斯坦等国家跨境营运，100个节点的速度也领先于世界现有水平。

20.1.3　B端突围——中国人民银行贸易金融区块链平台

中国人民银行贸易金融区块链平台（以下简称"贸金平台"），是央行深圳数字货币研究所开发的区块链技术平台，致力于打造立足粤港澳大湾区、面向全国、辐射全球的开放金融贸易生态。

2018年9月4日，贸金平台项目一期首次对外发布并在深圳正式上线试运行。

2019年3月22日，由外汇管理局牵头成立的跨境金融区块链服务平台（以下简称"跨境金融平台"）开展首批试点活动，在直辖市上海、重庆和江苏、浙江、福建三省的省会城市展开试点运行。

2019年7月4日，贸金平台链上运行的业务由最初的供应链应收账款融资拓展为供应链应收账款多级融资、跨境融资、国际贸易账款监管、对外支付税务备案表四大应用场景。贸金平台上外汇交易处理量逾300亿元人民币。

2019年10月31日，贸金平台"上链"再贴现快速通道，参与推广应用的银行29家、网点485家，发生业务的企业1898家，实现业务上链3万余笔，业务发生5000余笔，业务量约合750亿元。

2019年11月6日，央行与香港贸易融资平台签署《关于两地贸易金融平台合作备忘录》，这将有利于提高跨境贸易融资互信与便利化水平，扩大我国经贸朋友圈，助力企业"走出去"。这标志着我国在区块链贸易金融和跨境金融领域的试验已经平稳运行。

相信未来央行将通过技术输出或者签订更多双边《合作备忘录》的方式，与不同国家建立双边贸易清结算关系，绕过美元作为清结算的中介工具，实现双边直接清结算，从而实现跨境清结算的 B 端突围。

20.1.4　C 端创新——DC/EP 的设计与战略布局

DC/EP（Digital Currency/Electronic Payment）是中国人民银行发行的主权数字货币，从 DC/EP 的名字可以看出，它具有数字货币的典型特征：交易即支付，支付即结算。DC/EP 的制度设计如下：

DC/EP 与人民币可以 1:1 自由兑换，支持连接中央银行。

DC/EP 采用商业银行和中央银行的双层制度，适应国际上各主权国家现有的货币体系。

DC/EP 是主权货币，是纸质人民币的替代，可以确保现有货币理论体系依然发挥作用。

DC/EP 可以基于特殊设计，可以不依赖于网络进行点对点的交易。

DC/EP 初期选定了七家运营商：中农工建四大国有银行，支付宝、微信支付以及中国银联。因此，DC/EP 的设计，一开始就遵循与支付宝和微信等第三方支付平台无缝衔接的原则，并且无须联网也可使用。

支付宝已经可以在 200 个国家和地区使用，支持美元、英镑等 20 余种货币的直接交易，可以在全球主要 38 个国家和地区跨境支付，支付宝在中国将现金交易降低到不足交易总量的 2%，并正在世界范围内逐步取代现金交易。微信支付也已经合规地接入 49 个国家和地区，可以在 20 个国家和地区跨境交易，支并持 16 种货币直接交易。银联在海外消费场景中也有丰富的布局。

因此，DC/EP 无论在国内还是国际都有很广阔的应用场景。DC/EP 的意义在于它不是现有货币的数字化，而是 M0 的替代。它使得交易环节对账户的依赖程度大为降低，有利于人民币的流通和国际化。初期，DC/EP 可以将中国人海外消费环节直接形成货币双边支付结算闭环，避免通过美元二次结算。未来，DC/EP 将跟随中国"一带一路"的海外建设，逐步推进人民币国际化更宽广的应用场景。

20.2 区块链在银行领域的应用

20.2.1 区块链在支付清算中的应用

在实践中，跨境支付的结算时间可长达五天，费用和结算时间的明确性不足。而跨境支付中的成本一般会转嫁给终端用户。区块链技术能够在收付款人之间建立直接连接，降低跨行、跨境交易的复杂性和成本，确保交易记录透明、不可篡改，降低运营风险，优化现有代理行模式下的资金转移和信息传递方式，大大提高支付效率，降低业务成本[一]。

案例 1：JP Morgan 基于区块链的创新——IIN

银行间信息网络（IIN）是金融服务业中最大的区块链项目。截至 2019年 9 月德意志银行加入 IIN 为止，已有超过 65 家银行投入使用该系统，另有255 家银行签署了意向书。IIN 的目标是通过向支付链中的每家银行即时提供有关转账的信息，以减少支付的延迟和成本。

IIN 于 2017 年 10 月份开始试运行。在此之前，跨境结算代理银行只进行单向银行间的沟通。区块链改变了这种互动方式。当付款明细被标记为需要确认时，不同的参与方可以同时进行交互，请求和共享付款信息。

IIN 将提升客户体验，降低支付所需的时间量和成本——从数周减少到数小时。区块链分布式账本允许被许可的银行交换有关合规检查和其他妨碍完成付款的例外情况的信息。IIN 也被尝试用作银行分享客户识别信息的平台。

案例 2：JP Morgan 基于区块链的创新——JPM Coin

2019 年 2 月 14 日，JP Morgan 宣布推出 JPM Coin[二]。JPM Coin 本质上是一种锚定美元的数字货币。当 JP Morgan 的客户将存款存入一个指定账户时，

[一] 中国工商银行城市金融研究所.分布式账本技术在支付清算领域的应用前景研究，2018 年 3 月。

[二] JP Morgan Creates Digital Coin for Payments，https://www.jpmorgan.com/global/news/digital-coin-payments，2019.02。

可以获得等量的 JPM Coin；获得 JPM Coin 的客户可以通过区块链网络与 JP Morgan 的其他客户进行点对点的交易；JPM Coin 的持有者可以在 JP Morgan 随时兑换美元。

根据 JPM Coin 的白皮书，JPM Coin 有三个典型的应用场景。

第一，针对大型企业客户的国际支付。目前这种支付通常在金融机构之间进行电汇。由于金融机构有交易截止时间，不同国家可能使用不同的交易系统，经常需要一天以上的时间进行结算。而通过 JPM Coin 付款将会实时结算，并且可以选择在一天中的任意时间进行结算。

第二，跨境证券交易。JP Morgan 在区块链平台上测试了一次债券发行，为一家加拿大银行创建了一个 1.5 亿美元存单的虚拟凭证。通过传统方式使用电汇购买债券，从支付到处理存在时间差。而通过 JPM Coin，这一切都可以瞬时完成。

第三，替代大型企业在全球分支机构所持有的美元现金。全球性公司，例如霍尼韦尔和 Facebook 等公司，基于美元转账支付全球员工薪资和供应商货款等。在大型企业的不同分支机构中，资金流动造成了很多不必要的效益损失。使用 JPM Coin 而非现金转账，将减少许多不必要的跨境服务费用。

20.2.2　区块链在贸易金融中的应用

贸易金融是商业银行在贸易双方债权债务关系的基础上，为国内或跨国商品贸易和服务贸易提供的贯穿贸易活动整个价值链的全面金融服务，它是金融市场与实体经济相互促进的纽带。贸易金融体系的五个主要功能，即贸易结算、贸易融资、信用担保、避险保值、财务管理。贸易金融的核心是贸易融资，信用证、托收、汇款是贸易融资的三种基本结算方式。近年来，企业对贸易金融服务的需求已经超越简单的融资和结算，希望银行能基于企业经营交易特点，提供集流动性支持、营运资金调度、财资管理为一体的"交易银行"服务，提高资金使用效能。

区块链贸易金融是指银行基于区块链技术实现贸易金融业务在联行间的实时传输、自动触发和全流程监控，并能够确保传输信息的真实性和不可篡改性。

案例1：民生银行基于区块链打造国内信用证

传统的国内信用证业务并没有较好的信息传输机制，当前主要采用信开和 SWIFT 加押电文的方式，没有直接的信息交互通道；同时由于业务流程较为复杂，各金融机构的信息系统架构、安全标准、网络控制机制不一致，导致信用证流转效率低下、难校验，业务流程不透明。

2017 年 7 月，中国民生银行推出了基于区块链的国内信用证信息传输系统（BCLC），改变了银行传统信用证业务模式。该系统目前已有民生银行、中信银行、苏宁银行等多家银行接入。

信用证的开立、通知、交单、承兑报文、付款报文各个环节均通过该系统实施，缩短了信用证及单据传输的时间，报文传输时间可达秒级，大幅提高了信用证业务处理效率，同时利用区块链的防篡改特性提高了信用证业务的安全性，使信用证流转过程更加透明可追踪，各个节点都能看到整个信用证业务的办理流程和主要信息，比传统信用证业务更透明和高效，避免错误和欺诈的发生（见图 20-3）。

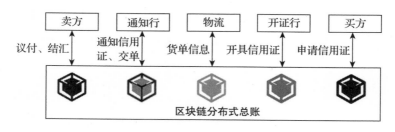

图 20-3　基于区块链的国内信用证信息传输系统

基于区块链实现国内信用证业务，可以满足客户的高效结算融资服务需求，进一步缩短全业务流程，全面提升客户的业务体验。客户只需上传标准化的开证申请书，引入影像切片集中录入，操作便捷，无需将纸质材料在多个角色间流转，实现全线上电子化处理。

对银行而言，国内信用证业务经济资本仅占用 20%，优化后的信用证业务流程将使得客户相比银行承兑汇票等更愿意使用国内信用证，在提升业务风险控制能力的同时降低对银行的经济资本占用。

未来，可将同业银行、运输公司、保险机构、税收部门、监管机构等纳入区块链网络，完成全新信任机制由点及面、快速拓展的链式网络的搭建，自主扩展业务产品，最终构建兼具跨行结算和融资功能的完整交易平台。

案例 2：邮储银行 U 链福费廷业务系统

福费廷业务是银行根据客户或其他金融机构的要求，在开证行、包买行或其他指定银行对信用证项下的款项做出付款承诺后，对应收款进行无追索权的融资。福费廷业务凭借其独特的优势得到银行青睐，迅速取代了传统出口押汇和国内信用证卖方押汇 / 议付的市场地位。

在福费廷业务中，卖方银行通常在信用证项下买断受益人对开证行的债权，自行持有或在二级市场进行转卖。因为有开证行的承兑或承付，所以对买入福费廷的银行来说属于低风险业务。但福费廷业务也存在一些风险隐患，特别是在涉及司法纠纷时，其法律适用的不确定性在一定程度上影响到银行资产的安全，必须对其潜在风险予以充分关注。

近年来，企业伪造虚假贸易背景的手段越来越隐蔽，部分企业借贸易融资之名，骗取银行融资进行投机。一段时间内我国经济面对下行压力，部分大宗商品价格剧烈波动，贸易背景真实性屡受质疑，企业资金链紧绷甚至断裂。在此背景下，福费廷融资的风险转移功能难以完全发挥。例如，企业资金链断裂势必影响银行风险防控工作质效。

邮储银行基于区块链技术开发了 U 链福费廷业务系统。实现信用证从开具到承兑全流程链上跟踪，并建立"福费廷区块链系统交易市场"，能够有效撮合金融机构间交易，建立一个基于区块链的让渡报文通知模式。邮储银行 U 链福费廷业务系统实现了信用证产生的项下议付、福费廷等融资业务的区块链业务系统。该系统具有追溯精度优化、去中心化、强隐私安全、去信任中介等特点。U 链福费廷业务系统提高了一级市场的业务审单效率，减少人工判断失误；为业务提供增信，降低业务风险；打通信用证的一级市场与二级市场，完成从信用证到福费廷业务的信息共享，实现了福费廷业务处理流程的衔接及优化。

U 链福费廷业务系统已于 2018 年 6 月底上线，该系统实现了交易双方无须线下协调，可在线上交易市场发布收证意向及包买意向，有效撮合交易。该系统在处理福费廷业务时，受益人（企业、债权持有行）可以将债权直接转卖，与信用证开证行、包买银行达成三方共识，完成债权让渡。在债权让渡、单据凭证等智能合约的帮助下，该系统支持三方就数据一致性的理解及历史业务资料进行共享。二级市场能够获取一级市场数据及历史包买银行的业务审查背书，使得债权让渡能够快速衔接一级市场，有效提升业务效率。U 链福费廷业务系统进一步完善了银行服务模式，加快向现代化商业银行转型的步伐。

20.2.3　区块链在供应链金融中的创新

银行供应链金融业务包括票据业务以及基于供应链的信用融资业务，这两项业务因人为介入多，产生了许多违规事件及操作风险。

1. 票据业务

2015 年中，国内开始爆发票据业务的信用风暴。票据业务在创造了大量流动性的同时，相关市场也滋生了大量违规操作或客户欺诈行为，陆续有多家商业银行的汇票业务事件集中爆发。

国内现行的汇票业务仍有约 70% 为纸质交易，操作环节处处需要人工，并且因为涉及较多中介，存在管控漏洞，违规交易的风险很高。票据的交易一直存在第三方的角色，来确保有价凭证的传递是安全可靠的。在纸质票据交易中，交易双方的信任建立在票据真实性的基础上；即使在现有的电子票据交易中，也需要通过央行 ECDS 系统的信息进行交互认证。

但借助区块链技术，可以直接实现点对点的价值传递，不需要特定的实物票据或是中心系统进行控制和验证；中介的角色将被消除，也减少人为操作因素的介入。在数字票据领域，可以通过区块链搭建票据交易系统，让每个参与交易的企业都登记注册为区块链用户，可以提升票据运转效率和流通性，降低交易风险，有利于中小企业的信用积累。

2017 年，中国人民银行基于区块链技术建立的数字票据交易平台（上海票交所）已经成功完成测试。

2. 供应链金融业务

供应链金融也因为高度依赖人工，在业务处理中有大量的审阅、验证各种交易单据及纸质文件的环节，不仅花费大量的时间及人力，而且各个环节都有人工操作失误的可能。

区块链技术可以帮助供应链金融业务大幅减少人工的介入，将目前通过纸质作业完成的程序数字化。所有参与方（包括供货商、进货商、银行）都能使用一个分布式共享账本分享文件，并通过智能合约在预定的时间和达到预期结果时自动进行支付。这将极大地提高效率及减少人工交易可能造成的失误。

基于区块链的数字化解决方案能够完全取代如今的纸笔人工流程，实现端到端完全的透明化，提高处理的效率并减少风险。

案例：浙商银行"应收款链平台"

2017 年 8 月 16 日，浙商银行推出业内首款基于区块链技术的企业"应收款链平台"，在平台上应收账款可转化为电子支付结算和融资工具。浙商银行是业内首家将区块链技术应用于应收账款融资的商业银行。

企业可通过应收款链平台签发、承兑应收账款，将账面的应收账款转变为安全、高效的支付结算工具，盘活应收账款，减少对外负债；围绕核心企业，银行机构为应收账款流通提供信用支持；上游企业收到应收账款后，可在平台上直接支付用于商品采购，也可以转让或质押应收账款盘活资金，方便对外支付和融资。

浙商银行应收款链平台可以提供单一企业、产业联盟、区域联盟等多种合作模式，助力企业构建供应链"自金融"商圈。

单一企业商圈，由集团企业发起建立，成员企业和供应链上下游企业共同参与，在商圈内办理应收账款的签发、支付、融资等业务，并可以转让至圈外机构，增强流动性。

产业联盟商圈，由核心企业发起建立，产业链上下游企业和联盟成员共同参与，从下游客户签发应收账款开始，在物流中无缝嵌入资金流，减少联盟成员外部融资和资金沉淀。

区域联盟商圈，由区域内龙头企业发起，其他加盟企业参与，延伸到各加盟企业的供应链上下游客户，根据真实交易和商业信用签发应收账款，在联盟内进行转让、融资等。

应收款链平台上线一年时间内，浙商银行已开通核心企业应收款链平台1111个，辐射客户4672户，累计签发区块链应收款40373笔，签发金额902亿元，服务的客户中民企的数量和融资金额均占绝大部分。

与供应链金融有关的其他案例，请参见本书第17章相关内容。

20.2.4　区块链助力客户识别与征信

银行的客户征信及法律合规的成本不断增加。过去几年，商业银行为了满足日趋严格的监管要求，不断投入资源加强信用审核及进行客户征信工作，以提升反欺诈、反洗钱能力，抵御复杂金融衍生品过度交易导致的系统性风险。因此，征信市场的空间巨大。但目前整个行业信息不能共享，无法挖掘更大的价值。究其原因，跨领域、跨行业、跨机构，用传统技术实现大量信息共享难度大、成本高，同时还存在数据易被篡改、无法追溯、难以实时同步等问题。

针对我国传统征信行业的现状与痛点，区块链可以在征信数据共享交易领域着重发力，实现面向相关各行各业的数据共享交易，构建基于区块链的征信数据共享交易平台，使参与交易方风险和成本最小化，加速信用数据的存储、转让和交易。

记载于区块链中的客户信息与交易记录有助于银行识别异常交易并有效防止欺诈。区块链的技术特性可以改变现有的征信体系。在银行进行客户识别时，将有不良记录客户的数据储存在区块链中。客户信息及交易记录可以随时更新，并同时在客户信息保护法规的框架下实现客户信息和交易记录的加密关联共享，能帮助银行省去许多KYC的重复工作。银行也可以通过分析和监测在分布式共享账本内客户交易行为的异常状态，及时发现并消除欺诈行为。

区块链能帮助用户确立自身的数据主权，生成自己的信用资产。在数据与信用确权的基础上，以用户数字身份作为数据聚合点，连接各个企业及公共部门，进而开展用户数据授权，不但可以解决数据孤岛的问题，而且能确保用户隐私安全及各方源数据不对外泄露。该平台有助于征信机构作为一个网络节点，以加密的形式存储及共享用户在本机构的信用状况，从而实现信用资源的共享共通、共建共用，大大降低征信运营成本。

区块链征信平台有助于征信机构以低成本方式拓宽数据采集渠道，消除冗余数据，规模化地解决数据有效性问题，还可去除不必要的中介环节，提升整个行业的运行效率。区块链可以使信用评估、定价、交易与合约执行的全过程实现自动化运行与管理，从而降低人工与柜台等实体运营成本，大幅提高银行信用业务处理规模。

案例 1：KYC 数据共享

苏宁金融于 2018 年 2 月上线金融行业区块链黑名单共享平台系统，将金融机构的黑名单数据加密存储在区块链上，实现了无运营机构的分布式黑名单共享模式，既解决了行业痛点，又保护了客户的隐私和金融机构的利益（见图 20-4）。

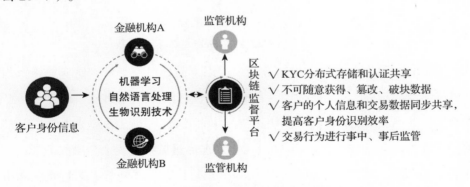

图 20-4　基于区块链的 KYC 数据共享平台

案例 2：农行在普惠金融领域的应用创新

长期以来，小微企业、"三农"客户融资难、融资贵的问题一直制约着企业的发展。其问题根源在于抵押品不足、信用数据匮乏，难以对这类客户建立有效的信用模型和风险防控措施。

农业银行通过积极推动传统信贷产品的线上化改造和基于区块链、大数据技术的新型网络融资产品创新，依托产业链上下游的经营、交易和财务等数据，探索建立多维度信用评价模型，开展纯信用的网络融资业务。逐步实现小微企业、"三农"客户信贷业务的"标准化、模型化、规模化、自动化"作业，为农业银行在发展普惠金融领域打开新的局面（见图 20-5）。

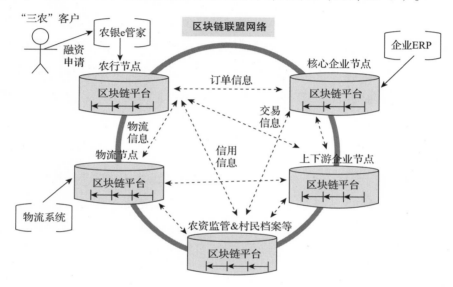

图 20-5　基于区块链和大数据的新型融资产品创新

"农银 e 管家"电商金融服务平台（以下简称电商平台）是农业银行为生产企业、分销商、县域批发商、农家店、农户打造的一款线上"ERP+ 金融"综合服务平台。以现有供销关系快速线上化为突破口，融入小微企业、"三农"客户的生产和生活场景，为工业品下乡、农产品进城搭建线上金融服务渠道。平台运行以来，客户活跃度较高，交易规模呈快速发展趋势，运行状况和市场评价良好，积淀了大量有价值的数据。通过应用区块链技术，将历史交易数据映射到区块链平台中，同时每天产生的数据也入链登记，不断积累以逐步形成企业和农户可信的、不可篡改的交易记录，反映了客户的真实信用状况。

除了充分挖掘和利用农业银行自有电商平台的交易和经营数据之外，通过与核心企业合作,有限度获得核心企业 ERP 订单数据;通过与当地农村供销社、政府部门合作,经授权后获得农户信用数据,包括农资交易、档案信息、政府补贴等;通过与当地农资监管和物流追踪平台对接,获得物流数据。将这些数据的提供方作为参与节点加入区块链网络,不断向区块链网络推送有效数据,使整个业务场景视图更加丰富和完备。随着区块链联盟网络的不断扩大,加入用户的增多,信用的维度将更健全,从而彻底将区块链网络打造成一个信任网络。同时以智能合约形式约定统一数据共享标准,并尝试将授信模型内嵌进智能合约代码中,实现银行授信、审批和用信等环节的智能化、自动化处理。通过借助智能合约实现的新型信用模式,将融资产品嵌入支付框架中,实现在支付订单时即完成放款的功能。

为了防范风险,采用受托支付的方式完成订单,资金不经过客户账户,并且后台通过自动审批的方式完成每笔订单的贷款审批工作,尽量让客户感知不到贷款的流程,实现便捷快速的支付体验。通过这种方式,客户的信用数据进一步丰富,基于这些信用数据的融资产品不仅解决了客户融资难的问题,还通过区块链技术实现为客户增信,同时在采用全新的科技手段后极大降低融资的成本,给客户最大实惠。

20.2.5　区块链助力多方资金监管

银行资金监管是指交易资金通过银行进行监管,专款专用,买卖双方一旦达成成交意向并完成交易,监管银行接到双方成交指令,放款给卖方,规避了部分交易商的信用风险,真正解决了买卖双方在交易过程中互相担心、不敢先付款或不敢先交货的问题。银行资金监管的介入,可以提高交易双方的诚信度,构建安全交易平台。资金监管的场景很多,主要包括房地产交易、工程建设、扶贫资金使用等。

案例 1:工行资金监管"区块链 + 基建 + 金融"

在建筑行业里,经常采用多层分包制,从一级分包商到二级甚至三级承包商,导致工资支付链条长,整个支付链条缺乏监管手段。整个劳务工薪市场已经达到了万亿的规模,涉及劳务工人数众多。政府非常关注建筑劳务工的工资拖欠问题，2020年1月，国务院常务会议通过《保障农民工工资支付条例》，将于2020年5月1日正式实施。因此，建筑行业存在极大的资金监管需求。

工行基于区块链创新建筑行业的资金监管与金融服务模式。首先，将建筑工程相关的所有商务及劳务合同信息上链，从地产商到建筑承建商的逐级分包合同，一直到劳务公司的工人劳务合同。

基于区块链实现"三透明"，即合同信息、履约信息、支付信息上链，确保整个项目全流程数据透明。并基于链上数据实现"三钩稽"，把劳务权益与合同信息钩稽、劳务权益与支付信息钩稽、合同与支付信息钩稽。基于此，实现劳务权益的真实记录，基于履约信息形成合法的劳务权益，并基于权益的多方确认实现权益的精准兑付。

案例2：工商银行创新扶贫金融服务

为做好扶贫工作，全社会投入了巨大的社会资源，仅贵州就已成立规模超过3000亿元的脱贫攻坚基金。但是，面对规模如此巨大的扶贫资金，如何确保"募得了、投得好，管得住，收得回，不出事"已成为摆在各级政府面前的重要课题，而能否找准"穷根"、明确靶向、量身定制、对症下药也成为各级政府扶贫攻坚的成败所在。

为破解困扰政府扶贫管理的难题，在贵州省政府的支持下，工商银行通过银行金融服务链和政府扶贫资金行政审批链的跨链整合与信息互信，以区块链技术的"交易溯源、不可篡改"实现了扶贫资金的"透明使用"、"精准投放"和"高效管理"。

2017年10月，工商银行正式启动与贵州省贵民集团联合打造的脱贫攻坚基金区块链管理平台，这是业界首个服务于精准扶贫的区块链平台。

平台具有如下特点：

"透明使用"，即每一笔扶贫资金的审批流程全部上链，每一个环节都责任到人，让审批信息和实际支付信息紧密钩稽在一起，区块链"多方共识、信息共享"的特点，让扶贫相关的各级政府管理部门和银行机构都自动加入监管之中，使整个审批过程真正透明，消除腐败滋生的可能。

"精准投放"，即通过区块链技术对扶贫资金投放进行精准管理，资金使用方式由原来先层层拨付再确定扶贫项目的"推动"方式，变成了先确定用款项目和款项用途再根据实际资金需求配套资金的"拉动"方式，彻底将"大水漫灌"变成了"精准滴灌"。

"高效管理"，即金融服务链与扶贫资金行政审批链的跨链整合使"区块链"和"大数据"有机结合在一起。宏观层面上，各级政府能够自上向下地实时掌握辖内扶贫资金的需求、配套、拨付、实际使用情况；微观层面上，上级政府部门实现了对每一个扶贫项目、每一笔扶贫资金的穿透式管理。

贵州省政府将建档立卡扶贫户、社会诚信等信息导入这个由金融链和行政链共同支撑的体系之中，后续将实现对每笔扶贫资金使用效果的量化和精准评估，彻底解决扶贫项目资金使用中管理信息回馈不及时、回馈信息失真等问题，大幅提高扶贫资金的管理和使用效率。

案例 3：电子审计函证业务

与银行资金监管相关的一项业务是企业资金审计过程中的函证业务。

审计函证是指注册会计师为了获取影响财务报表或相关披露认定的项目的信息，通过直接来自第三方对有关信息和现存状况的声明获取和评价审计证据的过程，例如对应收账款余额或银行存款的函证。函证是注册会计师获取审计证据的重要审计程序，多用于执行审计和验资业务。通过函证获得的证据可靠性较高，因此，函证是受到高度重视并经常被使用的一种重要程序。

审计是构建社会信任的基础，函证/第三方验证是审计工作的基础。目前，注册会计师行业以近乎原始的手工信函方式，每年花费巨大的人力和物力开展函证工作。据统计，仅毕马威会计事务所一家，每年在函证上花费的人力物力成本约 10 亿元左右。

审计函证标准工作流程如下：

将被询证者的名称、地址与被审计单位的有关记录核对。

将询证函中列示的账户余额或其他信息与被审计单位的资料核对。

在询证函中指明直接向接受审计业务委托的会计师事务所回函。

询证函经被审计单位盖章后，由注册会计师直接发出。

将发出询证函的情况形成审计工作记录。

将收到的回函形成审计工作记录，并汇总统计函证结果。

基于区块链技术实现企业、审计公司、银行、监管机构等多方电子函证过程，并将结果存证，不可篡改的函证数据将成为未来发生纠纷的司法证据（见图 20-6 ）。

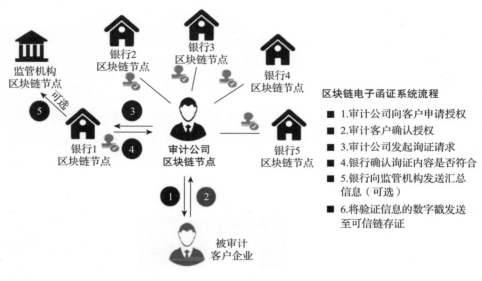

图 20-6　区块链电子函证流程

20.2.6　区块链实现多方异构系统协同

新金融时代，国有银行和股份制银行实力雄厚，纷纷成立金融科技子公司，推进金融科技战略。但对于中小银行，科技壁垒越发成为银行业务拓展的痛点。

在资管新规以及银行业大零售转型的背景下，广大中小银行积极开展同业合作，寻求业务综合化发展和财富管理能力的提升。在现有的合作模式中，往往需要中小银行进行对应的科技开发、测试、运维工作，给中小银行拓展业务带来新的负担。区块链技术可以通过分布式共享账本实现多方协同，并基于数据自主权管理实现金融机构数据安全。

案例：交通银行"轻科技"系统对接方案

交通银行面向中小银行打造丰富的银银合作业务体系，为解决中小银行科技实力相对薄弱、系统开发运维负担较重的痛点，推出"轻科技"系统对接方案，通过区块链技术应用、一对多渠道对接、前置机代理开发服务等创新手段，有效减轻合作银行的科技负担，加快系统对接效率，实现银银合作展业模式的创新，与中小银行合力打造综合化财富管理服务，为普惠金融和实体经济发展助力。

"轻科技"系统对接方案详细内容（见图20-7）：

一是依托区块链技术，重塑平台逻辑。应用区块链技术，整合银银合作多套代理、代销业务应用系统，整合形成银银合作区块链云平台，以"分布式系统架构＋前置设备输出"的组合化方案，便利合作银行快速对接交行银银平台。

系统首创以区块链方式开创性应用于账户认证、电子签约等应用领域，保障客户信息安全。并通过整合原有多套业务系统，形成统一业务平台，实现业务集成化处理，为业务发展奠定坚实基础。

在此模式下，通过将交行和合作银行之间的客户校验信息上链，以及将交行和合作银行客户之间的电子化协议上链，实现信息的不可篡改，并实现信息的分布式维护和共享。在多节点、多场景的应用环境下，实现交行与合作银行更快速的对接合作。

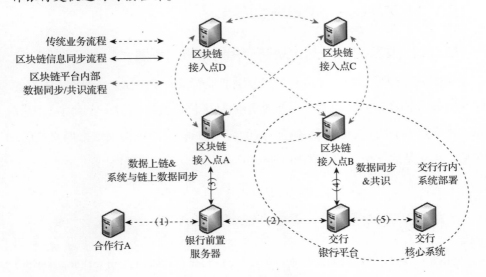

图20-7　基于区块链的银行系统对接与协同

二是接入清算机构，打造一对多业务渠道。在原有业务合作一对一对接的基础上，加快与特许支付清算机构合作，实现一对多对接，快速实现与中小银行开展业务合作。

交行已与特许清算机构在多个业务领域探索开展"1+1+N"清算模式。

一是试点开展"柜面通"业务，通过特许清算机构和中小银行网点对接的区位优势，实现共同面向客户提供存取款普惠服务。

二是试点开展个人银行结算账户认证合作，通过账户认证合作，建立交行与合作银行间个人客户信息、账户信息的"直通通道"，便于合作银行客户对接使用交行的金融服务产品。

三是科技前置，提供代理开发服务。基于重塑后的集成化系统，交行为中小银行提供前置机代理开发、调试，进一步减少对方的开发工作，并以上门贴身服务的方式大幅减少调试应用的周期，进一步加快银银合作系统对接速度。

基于区块链的"轻科技"系统对接方案，为银银同业合作开辟了一个新的思路，未来可以广泛地用于金融机构与金融科技服务机构之间的技术对接与合作。

20.3　区块链在证券市场的应用

20.3.1　国际证券业对区块链应用的分析与探索

美国证券交易委员会（SEC）及金融业监管局（FINRA）的研究[一]认为，区块链技术（在证券金融行业，更常用的是区块链技术的另一个名字，即分布式账本技术 DLT）在证券业具有广阔的应用前景。应用范围大致按照交易前、交易中和交易后三个环节分类如下：

交易前环节，包括客户识别、反洗钱、信息披露等。

交易中环节，包括股票、债券、集合债务工具、衍生品的发行和转让。

[一] FINRA. Distributed Ledger Technology: Implications of Blockchain for the Securities Industry，https://www.finra.org，2017.01。

交易后环节，包括登记、存管、清算、交收、数据共享、股份拆分、股东投票、分红付息、担保品管理等。

在实践中，证券业对区块链技术的应用也开展了广泛的探索。目前在股权、债券和衍生品市场应用或者正在尝试的区块链技术应用如下。

1）股票市场：非上市公司股权方面，基于 DLT 的应用实现系统追踪非上市公司股权的交易和所有权情况；上市公司股票方面，在 DLT 平台探索发行与股票交易的清结算。

2）债券市场：回购协议领域，回购市场存在的问题包括交易对手风险和相对缺乏透明度，一些市场参与者正在探索使用 DLT 推动回购交易的清算和结算，以缩短结算时间，降低结算失败的风险。公司债券领域，一些市场参与者正在探索在 DLT 系统中应用公司债的发行与交易，在债券的条款中嵌入数字资产的代码，这将允许完全自动计算、订单的支付与赎回。

3）衍生品市场：信用违约掉期，在进行某些衍生品交易和清算时，这些工具涉及复杂的后交易事件，市场参与者和监管者可以从市场更为强化的透明度中获益。

4）行业设施：产品参考数据，一些市场参与者正合作创建和管理基于 DLT 的各种证券产品标准化参考数据中心库。这样可以不再需要每个市场参与者维护参考数据托管，并将有利于证券产品标准化参考数据的使用。

总体上看，区块链技术的应用研究探索实践呈现"全覆盖"的特点。需要特别说明的是，区块链技术作为一种分布式技术，相对中心的系统是天然存在性能劣势的。因此区块链技术不适合证券及期货交易所的基于订单驱动的集中撮合成交环节。从目前全世界证券行业正式宣布的区块链技术应用环节也可以看出，当前区块链证券领域的应用主要集中于私募股权等场外市场证券的发行与交易，以及交易所场内市场的交易前与交易后服务环节。

世界主要国家或地区区块链技术在证券领域的应用探索见表 20-1。

表 20-1　区块链在证券行业的应用探索

应用领域	国家或地区	相关实践
证券发行、非上市公司证券交易	法国	法国政府已批准利用区块链技术交易非上市证券
	美国	美国 SEC 已批准在线零售商 Overstock.com 在区块链上发行该公司新的上市股票
		纳斯达克宣布与 Chain.com 合作推出基于区块链技术的私募股权交易平台 Nasdaq Linq
		特拉华州通过基于区块链的股票发行相关法律修正案
	香港	港交所计划 2018 年发起基于区块链的私募市场
证券交易及清算、结算	美国	花旗集团与芝商所推出用于证券交易后台管理的区块链平台
	德国	德国复兴信贷等多家银行利用区块链模拟证券交易
	韩国	韩国证券交易所尝试使用区块链技术开发柜面交易系统
	澳大利亚	澳大利亚证券交易所正式宣布使用区块链技术为基础的系统取代现有交易后结算系统 CHESS
		悉尼证券交易所搭建区块链结算系统
	加拿大	多伦多交易所 TSE 已招募区块链初创公司，试图搭建基于分布式账本的结算系统
		加拿大证券交易所 CSE 宣布计划对证券交易引入搭载区块链技术的清算和结算平台
	直布罗陀	直布罗陀股票交易所 GSE 表示与金融科技公司进行战略合作，计划将区块链技术应用于交易结算系统
金融衍生品	美国	高盛、摩根大通等金融机构将 DLT 用于股权互换测试
监管合规	瑞士、英国	瑞银携手巴克莱、瑞信等大型银行机构推出智能合约驱动的监管合规平台
客户管理及其他	美国	纳斯达克为南非资本市场开发基于区块链技术的电子股东投票系统

20.3.2　区块链在证券发行与交易中的应用

证券的发行与交易清结算的流程手续繁杂且效率低下。区块链技术使得金融业务流程更加公开、透明、有效率。通过共享的网络系统参与证券发行与交易清结算，原本高度依赖中介的传统模式变为分散的平面网络交易模式。

首先，能大幅减少证券发行与交易清结算成本，区块链技术的应用天生基于云计算服务，可减少对功能重复的 IT 系统的依赖，提高市场运转的效率。

其次，区块链技术可实时地记录证券交易者的身份、交易量等关键信息，有利于证券发行者更快速和清晰地了解股权结构，提升商业决策效率，同时减少了暗箱操作、内幕交易的可能性，有利于证券发行者和监管部门维护市场。

最后，区块链技术使得证券交易日和交割日时间间隔从 1～3 天缩短至"交易确认即结算"，减少了交易的交割（DVP）风险，提高了交易的效率和可控性。特别对于一些非标准化的证券来说，比如有着复杂命名、复杂交割条件又必须通过律师或者其他交易所的介入才能完成交易的期权，通过智能合约可以代替复杂的手续，自动地执行复杂的证券交割。

在监管合规方面，由于合规成本过高或监管不全面，金融机构不能及时发现道德风险，最终给投资者利益带来重大损失。区块链技术将交易透明化，所有接入的节点都能通过追溯交易历史核验金融机构运行是否合规，有利于简化业务流程，维护金融稳定及防范金融风险。

案例 1：港交所私募股权交易市场

香港交易所 2018 年发起基于区块链技术的私募市场——香港交易所私募市场（HKEX Private Market）。该平台将使用区块链技术为早期创业公司及其投资者提供一个股票登记、转让和信息披露的共享服务平台。

在执行一笔完整的非上市公司股权交易的过程中，由于存在股东名册烦琐、历史交易难追溯、信息不透明等问题，致使各参与主体间存在反复验证的行为，同时各主体内部也有繁杂的审批流程，难以实现交易信息的实时同步。这不仅使整个交易过程变得复杂，交易周期也变得不可预测。如果某笔交易存在跨地域、有时间先后顺序等特殊要求，交易流程和成交周期将变得更加漫长，交易信息滞后会带来潜在重复质押的隐患，导致投资人利益受到损害。因此，提高各参与主体的信息同步和协同效率是股权交易的重中之重。

将区块链引入股权的登记和交易结算，结合现有法律法规提供股权数字化唯一性凭证，可以实现一个围绕股权资产的多方参与的且共同维护的分布式共享账本。

整个系统采取"分层多链"的技术架构，将提供业务支撑的核心链和提供交易服务的业务链隔离。其中核心链成员共同审查用户认证身份，为业务链提供全局身份验证服务（见图20-8）。

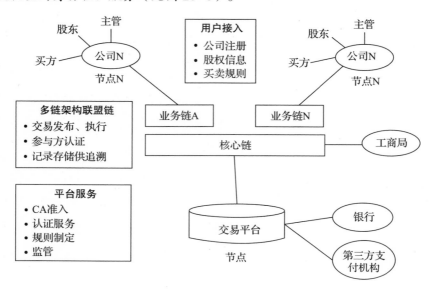

图 20-8　基于区块链的港交所私募市场

在权益证明方面，由于区块链上的每个参与维护节点都能获得一份完整的数据记录，利用区块链账本不可篡改和强一致性的特点，可对权益的所有者实行有效确权。股权所有者凭借私钥，可证明拥有该股权的所有权，股权转让时通过区块链系统转移给下家，流程清晰，产权明确，记录完整，整个过程无须第三方的参与便可实现。

案例2：浙江金融资产交易中心资产发行审核系统

金融产品在发行前都需经过严格的发行审核机制，参与审核的部门与机构包括交易中心各事业部、会计师事务所、律师事务所、第三方评级机构等。由于产品审核过程严格，周期较长，参与部门众多，相关资料繁杂，且存在大量线下纸质凭证，因此在发审过程中，各部门在产品进度跟踪与资源协调管理上存在信息不一致、凭证需反复确认等问题，影响工作效率，提升了风控难度。

浙江金融资产交易中心于2018年初开展区块链发审系统项目合作，为参与发审的各部门、机构搭建了一套数据实时同步、防篡改、可溯源的发审系统。目前该系统已与浙金中心风控系统对接，并接入多家外部会计师事务所、律师事务所、评级机构等发审参与方，为金融产品的发行审核提供有利依据与保障（见图 20-9）。

用户层	产品 发行方	评级机构	律师 事务所	会计师 事务所	受投 管理人	交易中心风控系统
业务层			外部业务系统			交易中心风控系统
接口层			Agent			Agent	API
区块链 网络层			发审联盟链			原数据库

图 20-9　浙江金融资产交易中心区块链发审系统

通过构建金融产品发审链，接入包括产品发行方、交易中心各审核部门（事业部、风险管理部、法律合规部、审核委员办公室、交易运营部等）、会计师事务所、评级机构、律师事务所在内的各发审参与方，并将原有的线下流程通过智能合约的应用实行链上操作，简化操作流程。基于区块链账本的强一致性与实时性，各参与方可获取实时的产品信息与操作记录，为产品挂牌发行及后期管理提供审议和决策依据。

案例 3：纳斯达克私募股权市场 LINQ

2015 年 11 月，纳斯达克推出了基于区块链的企业级应用 LINQ，作为其私募股票交易平台的补充，用于扩张和增强纳斯达克私募股票交易市场平台的股票管理能力。LINQ 是首个基于区块链技术建立起来的金融服务平台，能够展示如何用区块链技术实现资产交易。这同样也是一个私募股权管理工具，作为纳斯达克私募股权市场的一部分，为企业家和风险投资者提供完整解决方案。

20.3.3　区块链助力 ABS 产品发行与交易

资产证券化（Asset-backed Securities，ABS），是指以基础资产未来所产生的现金流为偿付支持，发起人通过特殊目的机构（Special Purpose Vehicle，

SPV）发行可交易证券的一种融资形式。

传统融资（股权和一般债务）对企业资产的收益表现和信用条件的要求较高，融资难度较大。由于风险隔离和信用增级的使用，资产证券化在融资上可以摆脱企业资产本身的信用条件限制，从而可以降低融资门槛。只要企业有可预见的、能够产生稳定现金流的资产或者资产权益，就可以在资本市场获得融资。

从 2013 年开始，资产证券化的浪潮开始席卷中国金融市场。从银行贷款、信用卡贷款、车贷、房贷到学费贷款、公司的应收账款等，都开始被当作资产证券化的标的资产。中国资产证券化的发展步伐越来越快。2019 年，资产证券化产品新增发行接近 2 万亿元，产品市场存量接近 4 万亿元[○]。

在 ABS 产品的设计与发行过程中，ABS 资产包信息分布在多个参与机构中，投资者无数据对接渠道，投后管理没有数据来源，无法监控 ABS 底层资产的现金流回收与风险；ABS 业务因存在多方参与、中间环节较长、关键数据易被篡改、信息不对称等问题，使得监管难以执行到位，制约了当前 ABS 业务发展。

基于区块链及智能合约可以实现灵活的 ABS 业务场景。利用智能合约实现监管体系建设，对信息披露及时性、ABS 业务规模等关键指标进行监控；利用智能合约进行底层资产筛选、现金流预测、信用定价，杜绝中间环节造假可能。帮助资产方、计划管理人、律师事务所、评级机构、会计师事务所、托管行等 ABS 业务参与机构优化业务流程，提升 ABS 发行业务效率。

ABS 二级市场的客户群体与债券市场、同业市场甚至 ABS 一级市场并不完全重叠，因此，寻找交易对手费时费力。基于区块链实现产品底层资产追溯，为产品交易和定价提供数据支撑，并实现 ABS 分层证券的通证化，便于数字化资产在二级市场以点对点的方式进行场外交易转让。

案例 1：交通银行聚财链

2018 年 6 月，交通银行正式上线区块链资产证券化平台"聚财链"，迈

○ 中国资产证券化分析网. 2019 年度中国资产证券化市场白皮书，2020 年 1 月。

出了区块链技术应用于资产证券化领域的重要一步。平台以区块链技术为纽带连接资金端与资产端，提供 ABS 产品从发行到存续期的全生命周期业务功能，利用区块链技术实现 ABS 业务体系的信用穿透。平台重新设计与定义资产登记、尽职调查、产品设计、销售发行等各个环节，将基础资产全生命周期信息上链，实现资产信息快速共享与流转，保证基础资产形成期的真实性和存续期的监控实时性，同时将项目运转全过程信息上链，使得整个业务过程更加规范化、透明化及标准化（见图 20-10）。

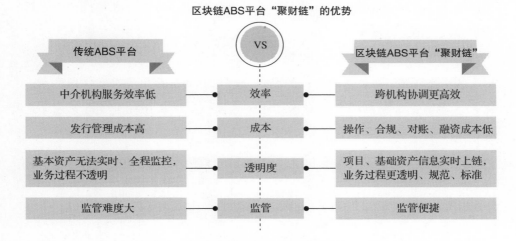

图 20-10　区块链 ABS 平台"聚财链"的优势

　　聚财链一期实现了项目信息与资产信息上链、跨机构尽职调查流程等业务功能及区块链配置更新流程、智能合约升级流程等基础功能。后续，聚财链将实现 ABS 产品全生命周期的业务功能，贯穿资产筛选、尽职调查、产品设计、销售发行、存续期管理等各个环节，同时平台还提供风险定价、现金流分析、压力测试等智能分析工具。

　　聚财链将建立一套可配置的产品模板，能支持多种类型 ABS 产品的快速发行，且具备灵活的升级机制，可快速适应市场变化与政策调整。信贷 ABS 产品，如信用卡分期、住房按揭、对公贷款、不良贷款；企业 ABS 产品，如小额贷款、应收账款、信托收益权、租赁租金。

　　聚财链平台的目标不仅是建立 ABS 业务的综合化平台，更希望借助这一平台连接ABS业务各参与方，实现业务流程和数据的高效对接，构建一个开放、共享、可信的联盟生态圈，打造全新ABS时代的命运共同体。

2018年9月26日，交通银行作为发起机构的"交盈2018年第一期个人住房抵押贷款资产支持证券"成功发行，项目规模93.14亿元，该产品是市场首单基于区块链技术的信贷资产证券化项目。

案例2：京东数科基于区块链的 ABS 全流程解决方案

京东数科基于区块链的 ABS 全流程解决方案包括资产池统计、切割、结构化设计、存续期管理、二级市场交易等系统功能，为中介机构提供全流程的分析、管理、运算体系。

基于区块链的 ABS 全流程解决方案首先建立由各参与方共同组成的 ABS 区块链联盟，在此基础上，在 ABS 全部流程的落地中运用区块链技术，使 ABS 实现更加精确的资产洞察、现金流管理、数据分析和投后管理（见图 20-11）。

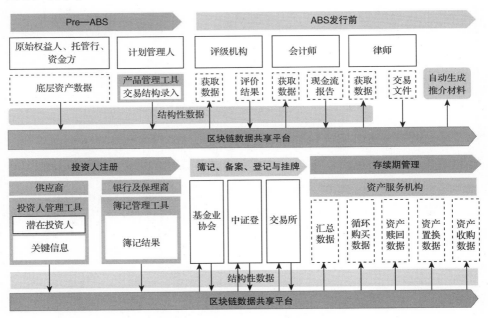

图 20-11　基于区块链的 ABS 全流程解决方案

Pre-ABS 底层资产形成阶段，可以做到放款、还款现金流和信息流实时入链，实现底层资产的真实防篡改。同时，各类尽职调查报告、资产服务报告可以通过智能合约自动生成。

在产品设计和发行阶段，交易结构和评级结果由评级公司和券商确认后共识入链；将投资人身份及认购份额登记入链；交易所从链上获取全部申报信息，将审批结果入链。

在存续期管理阶段，回款数据、循环购买数据、资产赎回、置换和回购数据均可入链，并生成资产服务报告。

在二级市场交易阶段，证券底层现金流信息可从链上获取，帮助交易双方进行实时估价；投资人可通过交易撮合智能合约，在链上完成证券所有权的转移。

2018 年 6 月 13 日，"京东金融—华泰资管 19 号京东白条应收账款债权资产支持专项计划"成功设立并在深交所挂牌转让。京东金融与华泰证券资管、兴业银行共同组建资产证券化联盟链，此项目通过区块链技术的分布式记账、防篡改以及实时安全传输等核心特性应用，其底层资产及现金流、产品、账务等数据信息流在原始权益人、管理人、托管人等多个参与方之间实时共享并确认交易，这有助于实现信息透明化，提高操作效率，并降低信用风险。同时由于白条资产小而分散的特性，单笔金额小、笔数多，通过该项目的实践，可以看出区块链技术在技术性能上逐渐成熟，能够成功支持每日大数据量的读写。该项目首次购买入链资产约为 150 万笔，在项目存续期每日约有 5 万笔资产数据持续更新。

案例 3：国泰君安区块链 ABS 系统方案

2015 年 8 月，国泰君安资金同业部发行了国内首单以券商两融债权为基础资产的 ABS——"国君华泰融出资金债权 1 号资产支持专项计划"。国泰君安根据两融债权 ABS 的业务流程（见图 20-12）设计了基于区块链技术的ABS 业务系统。

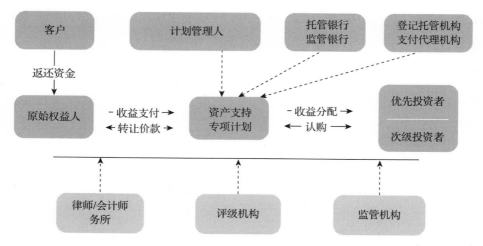

图 20-12　两融债权 ABS 业务流程

基于不同的基础资产的 ABS 产品有不同的融资特点。对于两融债权类资产，主要根据客户历史履约意愿、逾期情况、维持担保比率等指标进行现金流预测及信用定价，而对于股票质押资产则关注标的股票评级、客户信用评级、融资规模等指标。系统抽象出通用要素设计为父合约，将个性化要素设计为子合约，通过父合约调用子合约可实现灵活的智能合约模板。

系统利用智能合约实现基础资产筛选、现金流预测、信用定价、重复转让检查等关键逻辑。在两融债权场景中，券商通过集中交易系统导出每日客户两融数据，需要按双方事前约定好的规则筛选出最优的每日合约资产，故可利用智能合约进行筛选和最优性校验。由于智能合约一旦确定即会按规则执行，故可确保筛选出的是最优资产，将信任由"人"转移到"代码"，增强了公信力。

区块链及智能合约对于 ABS 业务流程设计的优化如下：

利用智能合约，强制 ABS 各业务关联方及时完整地定期披露相关信息，例如资产管理报告、重大事项公告等，对于不按时披露的进行发函警示或业务禁止，严重的进行资金冻结。

对业务流程中涉及的关键数据，包括资金池情况、债权汇款情况、债权人信用变化情况等信息实时上链固化保存，对任何修改做到溯源可查。

利用智能合约设计一系列激励机制，鼓励各业务参与方诚信交易、按时履约。系统对能体现参与方诚信度的关键指标进行监控,例如历史违约记录、基础资产质量等。对于履约能力好、信用评级高的交易方给予一定积分激励,由智能合约自动发放。获得较高评级积分的交易方享有一定优选权,如产品排名优先、交易费率抵扣等。后续可利用该积分开展跨机构合作,例如黑名单共享、数据价值流通、营销引流等。

将区块链技术应用在 ABS 场景中有很好的发展前景[一],具体表现在:

区块链共享了 ABS 账本数据,并由不可篡改的技术进行信任背书,使得机构间信任得以增强,有助于更加高效透明地进行业务协作,提升业务效率。

利用智能合约实现 ABS 关键业务流程,使得 ABS 全生命周期业务流程得到有效管理,形成一个完整的跟踪链,杜绝了任何环节造假的可能,在一定程度上降低事中风险,同时也使得业务流程更加自动化。

区块链分布式、点对点的架构模式,使得参与系统的各方享有平等地位,有利于异构的金融机构加入,减少了因信息不对称造成利益损失的风险。

监管机构可作为节点加入,能够实时获得账本完整数据,有利于监管机构及时高效执行监管要求,缩减中间环节,提高智能化监管能力。

20.4　区块链在其他金融领域的应用

20.4.1　区块链在保险领域的应用

区块链对于保险行业的改造主要包括以下几个方面:

首先,基于区块链的可信存证系统以及自动执行智能合约,增强用户信任,现阶段对于互助保险性产品尤其重要。相互保险机构或网络互助平台可以将涉及投保人利益的赔付信息等存储在区块链上,同时引入具有监督效力的第三方来共同维护账本以提高信息的篡改难度。投保人可以根据自身需求随时查询了解,这能有效减少保险人与投保人之间的信息不对称现象。

其次,创建多方维护的共享透明账本,以加强保险数据整合分析,提高保险机构间协作效率,尤其针对直保公司与再保险公司之间。基于区块链的

──────────
○ 姚前.资产证券化区块链平台的创新设计及其应用.第一财经,2018 年 10 月 12 日。

技术融合方案，一定程度上能实现在不共享隐私数据的情况下完成数据的运算和检验，为直保公司之间的数据共享提供新的思路和可能性。

最后，区块链还可以作为保险资产证券化产品的登记交易系统，并能够在农业险、自然灾害险等领域，对动植物的动态生长信息、气候地理等动态变化信息提供可信记录及追溯。

案例 1：传统保险巨头的区块链探索

2016 年 10 月，欧洲保险业五大巨头——安联保险、荷兰全球人寿保险、慕尼黑再保险、瑞士再保险和苏黎世保险就联合组建了区块链研究组织联盟 B3i，致力于探索区块链在保险行业的应用。2018 年 4 月，B3i 宣布在瑞士苏黎世成立 B3i 服务有限公司，这是一个重要的里程碑，标志着其作为拥有自有资本和知识产权的独立实体，将会开始进行区块链解决方案的开发、测试和商业化。

2016 年，阳光保险集团推出基于区块链技术的国内首个可互赠的航空意外险微信电子卡单，用户可以通过微信等社交软件将卡单互相赠送。

2017 年，众安科技发布了基于区块链技术和人工智能的安链云平台，上线了电子保单存储系统，尝试通过区块链技术保证电子保单的安全性，实现保单信息的去中心化存储。

2017 年 1 月，蚂蚁金服支付宝宣布将会在公益保险产品中引入区块链技术。2018 年，蚂蚁金服与信美人寿合作推出基于区块链的健康互助产品相互保。同年，互联网科技企业水滴集团也宣布将会在旗下的健康互助产品水滴互助当中引入区块链技术。

案例 2：保交链为保险行业提供底层基础设施

保交链是上海保交所区块链团队打造的区块链技术平台。保交所是一个集中、公开、标准化的保险市场，保交链的研发正是为了进一步提高保险市场交易效率，成为保险行业标准化交易的底层基础设施。

根据保交链白皮书内容，其整体架构包含四大服务体系：身份认证服务体系，共识服务体系，智能合约服务体系，平台服务体系。

保交链的研发目标是提高保险市场交易的标准性和便利性，因此其应用场景的设计目前主要集中在两块：保单上链与保单质押。

保单上链。保交所区块链数字保单具有灵活性、安全性、敏捷对接、前瞻性等特性。保险机构可以在其内部搭建节点，也可以成为保交所云平台上的节点，搭配保交所的云存储服务，可以将保单的文件信息和指纹信息记录下来，从而实现保单数字化托管，为终端用户提供验真功能。区块链数字保单能够有效解决保单电子化以后的信任问题。减少了传统保单在整个托管和验真过程中的纠纷与摩擦，使下一步保单数字化、保单快速流转成为可能，这对未来保险资产证券化的进一步推进有非常重要的意义。

保单质押。保交链支持的保单质押平台，可以引入区块链对保单冻结、质押、解冻等状态进行登记，银行和保险公司等可以利用区块链上的数据获取具体可信的保单状态信息，从而减少纠纷与摩擦。利用区块链技术构建的保单质押平台使得保单质押行为更为安全，质押流程更加高效。

目前保交所已经与太平洋资产管理有限公司完成了"另类投资债权计划互联互通"的区块链验证，并与长江养老保险股份有限公司完成了"年金运营管理中应用"的区块链验证，未来随着合作的深入及技术发展的成熟，保交链将会在效率、成本、安全性方面给传统的保险业带来进一步的提升。

案例 3：再保链将分保业务上链运行

2018 年 6 月，中再集团联合众安科技、汉诺威再保险上海分公司、德国通用再保险上海分公司发布了《再保险区块链（RIC）白皮书》。再保险区块链专注于解决再保险行业日常业务中的问题。

第一，提升保单流转效率。传统再保险分保过程的合同签订多为邮件往来，交易常为手工统计，高度依赖人力在其中反复协调，容易造成再保险交易的纠纷频发，且效率低下、错误频出。基于区块链技术搭建再保险平台，提升数字保单流转效率，并可能实现再保险业务自动对账结算。

第二，提升直保分保之间的可信数据传输效率。再保险交易当中原始保单数据由直保公司掌握，逐单核对流程复杂，且周期较长。再保险公司往往需要一个季度才能收到分保业务的数据，导致再保险公司并不能及时了解公司在交易过程当中的风险累积情况，信息传输的缓慢也导致了理赔过程的冗长烦琐。通过将保单的信息登记上链，再保险机构可以得到直保公司的授权，访问查询相关的保单数据。

目前，再保险区块链的重点是解决财产险合约再保险、财产险临分再保险、人身险合约再保险和人身险临分再保险以及转分保等业务场景（见图20-13）。

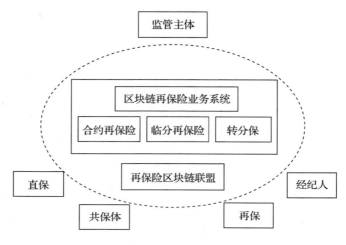

图 20-13　再保险区块链示例

20.4.2　区块链助力金融业务委外管理

各大银行针对不良资产主要采用内部清收和委外清收两种方式，不论哪种形式，逾期用户与清收方的关系总伴随着很多不和谐。随着近些年零售业务的飞速发展，以银行业务系统为准的中心化信用卡清收业务管理模式逐渐体现出它的局限性，比如业务处理效率低、数据割裂、人力成本高、存在监管盲区等问题。

案例：广发银行信用卡委外催收应用

鉴于日均数百亿规模的委外资产处理压力，广发银行将区块链技术与不良资产委外清收业务场景相结合，实现外包运营全流程监控及外包机构考核体系自动化功能等创新管理，在减少人力成本的同时，处理不良资产清收业务更加高效、安全，也增加了委外机构对银行的信任度。

广发银行信用卡中心"利用区块链技术的信用卡委外催收应用实践项目"，首创利用区块链技术实现银行不良资产委外清收的全流程处理。在行业内率先提出委外资产竞价业务模式，借助区块链智能合约功能部署公开、公正的竞价规则，实现不良资产包"一键发布"、机构竞价、智能合约自动撮合、佣金自动结算、机构身份管理等委外处理全生命过程。

针对当下的大数据安全与信息保护需求，广发银行借助区块链技术自身数据不可篡改和可追溯的特性，通过区块链的加密算法与数据存储技术，最大程度保证信息安全。

广发银行基于区块链的委外管理实践为金融行业的第三方合作管理提供了指引与参考。基于区块链技术，在保证数据安全的情况下，实现将第三方系统与数据对接，对第三方的服务进行信用与质量评价，并保证历史记录完整可追溯。可以预期，未来基于区块链的业务委外管理将成为金融机构的业务标准。

20.4.3　区块链的更多金融应用场景

金融业是联结国民经济各方面的纽带。从国内看，金融连接着各部门、各行业、各单位的生产经营，联系每个社会成员和千家万户，成为国家管理、监督和调控国民经济运行的重要杠杆和手段；从国际看，金融成为国际政治经济文化交往、实现国际贸易、引进外资、加强国际经济技术合作的纽带。

金融天生需要面对两个问题：一是构建信任机制，二是实现多方协作。区块链的技术特性正好可以解决金融的问题，因此可以说，区块链技术为金融服务而生。可以毫不夸张地说，只要有金融业务存在的地方，就有区块链技术的价值空间。本文所描述的区块链在金融场景的应用仅仅是区块链在金融领域应用的一部分，还有大量的应用场景等待去挖掘。未来新金融的主要生产方式将会是建设基于区块链技术的平台生态。

案例1：邮储银行资产托管区块链平台

2016年11月，中国邮储银行基于区块链的资产托管业务场景上线。传统资产托管业务涉及资产委托方、资产管理方、资产托管方以及投资顾问等多方金融机构，各方都有自己的信息系统。传统的交易主要通过电话、传真、邮件等方式进行信用检验，而基于区块链技术的资产托管平台解决了相互信用校验的成本，将业务环节缩短了60%~80%。

案例2：基于区块链的数据确权及交易溯源

数据共享存在风险。从过往经验来看，金融服务行业在隐私保护与数据应用上的目标往往是矛盾的，需要在数据共享价值与潜在的隐私风险间进行权衡，这也直接导致许多原本似乎很有希望落地的数据共享项目被束之高阁。

贵阳大数据交易所对基于区块链技术的数据共享，起到了重要的示范作用。

贵阳大数据交易所在贵州省政府、贵阳市政府的支持下，于 2014 年 12 月成立，2015 年 4 月正式挂牌运营，成为全国重要的综合性大数据交易服务平台。截至 2018 年 3 月，贵阳大数据交易所会员数达 2 000 家，已接入 225 家优质数据源，可交易数据产品 4 000 余个，涵盖包括金融大数据、政府大数据、医疗大数据、社会大数据、社交大数据等在内的 30 多个领域。

2017 年 5 月，贵阳大数据交易所编制了《大数据交易区块链技术应用标准》，在最新版的交易系统内加入了区块链技术，利用该技术推进数据确权、数据定价、数据指数、数据交易、结算、交付、安全保障、交易溯源、数据资产管理等综合配套服务，实现数据资产的可信交易（见图 20-14）。

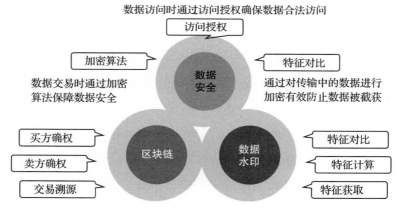

图 20-14　基于区块链技术的数据共享与交易

20.5　金融科技沙箱——新金融时代的基础设施

20.5.1　新金融时代需要沙箱监管

金融科技沙箱（Fintech Sandbox）源自英国。2015 年，英国金融监管当局率先研究运用"监管沙箱"的新方式，探讨创建"在风险可控的前提下测试金融创新"的监管工具，并取得了重要进展。

沙箱来自计算机用语，是在受限的安全环境中运行应用程序，并通过限制授予应用程序的代码访问权限，为一些来源不可信、具备破坏力或无法判定程序意图的程序提供试验环境。沙箱中进行的测试多是在真实的数据环境中进行的，但因为有预设的安全隔离措施，不会对受保护的真实系统和数据的修改或安全造成影响。

2019 年两会期间，时任央行金融稳定局局长王景武建议在国内对金融科技创新实施沙箱监管。金融沙箱已经成为国内监管与合规科技领域最前沿的"热点话题"。

传统意义上的金融监管模式是以政策监管、主体监管和事后监管为主。在金融混业经营以及新金融时代，金融科技的广泛应用要求新型监管模式。新型的金融监管以行为监管（功能监管）、科技监管和实时监管为主要特征。

金融科技沙箱作为新型金融监管的重要依托手段，有助于支持金融科技创新并防范潜在金融风险。

金融创新是时代的要求。金融科技化、数字化已经成为不可逆转的潮流，科技有助于提升金融效率，实施普惠金融、促进金融创新与市场竞争。正在进行的中美贸易谈判要求下，金融行业开放已成必然，金融科技是增强国产金融行业实力、对抗外资竞争的战略手段。

在防范金融风险方面，金融科技沙箱有助于加强金融科技化新阶段的消费者与投资者保护、市场诚信建设，协助维持金融稳定。在中国的市场环境下，防范创新风险更重要的是防范以创新之名进行非法集资和诈骗等犯罪行为，例如互联网金融的"714 高炮"、区块链虚拟货币传销等行为。

20.5.2　沙箱的海外经验与中国路径

根据英国金融行为监管局 2015 年 11 月发布的《监管沙箱》报告[一]，监管沙箱分成三种类型：

1）监管沙箱（Regulatory Sandbox）：由行业监管部门主导，为金融科技、新金融等新兴业态提供"监管实验区"，支持初创企业发展。监管沙箱将会

[一] Financial Conduct Authority. Regulatory Sandbox. https://www.fca.org.uk/firms/innovation/regulatory-sandbox , 2015.11。

适当放松参与实验的创新产品和服务的监管约束，激发创新活力。目前监管沙箱的主管部门多为金管局和证监会等行业监管部门。

2）虚拟沙箱（Virtual Sandbox）：在后续发展中，虚拟沙箱被称为产业沙箱（Industry Sandbox），是指由行业引入、使金融科技能够在不进入真正市场的情况下测试其解决方案的环境。产业沙箱使用公共数据集提供的数据运行测试，然后邀请目标客户尝试新的解决方案。在这种环境下，没有消费者损失风险、市场完整性风险或金融稳定性风险。这种环境还可以使金融机构、金融科技公司和其他感兴趣的各方（例如学术界）之间进行合作，以更快速和更可靠的方式开发出金融创新解决方案。

3）伞形沙箱（Sandbox Umbrella）：依据行业规则，非营利性的公司以沙箱分支机构的方式成立。尚未经过验证的金融创新可以在伞形沙箱的实时监控之下提供服务。伞形沙箱需要金融监管机构的授权，并接受金融监管机构的监管。

从上面的定义看出，监管沙箱由行业监管部门主导，目的是为了加强对金融创新的理解，并在必要的时候完善监管规则；产业沙箱⊖由金融机构或者机构联盟运营，目的是促进金融科技在行业内的应用与发展；伞形沙箱实质上相当于地方性金融监管机构，目的是规范金融科技创新的运行。因此，金融科技沙箱在中国的发展路径应该是：从产业沙箱，到监管沙箱，再到伞形沙箱（见图20-15）。

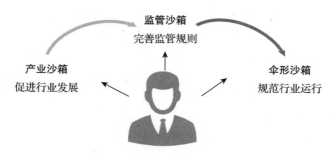

图 20-15　金融科技沙箱的中国发展路径

⊖ Innovate Finance. A Blueprint For An Industry-Led Virtual Sandbox For Financial Innovation. http://www.innovatefinance.com/reports, 2016.11。

2019 年 10 月 12 日，北京银保监局印发《关于规范银行与金融科技公司合作类业务及互联网保险业务的通知》（京银保监发〔2019〕310 号，以下简称《规范通知》），对金融科技公司进行了明确的定义，并要求金融机构对合作金融科技公司建立准入、评估和退出机制。

《规范通知》的发布，在对金融科技的技术和业务评估要求上与产业沙箱相呼应。《规范通知》为在中国对金融科技实施基于产业沙箱的自律监管提供了政策基础。

20.5.3　金融科技沙箱及区块链的应用

金融科技沙箱作为对金融行业科技创新进行自律监管的基础设施，在鼓励金融科技应用创新的同时防范风险，让金融科技的创新风险能够"看得见""说得清""管得住"。因此，针对金融科技的特征，产业沙箱的自律监管原则如下（见图 20-16）：

技术化监管	穿透式监管	持续性监管
·将监管的法律和合规指标技术化 ·基于自动化测试系统全程技术化监管 ·监管要求代码化，嵌入金融应用的智能合约	·技术上，穿透到系统的底层技术、数据和合约代码 ·业务上，穿透到区块链应用所形成的法律关系本质，是否以创新形式掩盖非法目的	·技术上，金融科技的技术和应用代码迭代更新，需要持续性监管 ·业务上，需要持续跟进以实现风险可控的金融创新发展和投资者保护

图 20-16　产业沙箱的自律监管原则

金融科技沙箱提供一套完整的金融科技生态系统（见图 20-17），包括数据、应用程序接口（API）、业务场景等资源，从而提高金融科技解决方案开发速度，并让金融创新加快与现有业务与技术体系的融合[⊖]。

金融科技沙箱的核心是数据集以及基于公共数据集的数据访问制度及自主权数据管理模型，以保证数据的访问合规、可追溯。对于自愿加入的消费者，

⊖ 关于金融科技沙箱的进一步深入阐述与对比分析，请参考本书作者另外一本著作《智能时代的新金融——科技赋能金融供给侧改革》相关内容。

要保证消费者的隐私数据安全。金融科技沙箱对于金融科技创新应用的评估主要包括三个方面：效用性评估、安全性评估以及合规性评估⊖。

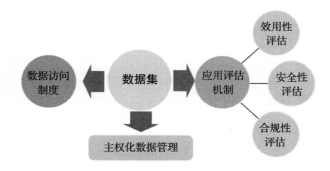

图 20-17   金融科技沙箱技术生态系统

金融科技沙箱支持的五大基础应用合规性评估机制包括：

1）客户身份识别（KYC）：KYC 是识别风险、防范风险的重要环节，传统 KYC 主要靠人工，借助区块链、机器学习、自然语言处理、生物特征识别等技术，可以提高客户识别效率，预警一切可疑客户与可疑交易行为。

2）交易行为监控：为维护消费者利益和维护金融体系稳定，需要在交易过程中进行反洗钱、内幕交易、欺诈、传销等非法交易行为的监控。金融科技沙箱借助大数据、云计算等技术可以实时监控、完整覆盖交易的前中后全过程，最后以可视化的呈现方式提供指导意见。

3）合规数据报送：合规报告是监管机构进行非现场监管的重要手段。自 2008 年金融危机后，监管机构对金融机构和金融科技企业数据报送内容的要求逐渐提高，金融机构和金融科技企业需要面向多个监管机构报送不同结构、不同统计维度的数据。

4）法律法规跟踪：面对众多金融监管法律法规，传统利用人工合规的方式已经难以适应现在的监管需求。运用基于人工智能、大数据、云计算等新兴技术的监管科技进行法律法规追踪，自动识别针对不同金融业务的新监管要求，标记出其潜在影响及在金融业务内部对应的合规责任主体。

⊖ Innovate Finance. A Development In Open Innovation Industry Sandbox Consultation Report，https://www.innovatefinance.com/reports/, 2017.11。

5）金融压力测试：跨界金融增加了金融风险，为及时发现潜在风险并采用相应的应对措施，沙箱可以借助人工智能、大数据更加精准地模拟真实情境下的金融状况，对金融科技应用进行极端条件下的压力测试，在多元化的模拟环境中进行金融新模式、新产品的创新实验。

区块链技术应用于金融科技沙箱，有助于提高自律监管的有效性。以区块链技术为依托的沙箱智能监管生态中，监管端和合规端都可以通过实时透明的共享账本及时识别风险并且予以处理，甚至可以将合规机制直接内嵌到区块链系统中。

"区块链 + 沙箱科技"有利于实现多方同时在线协同交互监管合规。监管政策和合规指引及金融科技应用的日常运行数据都打包整合上链，形成多方在线、点对点互联的交互式结构。通过"区块链 + 沙箱科技"的底层和合约应用层，实时灵活调用合规政策和应用数据，创新应用可以及时查看掌握监管动态和合规要求，根据合规指南及时调整，降低经营风险和合规成本。

"区块链 + 沙箱科技"是未来金融科技沙箱迭代优化的趋势所在。基于"区块链 + 沙箱科技"的金融科技沙箱架构，使监管者、金融机构、金融科技企业可以在沙箱虚拟试验场景进行扁平化对等交流和互操性的沟通。在进入沙箱前的审核阶段，依据智能合约设定的准入条件，智能化筛选符合沙箱条件的金融机构和科技企业，为测试对象量身定制编程化和规范化的测试方案，测试创新的产品和服务，测试结束后将数据和结果上传上链，方便金融消费者查看和监管机构的后续评估，制定过渡策略。因为监管者和市场参与者处于扁平的网络空间，金融监管更便利地延伸到创新链环节上，跟随创新链的发展动态调整，有效平衡安全与创新。

"区块链 + 沙箱科技"加快金融科技转型迭代和优化金融监管治理范式。传统金融监管治理一般以行政治理为主，技术一般作为监管的工具和手段，作为解决监管合规问题、增强监管能力的工具。"区块链 + 沙箱科技"不再作为外力的工具，而将内化为监管科技本身的组成部分，从底层优化监管的逻辑，加上未来智能化监管科技的引入，科技将成为监管的重要资源禀赋。

通过人工智能和区块链结合，区块链智能合约还能够推动金融机构智能化调整并符合监管规范，降低了监管当局的监管成本，在智能化过程中促进动态合规，让监管科技和监管政策能够智能化应变、协同化调整。

第 6 篇

PART SIX

区块链
与数字社会的未来

Chapter Twenty-One

第 21 章

区块链的规范与挑战

21.1　区块链技术哲学的重新诠释

本书第 1 章"比特币技术、经济与哲学"对比特币诞生的社会背景及比特币背后的哲学理念进行过详细的分析，比特币技术哲学本质上是利用技术构建无政府主义乌托邦。无政府、反监管、自金融成为很大一部分区块链项目的主导思想和重要特征。

无政府主义包含一系列政治哲学思想，其目的在于提升个人自由及废除政府当局与所有的政府管理机构。无政府主义包含了众多哲学体系和社会运动实践，它的基本立场是反对包括政府在内的一切统治和权威，提倡个体之间的自助关系，关注个体的自由和平等，其政治诉求是消除政府及社会上或经济上的任何权威机构。无政府主义的理想是建立一种由自由的个体自愿结合，以建立互助、自治、反独裁主义的和谐社会。然而现实是，大多无政府主义者的生存处于混乱、虚无或道德沦丧的状态。

无政府主义的理想与现实的反差在以比特币为代表的区块链原生态中表现得淋漓尽致。比特币与区块链的"原教旨主义"信仰者们宣称，要基于区块链打破信息不对称，消除垄断与不平等，实现个体自由与权力的回归。但现实是，在 ICO、IEO、IMO、Defi 等无数新名词的掩盖下，肆意地进行传销、非法集资和金融诈骗。无监管的虚拟货币交易所发布虚假交易信息，自雇团队"坐庄"，堂而皇之"割韭菜"。区块链虚拟货币领域的无政府主义者，不是不要政府，是要他们自己的小圈子、小政府说了算，制造混乱并从中牟利，金钱是他们的唯一信仰。

因此，有必要将区块链技术与比特币的无政府主义哲学剥离，重新基于区块链的技术特征诠释区块链技术的经济特征和哲学特征。

区块链技术作为密码学、分布式计算、分布式网络技术的综合运用，具有不可伪造抵赖、数据不可篡改、分布式共享账本、智能合约等技术特性，可以实现从信息互联网到信任互联网的跨越，从个体信息化的数据孤岛到全链条信息化的数据协同，将数字经济的发展深入推进到数字社会建设，迈向共建共治共享的社会命运共同体（见图 21-1）。

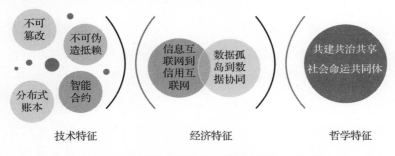

图 21-1　区块链技术、经济、哲学特征的重新诠释

21.2　公众化联盟链机制设计

区块链按照技术类型可划分为公链、联盟链、私链。其中公链又被称为非许可链，任何节点可以随时加入和退出，完全凭借去中心化的算力竞争来实现记账，没有任何非技术的干预。因此可以说，公链是将信任建立在去中心化的技术基础之上的。一直以来，比特币的信仰者们认为公链才是真正的区块链。

然而，比特币的历次分叉事件表明，比特币并没有摆脱人为干预，比特币社区的开发者及比特币"矿场"们的利益纠纷会导致比特币社区一次次分裂。公链生态不仅没有去中心化，而且在缺乏监管和权威协调的情况下，直接演变成了赤裸裸的霸权林立、弱肉强食。

如图 21-2 所示，在公链和私链之间存在一个较大的弹性地带，即联盟链。联盟场景可以进一步细分成私密联盟和公众联盟。私密联盟相当于传统意义

上的联盟链。公众联盟，在技术上称为联盟链的公众化，是人类社会现行治
理体制在区块链上的反映与实现。

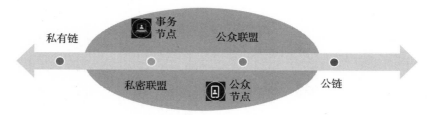

图 21-2　公众化联盟链符合当今社会现实

在公众化联盟链的机制设计中有两类节点：事务节点和公众节点。事务
节点负责联盟的治理与运作，公众节点负责对联盟进行监督。在现实中，如
果将公众监督节点与互联网法院进行连通，所有链上数据在互联网法院进行
存证，则意味着将公众化联盟链的运行建立在现实世界的法律基础之上。

因此，公众化联盟链才是区块链技术的正确发展方向。

在公众化联盟链的设计中，需要考虑联盟弹性解决方案。对应现实社会
的联盟运作，联盟可以合并、分裂，公众联盟之上还可以存在私密联盟（见
图 21-3），因此在技术上公众化联盟链需要支持如下特性：

数据保密：公众联盟基础上私密联盟的建
立，通过对私密联盟数据加密实现。

数据跨链：对应不同公众联盟之间合作结
成联盟之联盟；可以通过数据链网或第三方数
据交易平台实现。

图 21-3　现实社会的联盟形态

数据迁移：对应联盟分裂或者私密联盟从公众联盟独立；需要实现数据
审计、数据抽取以及数据迁移。

21.3　选择区块链应用的标准

区块链解决了分布式场景下的信任互联与数据协同问题，因此理论上任
何一个多方参与过程需要共享信息、数据与价值交换，智能合约降本增效，

都是区块链可以发挥作用的地方（见图21-4）。

图21-4　区块链技术的适用场景

据普华永道 PWC 2018 年报告⊖显示，节约成本、提高可追溯性和透明性是区块链项目的三大驱动力。

在具体判断某个场景是否适合区块链应用时，有"强、弱、伪、非"四个标准可以参考：

1）强需求：通过数据主权化管理和智能合约解决用户在原有中心化系统中难以解决的痛点，解决方案中存在最大利益主体，且付费意愿强。

2）弱需求：原有中心化系统可以解决，但也适合区块链应用场景，区块链作为一项成熟技术集成，同等效果下实施周期短、效果好，原有用户不愿付费改变，但新增用户愿意付费。

3）伪需求：需求存在经济外部性，多方受益，但找不到项目最大利益主体，无人愿意付费承担成本。

4）非需求：区块链对比中心化系统无任何优势，为区块链而区块链。

分布式商业场景中的外部性又称为溢出效应，指一个人或一群人的行动和决策使另一个人或一群人受损或受益的情况。外部经济（正外部性）就是一些人的生产或消费使另一些人受益而又无法向后者收费的现象；外部不经济（负外部性）就是一些人的生产或消费使另一些人受损而前者无法补偿后

⊖ PWC. Blockchain: The next innovation to make our cities smarter, PWC India, 2018 年。

者的现象。

当外部效应出现时，一般无法通过市场机制的自发作用来调节以达到社会资源有效配置的目的。让外部性内部化，即通过制度安排经济主体经济活动所产生的社会收益或社会成本，转为私人收益或私人成本，一般通过政府干预来实现。

21.4　区块链技术与应用的挑战

区块链技术的发展速度较快，国内外的不少组织机构、学者及企业都在对它进行研究和开发利用，这也从客观上说明其价值已经得到各行各业的广泛认可。但不可否认的是，此项技术的发展并不成熟，仍然有很多问题有待解决，特别是在与不同领域的应用相结合的过程中。针对不同行业的特点，区块链技术仍然面临着许多问题，在实现其技术运用的过程中还存在不少挑战。

1. 安全保密

世界顶级安全专家、世界级黑客 Benjamin Kunz Mejri 在 2017 年中国互联网安全大会上曾经说过"没有攻不破的系统"。任何技术的安全性都是相对的。区块链技术应用的场景多为核心、涉密程度较高的环境，一旦出现安全漏洞，将造成重要信息和数据资料的泄露，后果不堪设想。因此，安全问题是区块链应用方面需要解决的首要问题。这里的安全问题既包括区块链技术可以应用的对象，也包括此项技术本身。区块链技术包含共识机制、加密算法、智能合约和分布式系统等多个模块的内容，系统的正常运转需要对各个模块进行合理、高效的组合运用。因此，区块链的安全问题既有可能来自外在的主动攻击（如量子计算），也有可能来自系统内部设计所存在的缺陷。例如，不完善的加密算法可能带来安全漏洞，不恰当的共识机制可能会造成关键时刻出现系统崩溃的现象。

另外，对于区块链技术在被正式应用之前的保密性评估与认证，目前还没有专门的机构负责，在应用的性能测试方面还缺乏明确的标准和依据[⊖]。

㊀ 国家互联网金融安全技术专家委员会. 区块链技术安全概述，2018 年 8 月。

2. 通用型应用与特殊性应用相结合

在金融、供应链等领域，目前已经开发出了不少区块链技术的商用产品，数字政务在开发具有行业特色的特殊性应用时，也应该关注技术相对成熟、通用性较强的产品。

国际上较大的区块链开源社区包括以太坊和超级账本项目等，不少区块链应用都是由它们衍生出来的，并且已经有了不少成功的案例。如果能够将这些发展较为成熟的应用与场景特点相结合，将会在应用的开发过程中有效节约成本和时间，并且能够在应用的稳定性方面得到一定的保障。目前，还缺少适当的机制和评价体系对基于区块链技术的产品进行全方位的评估，那些运行同样稳定且性能可能更加优良的应用产品很难被发现。

3. 大文件数据的存储

目前，区块链作为账本数据库，存储的数据类型多为文本，单个文件的数据量都不是很大。随着技术的不断发展，应用中使用的文件资料格式也在发生改变，不仅仅局限于文本数据，未来更多的可能是以视频材料为代表的多媒体资源，但这些文件通常所占存储空间较大，在目前的区块链系统结构下很难完成存储。以太坊虽然在理论上可以进行视频文件的存储，但因为涉及将文件分段并分别计算哈希值，随之产生的数据量也相对较大，费用成本高昂，所以目前其只能作为技术手段的验证. 并不适合大规模应用。

Chapter Twenty-Two

第 22 章

———

数字社会的未来畅想

22.1 数字孪生，镜像世界

2019 年中国国际大数据产业博览会上，《连线》杂志创始主编、《失控》作者凯文·凯利发表了以 "数字孪生，镜像世界" 为主题的演讲。这是凯文·凯利对未来 20 年数字世界的描绘，就像世界上所有信息的连接（互联网），以及人与人之间的连接（社交媒体）一样，数字孪生和镜像世界将物理世界与虚拟的数字信息连接起来，在人与计算机之间创造出一种无缝的交互体验。

22.1.1 数字孪生（Digital Twin）

数字孪生，是充分利用物理模型、传感器更新、运行历史等数据，集成多学科、多物理量、多尺度、多概率的仿真过程，在虚拟空间中完成映射，从而反映相对应的实体装备的全生命周期过程。

NASA 最早将数字孪生的理念应用在阿波罗计划中，开发了两种相同的太空飞行器，以反映地球上太空的状况，进行训练和飞行准备。通过传感器实现与飞机真实状态完全同步，这样每次飞行后，根据结构现有情况和过往载荷，及时分析评估是否需要维修，能否承受下次的任务载荷等[⊖]。在产业界，数字孪生的概念最早由密歇根大学教授迈克尔·格里弗斯于 2003 年提出，并应用于产品生命周期管理。2014 年，迈克尔·格里弗斯在其撰写的 *Digital*

⊖ E Glaessgen，D Stargel. The Digital Twin Paradigm for Future NASA and U.S. Air Force Vehicles, 53rd Structures, Structural Dynamics and Materials Conference, 2012。

Twin: Manufacturing Excellence through Virtual Factory Replication 白皮书中对数字孪生的理论和技术体系进行了系统的阐述。在此之后，数字孪生逐渐被产业界广泛接受。数字孪生被 Gartner 评为未来最为重要的十大关键技术之一。Gartner 认为，到 2021 年，一半的大型工业公司将使用数字孪生，从而使这些组织的效率提升 10%。数字孪生的发展历程如图 22-1 所示。

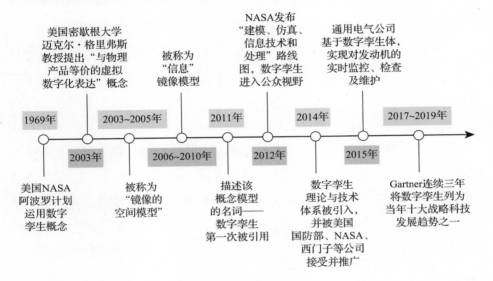

图 22-1 数字孪生的发展历程

从概念上来看，数字孪生有几个核心点：[一]

一是物理世界与数字世界之间的映射。

二是动态的映射。

三是不仅仅是物理的映射，还是逻辑、行为、流程的映射，比如生产流程、业务流程等。

四是不单纯是物理世界向数字世界的映射，而是双向的关系，也就是说，数字世界通过计算、处理，也能下达指令、进行计算和控制。

五是全生命周期，数字孪生体与实物孪生体同生同长，任何一个实物孪生体发生的事件都应该上传到数字孪生体进行计算和记录，实物孪生体在这

[一] M Grieves. Digital Twin: Manufacturing Excellence through Virtual Factory Replication. LLC, 2014。

个运行过程中的劳损，比如故障，都能够在数字孪生体的数据里有所反映。

数字孪生诞生于工业生产制造领域，但目前数字孪生的应用远远超越工业制造领域。数字孪生催生智慧城市 2.0。随着 ICT（信息、通信、技术）成为智慧城市发展的主要动能，移动通信、互联网、云计算、物联网、人工智能、大数据在智慧城市中都得到了广泛应用。全域感知、数字模拟、深度学习等各领域的技术发展也即将迎来拐点，这使得城市的数字孪生应运而生。

智慧城市是把新一代信息技术充分运用在城市中各行各业，是基于知识社会下一代创新的城市信息化高级形态。智慧城市实现信息化、工业化与城镇化深度融合，有助于缓解"大城市病"，提高城镇化质量，实现精细化和动态管理，并提升城市管理成效和改善市民生活质量。

数字孪生在智慧城市发展与建设中的核心价值在于，它能够在物理世界和数字世界之间全面建立实时联系，进而对操作对象全生命周期的变化进行记录、分析和预测。智慧城市中的数字孪生可以分为四个阶段，分别是（见图 22-2）：

对城市现状进行精准、全面、动态映射的现状孪生。

从历史数据中学习、分析、识别、总结并发现城市运行规律的学习孪生。

人工监督下模拟不同环境背景下的发展情景的模拟孪生。

最终通过实时数据接入与人工智能自动决策的自主孪生。

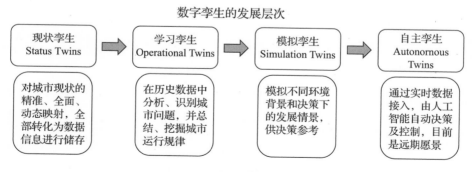

图 22-2　数字孪生的四个层次

智慧城市数字孪生的发展还有很长一段路要走。数字孪生高度依赖物联网所采集的数据和信息，而就目前的技术水平来看，精细化尺度下城市数据的全域感知和历史多维数据的获取依旧有难度。智慧城市物理实体空间的数据还不够详尽，仅处于现状孪生的初级建设阶段。

22.1.2　镜像世界（Mirror World）

镜像世界，是耶鲁大学计算机科学家 David Gelernter 在 1991 年提出的概念。镜像世界是将一些巨大的结构性的运动，像镜像图景一样嵌入到电脑中，通过它你能看到和理解这个世界的全貌。

如今人类已进入大数据文明当中，承载大数据的数字平台既是用户的应用中枢，更是重要的基础设施，根据其发展路径可以分为三个阶段：

第一个数字平台是基于互联网，人类可以把所有信息进行数字化并进行互联，使知识受制于算法的力量，这个时代的代表者是谷歌、百度等公司。

第二个数字平台是人类关系网络，人类的行为和关系置于算法的力量之下，可以进行数字读取，代表者是 Facebook 和微信。

第三个数字文明平台就是镜像世界，它将整个现实世界都 1:1 映射变成数字社会，这其中大数据、人工智能、区块链都将作为基础技术加以应用。

现实中的人和虚拟的人也可以成为一个镜像，当真实和虚拟进行叠加，整个世界都变成机器可读的世界。

人们可以去搜索世界上的任何东西，只要有信息就可以做任何事情，也可以把这个世界进行归类，把它变为一本目录，所有与互联网连接的东西都将连接到这样的镜像世界。

镜像世界融合了当下多种技术，比如人工智能、VR/AR 等，但想真正实现镜像世界还需要大量的基础设施，同时需要计算机科学的突破，大量需要实时操作的数据也需要新算法、新的计算机科学突破来处理。

镜像世界里，像 Siri 这样的人工智能助理将有一个具象化形象，可以与人类产生互动。它们将来不仅能够听见人类的声音，还能看到人类的虚拟化身，捕捉到脸部、手臂之类的动作变化、细微表情和情绪波动。

未来的数字世界将被数据所包围，不管是建筑还是虚拟的人物，都会由数据组成，所有这些数据都要进行抓取，然后进行处理、存储，这将是一个规模庞大的数据量。

在大数据的世界，镜像世界的另一大优势在于可以随时随地组织数据，可以将有关建筑物的数据放在建筑物本身所处的地方，一切都是三维的。这样来组织数据就好像电脑桌面上的文件夹，帮助人类建立对三维世界的感知。

22.1.3 数字科技驱动未来

数字孪生的出现源于感知、网络、大数据、人工智能、控制、建模等技术在最近十年的集中爆发。尤其是传感器和低功耗广域网技术的发展，将物理世界的动态通过传感器精准、实时地反馈到数字世界。数字化、网络化实现由实入虚，网络化、智能化实现由虚入实，通过虚实互动，持续迭代，实现物理世界的最佳有序运行。

根据德勤研究报告[一]的观点，数字孪生由六大部分组成：

一是传感器：物理世界中的传感器负责搜集数据、传递信号。

二是数据：传感器提供的实际运营和环境数据与企业的生产经营数据合并形成数字孪生的数据来源。

三是集成：传感器通过集成技术（包括边缘计算、通信接口等）实现物理世界和数字世界之间的数据传输。

四是分析：利用分析技术开展算法模拟和可视化程序，进行大数据分析。

五是模型：基于上述数据与信息，建立物理实体和流程的数字化模型，通过模型计算物理实体和流程是否出现错误偏差，从而得出解决错误偏差的方式和行动。

六是控制器：基于模型计算的结果，通过控制器开展行动、调整和纠正错误。

以数据为核心的城市生态链构架了智慧城市的顶层设计，形成以共享信息为中心、各行业协同实现的"感知—应用—共享信息"的智慧城市模式。在区块链、大数据、人工智能、云计算、物联网等新兴数字科技的推动下，

[一] 德勤咨询.2019 技术趋势报告：超越数字化，2019 年 3 月。

多维的海量城市数据也逐步以不同方式被挖掘并应用在智慧城市的研究和实践中。

数字孪生的核心原则是，对于一个物理实体或资产来说，数字等价物存在于虚拟世界中。复制一个实体——无论是机器、基础设施还是生物——数据都是极其重要的。所需数据的性质将超越目前收集的数据。由物理属性、对象间交互和未来状态组成的新数据流将在数字世界和物理世界之间无缝交换。

数据的真实、准确、完整、安全是数字孪生的基础。就公共基础设施而言，错误的数据会导致城市治理的混乱；就企业而言，篡改基础数据可能导致预测出现偏差，使竞争走上错误的轨道；当涉及个人，任何人都不愿意看到的是自己的健康状况隐私泄露，并围绕它推销产品。

区块链技术使数字孪生走上正轨。以区块链技术的核心特性——不可抵赖伪造、不可篡改、智能合约、分布式共享账本——为骨干，数字孪生能够更好地创新，并保持数据的可信与安全。

物联网设备从物理世界收集数据并传输到数字世界，可以使用区块链技术进行保护，保证数字孪生程序的数据不变性。物理世界的历史可以准确地存储和回放。通过使用区块链智能合约，多方利益攸关者、合作者和竞争各方可以被置于一个公平开放的数字孪生交互场景。利益攸关者成为把关人，在不损害敏感信息和集体利益的前提下，加强透明度和问责制。区块链技术实现了物理世界和数字世界的连接（见图22-3）。

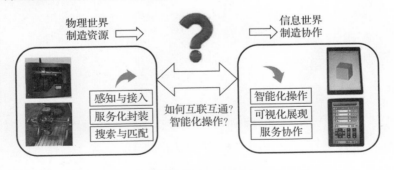

图22-3　区块链实现物理世界与虚拟世界的可信连接

值得注意的是，所有关于数字孪生的描述与讨论，都局限在物理世界实体和数字世界的映射与交互上，没有涉及物理世界经济活动和信息的映射。

要实现真正的镜像世界，必须将与物理世界有关的经济活动和信息同步映射到数字世界。典型的如城市基础设施工程建设领域，必须要将建设过程中的工程造价信息同步镜像。区块链为资产属性的完整数字镜像及未来的经济活动数字化提供解决方案。

在数字孪生、镜像世界的理念引领下，在数字科技的驱动下，人类社会数字化迁移的大潮即将到来。

22.2 主权区块链

2016 年 12 月，贵阳市政府发布的《贵阳区块链发展和应用》白皮书中首次提出了"主权区块链"的概念和架构（见图 22-4 ）。

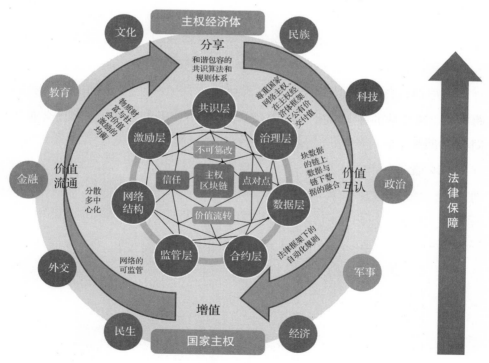

图 22-4 主权区块链架构图

2019 年 12 月，由中国科学院学部主办的"区块链技术与应用"科学与技术前沿论坛在深圳举行。中国科学院郑志明院士指出，建立我国的国家主权区块链基础平台迫在眉睫。

在互联网高速发展的今天，网络空间已然成为世界各国的利益角逐场，但病毒袭击、黑客攻击、网络恐怖主义、网络犯罪等网络安全问题正严重威胁着每个国家的安全，这已经成为一个全球性问题。对此，习近平总书记在2015年乌镇互联网大会上提出，中国主张建立网络空间命运共同体，全球网络共享共治，构建互联网治理体系。追根溯源，互联网治理的根本在于主权问题，尊重网络主权就是尊重国家主权，也是反对网络霸权的必然要求，是维护和平安全的重要保证。

区块链应用可以跨越国界，但网络空间不能没有主权。为尊重和维护网络主权背后的国家主权，区块链技术发展和应用也应当在国家主权范畴下，在国家法律与监管下，从改进与完善自身架构入手，以分布式账本为基础，以规则与共识为核心，实现不同参与者的相互认同，进而形成公有价值的交付、流通、分享及增值，建立主权区块链。

未来，主权区块链上的价值认定与流通最终将通过主权数字货币得以实现。在主权区块链发展的基础上，不同经济体和各节点之间可以实现跨主权、跨中心、跨领域的共识价值的流通、分享和增值，进而形成互联网社会的共同行为准则和价值规范，推动全球秩序互联网的真正到来。

主权区块链主要在治理、监管、网络、共识、数据、合约、激励和应用八个层面与其他区块链存在差异（见表 22-1）。

表 22-1　主权区块链与其他区块链的比较

	主权区块链	其他区块链
治理	网络空间命运共同体尊重网络主权和国家主权，在主权经济体框架下进行公有价值交付	无主权或超主权、网络社群共同认同的价值交付
监管	可监管	无监管
网络	分散多中心化	去中心化
共识	和谐包容的共识算法和规则体系	效率优先的共识算法和规则体系
合约	法律框架下的自动化规则	"代码即法律"为准则
激励	物质财富激励与社会价值激励的均衡	物质财富激励为主
数据	基于块数据的链上数据与链下数据的融合	限于链上数据
应用	经济社会各个领域的融合应用	金融应用为主

在治理层面，其他区块链的运行无主权约束；而主权区块链强调全网网民尊重网络主权和国家主权，在主权经济体框架下进行公有价值交付。在监管层面，其他区块链的运行处于无监管状态；而主权区块链强调网络与账户的可监管，技术上提供监管节点的控制和干预能力。在网络层面，其他区块链强调完全的去中心化，全网各节点的权利和义务均等；而主权区块链强调网络的分布式，基于网络主权实现各节点的身份认证和账户管理。在共识层面，其他区块链主要依赖于效率优先的共识算法和规则体系，而主权区块链则强调和谐包容的共识算法和规则体系。在数据层面，其他区块链仅限于链上数据，而主权区块链则强调与物联网、大数据、云计算等技术并行发展，实现链上数据与链下数据的融合应用。在合约层面，其他区块链依赖于智能合约，以"代码即法律"为准则进行价值交付；而主权区块链采用的是在法律框架下构建可监管、可审计的合约形式化规范。在激励层面，其他区块链单纯强调物质财富激励；而主权区块链提供基于网络主权的价值度量衡，以实现物质财富激励和社会价值激励的均衡。在应用层面，其他区块链目前主要以数字货币和金融应用领域为主，而主权区块链强调经济社会各个领域的广泛应用，基于共识机制的多领域应用的集成和融合。此外，在主权区块链上，价值的认定与流通最终将通过法定数字货币得以实现。

主权区块链的治理规则总体由法律规则和技术规则两个层面组成。法律规则由法规框架、条文、行业政策等组成，具有法治权威性，一旦违反，是需要承担相应法律责任的。技术规则由软件、协议、程序、算法、配套设施等技术要素构成，本质上是一串可机读的计算机代码，具有执行不可逆的特性。主权区块链的监管和治理只有在法律规则和技术规则两者打出的"组合拳"下，兼顾法律规则的权威性和技术规则的可行性，才更有利于保护参与者乃至全社会的广泛利益，以及推进在主权区块链技术之上的商业应用场景的落地，最终构建由监管机构、商业机构、消费者等共同参与的完整商业体系。主权区块链的治理和监管需要在遵守主权国家法律规制的基础上，寻求参与者利益的"最大公约数"，发展和应用可控、可管、可查的技术规则。

22.3　数字货币战争

基辛格有句名言："谁控制了石油，谁就控制了所有国家；谁控制了粮食，谁就控制了人类；谁掌握了货币发行权，谁就掌握了世界。"大国之间的金融和货币战从来没有停止过，争夺货币主导权的斗争也一直在持续。任何一个国家走向繁荣的战略选择，都不可能避开这样一个极具挑战性的问题。自从二战之后，英镑拥有的储备货币地位被美元夺走，美元就一直处在世界经济和结算的中心。

起源于区块链技术的数字货币形态和理念，其深入发展将成为中美货币金融博弈的重大变数。数字货币不但带来技术革新和支付革命，而且将是未来中美货币战和铸币权博弈的主战场。

数字货币不同于电子货币。金融体系经过数百年的发展，在信息技术的推动下，已经形成了基于账户和现金的相对完整的治理体系。账户是实名制的，基于账户可以执行反洗钱、反恐怖融资、防止用于网络赌博和任何网络犯罪活动的功能。现金是匿名的，用于满足小额支付场景及大众金融的需求。电子货币本质上是一类法定的、与银行账户关联的、由实物或非实物作为载体的互联网支付技术。数字货币则更多保持了现金的属性和主要特征，满足了便携和匿名的需求。数字货币脱离了原有的银行账户体系，与现金类似，具有支付即清算的特征，因此也脱离了现有国际支付清算体系的束缚。（现有国际支付清算体系情况，请参见本书第 20 章相关内容。）

2016 年，中国人民银行提出发行"主权数字货币"这一设想。主权数字货币是由主权中央银行发行的、加密的、有国家信用支撑的法定货币。以国家信用为保证，可以最大范围实现线上与线下同步应用，最大限度实现交易的便利性和安全性。主权数字货币本质上仍属于纯信用货币，但主权数字货币可以进一步降低成本，应用于更为广泛的领域。2019 年，中国人民银行宣称其主导设计的主权数字货币 DC/EP 已经完成了所有的技术准备。

2019 年 10 月 24 日，Facebook 创始人扎克伯格在美国国会的 Libra 听证会暗示：即将崛起的中国数字货币可能损害美元在全球贸易和金融中的主导地位。

2019 年 11 月 11 日，曾获得 2011 年德意志银行金融经济学奖，并于 2001 年至 2003 年担任国际货币基金组织首席经济学家、现任哈佛大学经济学和公共政策教授的 Kenneth Rogoff 发表文章 "即将降临的高风险数字货币战争"⊖。文章表示，对美国而言，真正的挑战不是 Facebook 提出的 Libra，而是像中国计划的那样由政府支持的数字货币。一种广泛使用的、由国家支持的中国数字货币肯定会对美国利益产生影响，尤其是在那些中国的利益与西方利益不一致的地区。

2019 年 11 月 19 日，哈佛大学肯尼迪学院旗下的贝尔弗科学与国际事务研究中心举办了一次针对数字货币的危机模拟——"数字货币战争：一次国家安全危机模拟"，多位来自哈佛大学和 MIT 的专家学者及美国政府前高官参加讨论。

此次模拟的危机发生时间定于 2021 年 11 月 19 日。在假设的情境中，朝鲜利用中国的央行数字货币（DC/EP）躲避了美国对其实施的经济制裁并成功向关岛附近的菲律宾海域发射一枚导弹。由于朝鲜和中国的经济往来都在中国自主的基础设施上进行，所以美国无法获取朝鲜的经济活动的信息。也就是说，在该情境中，中国央行发行的数字货币极大地破坏了美元在全球经济体系中的霸权地位。

讨论中，麻省理工学院管理学院全球经济与管理实践教授、美国商品期货交易委员会前主席 Gary Gensler 认为，中国将资金从长期使用的 SWIFT 系统中转移出来，这是一个严峻的挑战。哈佛大学校长、美国前财政部长 Summers 表示同意，并指出华盛顿一直依赖 SWIFT 系统作为面对国家安全威胁时施展影响的重要工具。随着中国数字货币的崛起，美国有失去这一影响的危险。如果美国拥有数字货币，反而可能会增加冲突，使世界走上"完全破碎"的道路。

中国央行数字货币 DC/EP 呼之欲出，而美国政府在数字货币的探索上已经落于人后。此次多位美国政府前官员组织数字货币战争演习，显然已经意

⊖ Kenneth Rogoff. The High Stack of Coming Digital Currency Wars. http://jordantimes.com/opinion/kenneth-rogoff/high-stakes-coming-digital-currency-war , 2019.11.11。

识到数字人民币对于美元主导地位的动摇。模拟演习最后给出了两个选择：加强 SWIFT 系统和探索美国的数字货币。

　　总之，数字货币将颠覆现有的国际支付清算体系，进而带来国际贸易与金融体系的解构与重建。这个过程一定不会是风平浪静、一帆风顺的。数字货币战争不仅仅是文学家笔下的阴谋论，而是在可见的未来一定会出现的过程。经历数字货币战争后建立的数字世界新秩序，才是全世界数字社会发展的牢固基石。